DRONE SOCCER GAME GUIDEBOOK

하늘의 스트라이커

드론축구
가이드북

GoldenBell

불법복사는 지적재산을 훔치는 범죄행위입니다.
저작권법 제97조의 5(권리의 침해죄)에 따라 위반자는 5년 이하의 징역 또는
5천 만원 이하의 벌금에 처하거나 이를 병과할 수 있습니다.

「드론축구 가이드북」발행사

"가장 HOT하고 COOL한 스포츠 드론축구!"

4차 산업혁명의 시대에 야심차게 등장한 것이 드론이다. 드론은 항공방제, 항공촬영, 안전진단, 레포츠 등 다양한 분야에서 그 범위를 넓혀가고 있다.

그중에서도 무인스포츠분야에 독보적으로 등장한 것이 「드론축구」이다. 드론축구는 2016년 전주 캠틱종합기술원 연구팀이 연구하여 등장시켰다. 기존의 스포츠인 레이싱 드론을 초월하여 주변에서 쉽게 볼 수 있도록 자리매김을 하였다.

초등학생부터 성인에 이르기까지 드론축구의 매료에 한번 빠지면 헤어 나오지 못할 정도로 재미있고 즐거운 스포츠이다. 조그마한 공간만 확보하면 누구나 안전하게 즐길 수 있어 많은 동호인과 전문 축구선수들이 활동하고 있다.

이 즈음에 드론축구 초보입문자, 전문 선수 그리고 지도자(코치, 감독, 방과 후 강사 등)들이 쉽게 이해하여 드론축구를 배우고 가르치는 가이드북을 만들어 내게 되었다.

(사)대한드론축구협회 소속 이사들이 집필하였고 협회의 전문요원들께서 감수하였다. 이 교재는 협회의 드론축구 가이드북으로 활용할 것이며, 드론축구를 배우고 가르치는 모든 요원은 이 책 한권만이라도 합독하기를 기대한다.

[PART1] 드론축구의 기초　　　[PART2] 드론축구 규정　　　　　[PART3] 훈련과 실전
[PART4] 유소년 드론축구　　　[PART5] (사)대한드론축구협회의 드론축구 (민간)자격제도
[PART6] 드론축구 조직 및 대회　[PART7] 드론에 대하여

글로 표현하는 한계성을 극복하고자 드론축구의 훈련 기동방법 등은 실제 동영상(QR)으로 구현하여 쉽게 이해할 수 있도록 첨부하였다.

끝으로 산만한 원고를 잘 정리하여 일목요연하게 편집해준 김주휘선생님을 비롯하여 (주)골든벨 대표이사 및 임직원님들께 지면으로나마 진심으로 고마움을 표한다.

저자 일동

CONTENTS

01 드론축구 기초
1. 드론축구란 QR ——————— 8
2. 드론볼의 구성 ——————— 26
3. 드론볼 제작 ——————— 56

02 드론축구 규정
1. 개요 ——————— 98
2. 규정 ——————— 104

03 훈련과 실전
1. 기초비행훈련 QR ——————— 138
2. 드론축구 팀훈련 QR ——————— 154
3. 드론축구 플레이 QR ——————— 158
4. 드론축구 전술 ——————— 168

04 유소년 드론축구
1. 유소년 드론축구란? ——————— 174
2. 유소년 드론축구 규정 ——————— 176
3. 스카이킥 ——————— 202

05 (사)대한드론축구협회의 드론축구 (민간)자격제도

1. 자격제도 ———————————————— 212
2. 자격별 실기 훈련 및 평가방법 ——— 224
3. 지도자, 심판의 자질향상교육 ——— 229

06 드론축구 조직 및 대회

1. 드론축구 대회 ——————————————— 264

07 드론에 대하여

1. 드론이란? ——————————————————— 272
2. 비행원리 ——————————————————— 290
3. 드론 관련 법령 ——————————————— 298

부록 ——————————————————————————— 315
인덱스 ——————————————————————————— 318

PART 01

드론축구 기초

드론축구와 드론볼의 구성, 드론볼 제작과정을
함께 알아보자.

I 드론축구란
드론축구 기초

드론축구는 완벽하게 보호된 드론볼을 이용하여 공중에 원형으로 매달린 골에 더 많은 득점을 한 팀이 이기게 되는 미래형 스포츠이다.

드론축구란?

1 드론축구의 정의

드론축구는 완벽하게 보호된 드론볼을 이용하여 공중에 원형으로 매달린 골에 더 많은 득점을 한 팀이 이기게 되는 **미래형 스포츠**이다. 한 팀은 5대의 드론으로 구성되며 이 중 상대의 골을 통과하여 득점할 수 있는 드론은 "스트라이커"로 지정된 한 대뿐이다.

다른 볼들은 수비 또는 득점을 돕기 위해 상대 수비를 쳐내는 역할을 하게 된다. 경기는 3세트 세트 득실로 진행되며 한 세트는 3분 동안 진행된다.

드론축구를 경험해 본 사람이라면 누구나 3분이라는 시간이 결코 짧지 않다는 것을 실감할 수 있다. 굉음을 내는 빠른 드론이 쉴

❖ (사)대한드론축구협회의 드론축구 전국대회

새 없이 날아다니며 공격과 수비를 하다 보니 선수들은 고도의 집중력을 필요로 하며 이를 지켜보는 관중들 또한 잠시라도 쉴 틈이 없다.

드론축구는 경기의 명칭이자 등록된 상표이기도 하다. 드론축구는 드론축구와 관련된 경기용품 및 플레이 되는 경기 전반에 걸친 모든 콘텐츠에 사용되지만, (사)대한드론축구협회에서 규정한 공식 룰에 의해 플레이되지 않는 경기에는 드론축구라는 용어를 사용할 수 없다. 협회는 드론축구가 세계최초로 개발된 순수 국내 콘텐츠인 만큼 드론축구의 세계화를 위해 난립할 수 있는 아류 또는 유사 콘텐츠를 경계하고 있으며 이를 위해 국내뿐만 아니라 세계 주요국에 '드론축구', 'DRONE SOCCER'를 상표권 또는 특허권 등록을 통해 보호하고 있다. 때문에 영리 목적의 제품이나 비영리 목적을 포괄한 이벤트, 행사 등에서 드론축구라는 용어를 사용하기 위해서는 (사)대한드론축구협회와 협의가 필요하다. 그러나 대부분의 경우 드론축구가 아류 또는 유사 콘텐츠가 아닌 본연의 목적을 위해 사용된다면 별도의 협의 없이 자유롭게 사용할 수 있음을 협회는 강조하고 있다.

❖ 드론축구 마크와 마스코트

2 드론축구의 차별성

드론축구는 드론과 관련하여 세계에서 유일한 단체 경기이자 구기 종목의 형식을 띄고 있다. 우리가 흔히 말하는 **취미용 RC**Remote control의 역사는 1930년대로 거슬러 올라가지만 100년에 가까운 역사 속에서도 드론축구와 비슷한 형식의 경기는 없었다.

출처: https://bit.ly/3aQuhdH

드론축구 이전의 모든 경기는 개인의 기량을 겨루는 경기였으나 드론축구는 팀 연습을 통한 팀워크를 강조한다. 팀워크를 통해서 선수들의 기량은 향상되고 경기에 이길 수 있게 된다. 팀워크가 부족한 팀은 득점을 빠르게 연결할 수 없으며, 수비 또한 자신의 팀끼리 부딪히는 탓에 견고한 방어를 할 수 없게 된다.

팀워크를 강조하고 있는 것 외에도 드론축구는 선수들에게 차별화된 기량을 요구한다. 드론축구를 플레이 한다는 것은 기존에 드론을 조종하던 패턴 외에도 다양한 훈련과 연습이 필요하다.

기존의 드론 조종은 바람의 외력에 대비하는 정도였다. 하지만 드론축구에 작용하는 외력은 일부러 강하게 와서 부딪히는 상대방의 드론이다. 순간적인 드론의 자세변화에 얼마나 빠르게 대응하느냐에 따라 선수들의 기량이 결정되기 때문에 고도의 집중력과 빠른 대처로 원활한 플레이를 이어가는 선수들은 그 자체만으로 최고의 조종 실력을 갖추고 있다고 말할 수 있다.

드론축구야말로 가시권 육안비행에서 최고의 실력을 갖춘 조종자들이 모여 있는 곳이라 해도 과언이 아닐 것이다.

또한 드론축구는 관중과 함께 호흡하는 경기이다. 드론대회는 조종자 자신의 기량을 향상시키며 스스로 즐기기 위한 경기이거나, 박진감 넘치는 볼거리를 제공하며 응원단과 관객을 만족시키는 경기의 두 가지 형태로 나눌 수 있다. 하지만 드론축구는 이 두 가지의 특징을 모두 갖고 있다. 드론축구의 화려한 플레이와 드론볼들이 쉴 새 없이 내뿜는 굉음은 관중들을 압도하기에 충분하다. 어디에서든 드론축구가 항상 많은 관중을 몰고 다니는 이유이기도

하다. 이처럼 많은 관중들이 드론축구를 즐길 수 있는 이유는 드론축구만의 안전성에 이유가 있기도 하다. **드론볼**은 안전한 가드에 싸여 있으면서 플레이 또한 안전한 경기장 안에서만 이루어진다. 관중들이 가까운 거리에서 안전하게 드론축구를 관람할 수 있다는 것은 드론을 이용한 다른 경기와 가장 큰 차이점이기도 하다.

이러한 안전성으로 인해 드론축구는 드론 조종 초보자부터 상급자까지 다양한 동호인 층이 있다. 초보자는 초보자대로 쉽게 배우고 익히며 안전하게 즐길 수 있는 것이 드론축구이기도 하고 상급자는 상급자대로 다른 팀들과 경쟁하며 난이도 높은 고급기술을 연마할 수 있기 때문이다.

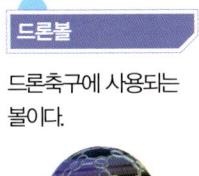

드론볼

드론축구에 사용되는 볼이다.

3 드론축구의 발전 가능성

드론축구는 무궁한 발전 가능성을 갖고 있다. 수평적으로는 드론축구 인구의 폭발적인 성장이다. 국내에 드론축구가 알려지기 시작한지는 3년 정도밖에 되지 않았지만 급속한 확산으로 인해 지금은 **전국에 300개가 넘는 선수단**들이 있다. 우리나라에서 드론축구의 성공은 세계 많은 나라들로 하여금 드론축구에 관심을 갖게 했고 이미 드론축구협회를 만들고 우리의 드론축구를 벤치마킹하는 나라들도 있다.

일본은 **일본드론축구협회**JDSA와 **일본드론축구연맹**JDSF이 창설되었고 **프랑스와 미국**, **네덜란드**에도 드론축구 관련 조직과 드론축구 리그가 속속 등장하고 있다.

이러한 세계적인 드론축구 확산에 힘입어 **국제항공연맹**FAI도 2019년 4월 7일 스위스 로잔에서 개최된 총회에서 드론축구를 시범경기로 채택하기도 했다.

(사)대한드론축구협회는 2020년을 드론축구 대도약의 해로 선포하고 세계화를 위한 국제드론축구연맹 창설을 공언한 바 있으며 이를 위한 드론축구 글로벌 플랫폼을 개발하고 있다. 협회의 발표

대로 30개국이 참가하는 드론축구 국제연맹이 출범한다면 드론축구의 확산은 더욱 가속화 될 것으로 기대된다.

드론축구는 수평적 확장 이외에도 생활 전반으로 수직적 확장을 이어가고 있다.

최근 많은 초등학교들이 드론교육을 위해 드론축구를 도입하여 가르치고 있으며 산업용 드론을 교육하는 교육기관들도 조종감각을 기르기 위해 자체적인 드론축구장을 조성하여 드론축구 훈련을 하고 있다. 또한 2019 세계일보대회에서는 진안에서 참가한 정신지체 장애인 팀이 감동의 1승을 거두어 많은 이들의 눈시울을 붉어지게 만든 것처럼 전국 곳곳에서 장애인 팀들이 활발히 활동하고 있다. 심지어는 노인대학 또는 노인복지사업단들까지 말초신경 활성화를 통한 치매예방을 위해 드론축구를 도입하여 노인들이 건강한 여가를 즐기고 있을 정도로 드론축구는 우리 일상 속 스포츠로 자리매김해 나가고 있다.

드론축구의 이러한 수평적·수직적 확장은 앞으로도 계속 될 것으로 보인다. 국내를 예를 들면, 2017년 드론축구가 처음 시작되었을 당시에는 드론 관련 정보가 빨랐던 일부 마니아층에만 알려져 있는 정도였다. 하지만 드론축구를 접하게 된 대부분의 사람들은 그 매력에 빠져들어 이제는 점점 더 사회저변으로 확대되어 가고 있다. 현재는 (사)대한드론축구협회에서 주관하는 전국대회가 대회의 주를 이루고 있지만 앞으로는 학교단위, 지역단위 및 특수계층 단위의 드론축구로 더욱 확대될 것으로 전망된다.

드론축구의 변천사

1 드론축구의 배경

드론축구는 우리 기술과 우리 아이디어로 개발된 순수 대한민국 콘텐츠이다.

드론은 용도에 따라 다양하게 분류된다. **산업용 드론**과 **군사용 드론**은 산업적 또는 군사적 필요에 따라 개발된다. 하지만 취미용 드론은 개발 시부터 그 용도가 정해진다.

캠틱종합기술원의 드론축구 개발자는 중국에서 개발되어 취미용으로 활용되는 다양한 촬영용 드론 역시 항공촬영이라는 하나의 취미용 콘텐츠를 목적으로 개발된 드론이니만큼 우리만의 콘텐츠를 개발하여 새로운 형태의 드론을 개발한다면 외산 드론과 차별화되어 우리 제품역시 충분히 세계화시킬 수 있을 것으로 확신했다.

새로운 형태의 콘텐츠를 갖는 드론의 개발이 '**드론축구**'로 방향을 잡은 것은 캠틱종합기술원이 '**축구의 도시**' 전주에 있기 때문이다. 게다가 드론축구가 개발되기 시작한 2015년은 전주시가 대한민국 유치가 확정된 2017 FIFA U-20의 개최도시가 되기 위해 한참 열을 올리고 있던 시기였다. 새로운 콘텐츠가 주는 낯선 생소함을 해결하기 위해서는 세계적인 인기 스포츠인 '축구'에 기대보고자 하는 심산도 있었다고도 볼 수 있다.

2 초기의 드론축구

캠틱종합기술원이 개발한 드론축구는 문화체육관광부와 전주시의 도움으로 급속하게 확산되었다.

드론축구가 급속도로 확산된 배경에는 여러 가지 이유가 있으나 가장 큰 흐름은 세계적인 '**드론 붐**'에 있다. 국내 역시 이러한 세계적인 드론 붐에 편승해 있었으나 가장 큰 문제점은 마땅한 콘텐츠가 없다는 것이었다. 드론으로 할 수 있는 수많은 일들이 회자되고 있었으나 막상 우리가 할 수 있는 것은 항공촬영, 드론레이싱 정도가 전부였다. 게다가 이 또한 각종 항공법이나 안전문제, 사생활침해 문제 등으로 자유롭게 즐기기에는 여의치 않았다. 심지어 서울은 지역 전체가 드론비행 금지구역이었고 해수욕장 등에서는 날아가는 드론만 봐도 신고가 들어갈 지경이었으니 드론을 좋아하는 사람들에게는 얼마나 답답했겠는가.

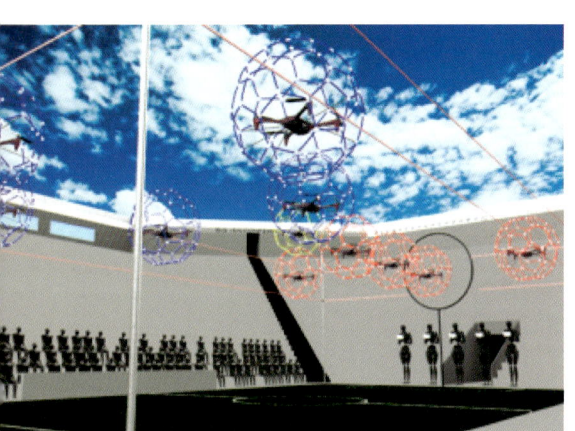 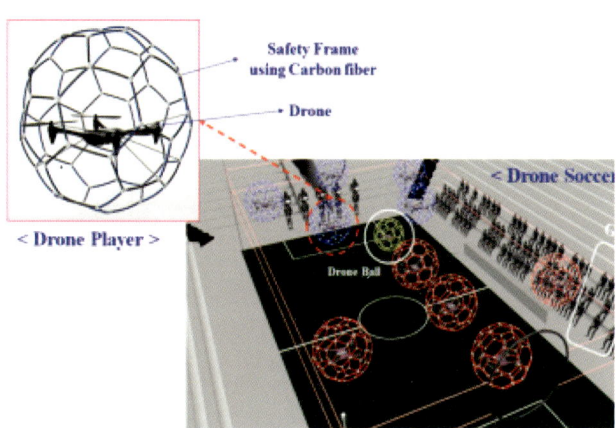

❖ 초기의 드론축구 개발 콘셉트

이러한 잠재적 수요에 의해 개발에 착수한 드론축구는 처음에는 지금과 많이 달랐다. 축구에서 공의 역할을 하는 '드론볼'이 있었고 경기장은 광학펜스가 적용되는 것이 기본 개발방향이었다. 물론 공의 역할을 하는 드론볼과 광학펜스는 지금은 없다.

일반 축구와 다르게 드론축구의 경우 이 두 가지를 적용하기 위해서는 많은 인위적 요소들이 경기에 적용되어야 했고 그 결과 경기는 너무 느렸고 박진감이 없었다. 결국 '공'의 역할을 하는 드론볼을 없애고 선수이자 공의 역할을 하는 드론이 직접 골을 통과하게 했으며, 광학펜스 대신 와이어를 이용해 시인성을 향상시킨 드론축구 전용 경기장이 만들어지게 된 것이다.

경기 규정 또한 초기의 드론축구와 지금의 드론축구는 적지 않게 다르다. 그럴 수밖에 없었던 이유가 초기의 드론축구는 복잡한 규정을 가질 수 없었다. 드론축구라는 명칭도 생소한데 규정까지 복잡하다면 홍보도 설명도 쉽지 않았을 뿐만 아니라 팀 단위의 연습 경험조차 없었던 팀들이 대다수였기 때문에 빠른 확산을 위해서는 최대한 단순한 룰이 필요했던 것이다.

초기의 드론축구 규정은 "3분 동안 아무나 골에 드론볼을 집어넣으면 이기는 경기", 이 단 한 줄뿐이었다. 사실 이때는 드론축구에서 강조하는 팀워크나 팀플레이를 보기는 힘들었다. 참가 선수 모두가 다른 선수는 신경 쓰지 않고 본인의 득점에만 집중을 했다. 비록 팀플레이는 보기 힘들었지만 누구든 드론축구를 쉽게 이해할 수 있었고 어렵지 않게 룰을 습득하고 단순하고 재미있게 즐겼다.

이후 점진적으로 팀들의 수준이 높아짐에 따라 보다 세분화되고 진보된 드론축구 규정을 요구하는 목소리가 커졌다. 자연스럽게 드론축구 규정은 팀플레이를 요구하는 방향으로 발전하게 되었다. 대표적인 변화가 참가선수 모두가 득점을 하던 것을 득점이 가능한 선수를 1명으로 제한하도록 바뀐 것이며, 이 경우 공격에 참가했던 모든 선수가 동시에 하프라인 뒤로 빠져나와야 하는 오프사이드 규정이 생긴 것이다. 이러한 규정의 변화로 인해 상위 팀들은 팀플레이를 연습해야만 했으며 개개인의 드론조종 실력만 가지고 급조된 팀들은 점차 성적이 하락하기 시작했다.

한편 스트라이커 규정은 공정과 이변의 양면을 모두 갖고 있기도 했다. 통상 득점을 하는 스트라이커는 팀원 중에서 가장 실력이 출중한 선수가 맡게 된다. 실력이 비슷한 팀끼리 맞붙게 되면 스트라이커 여부를 떠나서 가장 잘하는 선수의 기체가 추락하게 된다면 그 팀의 승리 확률은 급격히 떨어진다. 다행히 드론축구는 세트득실 이기 때문에 패한다기보다 그 세트를 내주는 선에서 마무리가 된다. 하지만 이변도 있다. 실력차이가 명확한 두 팀의 경기에서 월등한 팀의 스트라이커가 정비 불량이나 순간의 방심으로 인해 추락하는 경우이다. 이러한 경우 안타깝게도 한 세트를 내주는 결과를 낳고 만다.

하지만 요즘 대부분의 드론축구 팀들은 이러한 경우를 운이 나빴다고 하지 않는다. 드론볼의 상태를 정확히 알고 최상의 컨디션을 유지하는 것 또한 팀의 실력이라고 생각하고 대부분의 스트라이커들이 추락의 경우를 대비한 회피기동 또는 수비에 의해 보호받고 있어 스트라이커의 파손이나 추락에 의한 경우 역시 실력으로 패한 것이 분명하다는 공감대가 형성되어 있다.

3 드론볼 개발

탄소 원자 60개가 축구공 모양으로 결합되어 있는 **풀러렌**Fullerene은 분자물리학에서 최고의 안정성을 가진 분자로 알려져 있다. 이러한 외부의 힘에 대해 안정적인 구조 덕분에 풀러렌은 그동안 많은 제품과 생활에 응용되어 왔다.

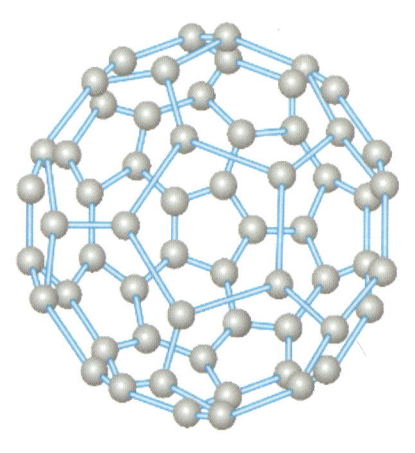

❖ 풀러렌 구조

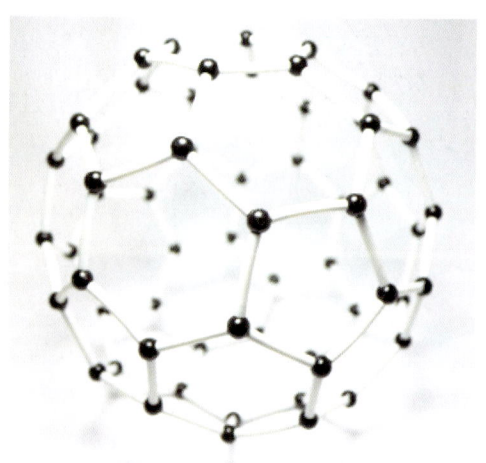

❖ 시판 중인 풀러렌 모델 키트

하지만 처음부터 이런 풀러렌 구조가 드론축구에 이용된 것은 아니다. 구조적으로는 안정적이지만 문제는 180군데나 되는 결합부가 드론축구를 하기에는 너무도 취약했기 때문이다. 특히 결합부와 더불어 모서리 부위는 드론의 강력한 충돌에 절대 견디지 못하고 부러지기 쉬운 구조였다. 여기에 대한 답을 찾기까지는 꽤 시간이 걸릴 듯 보였고 그러기에는 전체적인 일정에 차질이 불가피했다. 왜냐하면 드론축구에서 제품보다 중요한 것이 드론축구 콘텐츠였기 때문이다.

어찌됐든 드론볼이 제작되어야 콘텐츠에 대한 테스트와 룰의 완성이 가능했기 때문에 임시방편으로 카본판재를 활용한 드론볼을 개발하게 되었다. 이때는 쉽게 깨지는 것을 방지하기 위해 열가소성수지로 합하여진 플렉시블한 카본이 사용되었다.

❖ 콘텐츠 및 룰 개발을 위해 제작된 초기 드론볼

이렇게 초기 드론볼 30개가 제작되었으며 이를 이용하여 드론축구에 대한 룰을 개발하고 경기장, 골 등이 추가로 개발되었다. 이때 제작된 카본형 드론볼은 드론축구 콘텐츠가 개발되는 데 지대한 공을 남기고 지금은 사라진 볼이다. 대한드론축구협회 창고를 뒤져보면 겨우 한 두개가 남아있을 뿐이며 그나마 비행이 가능한 상태는 없는 것으로 알고 있다.

이렇듯 카본으로 제작된 초기 드론볼이 콘텐츠 개발을 위해 제 역할을 톡톡히 하고 있는 사이 풀러렌 모델을 활용한 드론볼의 개발 역시 하나씩 하나씩 문제를 해결해 나가고 있었다.

결합부의 취약점과 조립의 편의성을 향상시키기 위해 '펜타가드'라는 개념을 도입했으며 결합부에는 카본 봉을 이용해 보강하는 방식이었다. 모서리의 취약점은 모서리 대신 서클을 삽입하는 방식으로 해결했다. 지금은 드론축구를 많은 사람들이 알고 있고 주변에서 또는 인터넷에서 어렵지 않게 접할 수 있지만 사실 이 '펜타가드'라는 개념이 없었다면 드론볼 역시 제품화되기 힘들었을 것이다. 풀러렌 구조에서 탄소원자 5개를 미리 결합시켜 놓는 방식인데 처음에는 이러한 방식이 매우 낯설었었기 때문이다.

이후 하부의 취약점을 해결하고 바닥에 쓰러졌을 때 오뚜기 효과를 주기 위한 '바텀가드'가 개발되고 나서야 본격적인 양산 준비에 들어갔다.

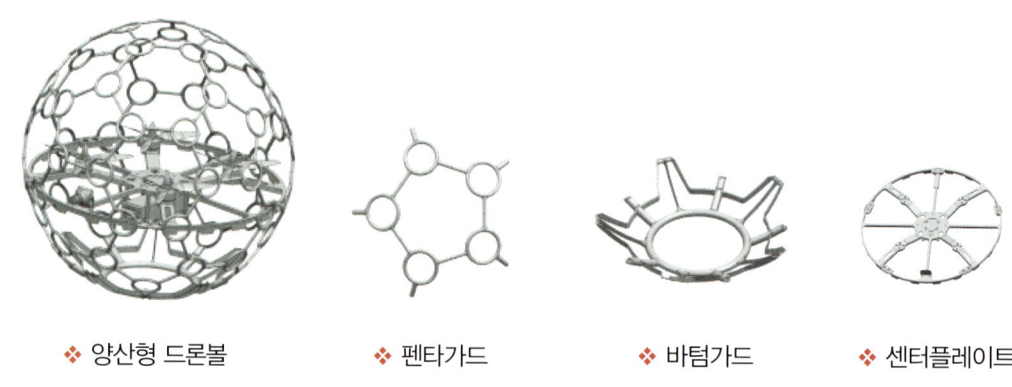

❖ 양산형 드론볼　　❖ 펜타가드　　❖ 바텀가드　　❖ 센터플레이트

하지만 이때 가장 큰 문제에 봉착하였다. 개발 당시 시장에 나와 있던 소재는 드론볼의 평균적인 충격량에 맞지 않았다. 나일론계 소재는 너무 부드러워 충격 시에 안으로 심하게 밀려 프로펠러와의 간섭이 생겼고 PC 등의 소재는 잘 깨져나갔다. 이때부터 드론축구의 평균적인 충격량을 계산하여 소재 개발에 착수했으며, 현재 사용하고 있는 드론축구용 소재는 D12라고 명명된 12번째 개발된 소재이다. 물론 지금도 소재의 성능은 충분하다고 볼 수는 없다. 드론축구에 활용되는 모터, 변속기, 배터리 등이 계속해서

발전하고 있고 드론볼은 계속해서 빨라지고 보다 더 강하게 부딪히고 있기 때문이다.

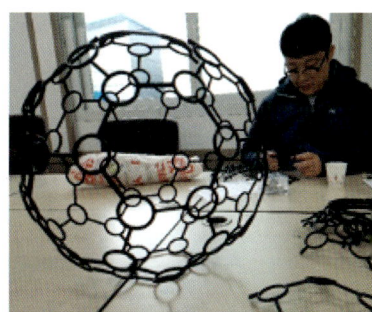

❖ 다양한 소재의 드론볼 시사출

4 초기 드론볼의 출시

캠틱종합기술원에서 개발 완료된 드론볼의 최대 과제는 제품화였다. 드론축구를 활성화시키기 위해서는 소비자가 쉽게 접근하여 드론볼을 구입할 수 있어야 했다.

어느 업체든 나서서 불확실한 드론축구의 미래에 투자해야 했으며, 이때 처음으로 나선 업체가 '신드론'이다. 하지만 신드론 역시 아무도 드론축구를 모르고 전국에 드론축구 선수가 한 명도 없던 시절 드론축구용 드론볼을 출시하는 것에 상당한 부담과 부정적 시선을 갖고 있었다.

이때 나온 타협점이 교육용 드론볼이었다. 드론축구뿐만 아니라 안전한 특성을 이용하여 드론 초보자 교육용으로 활용하게 한다면 시장은 충분히 있을 것이라 판단했고, 초보자 교육에 초점을 맞추어 제품이 출시되었다. 비행시간을 6분 이상 확보하기 위해 6인치 프로펠러를 사용했고 Low RPM 모터를 채용했다. 초보자의 비행연습을 위해 FCFlight Controller는 DJI의 나자MNAJA-M을 사용하였다. 이렇게 최초의 모델 '스트라이커'가 시장에 출시되었다. 하지만 드론축구가 본격적으로 활성화되던 2016~2017년 신드론의

'스트라이커' 모델은 드론축구 선수들로부터 외면당했고 많은 선수들은 드론 레이싱에서 활용되던 고사양의 모터와 FC를 탑재하여 본인만의 드론볼을 만들기 시작하였다. 결국 신드론의 나자FC, 1600RPM 모터와 6인치 프로펠러는 지금은 아무도 사용하지 않는 퇴물이 되었지만 어쩌면 많은 사람들이 드론축구를 접하는 데 있어 상당히 기여를 한 제품으로 기억될 것이다.

5 드론축구 경기장의 변천

초기 드론축구 경기장의 콘셉트는 어둡고 각종 조명과 레이저 불빛이 현란했다. 이런 분위기는 초기 드론볼의 개발과정과도 관련이 있다. 초기 드론볼의 개발 콘셉트는 내부에 자외선 LED가 장착된 형광체로 구상되었다. 물론 이러한 계획은 얼마 가지 않아 포기할 수 밖에 없었다. 드론볼 프레임에 형광물질을 넣으려면 사출온도가 160도를 넘어서는 안 된다. 형광물질이 파괴되기 때문이다. 하지만 이러한 온도로는 요구되는 강성을 구현하기는 어려웠으며 대신 일반적인 고휘도 LED를 내부에 삽입하여 내부에서 드론 프레임을 비추게 하는 효과를 내는 것으로 대체되었다.

❖ 초기 적외선 LED가 장착된 파워보드

❖ 고휘도 LED로 대체한 드론볼

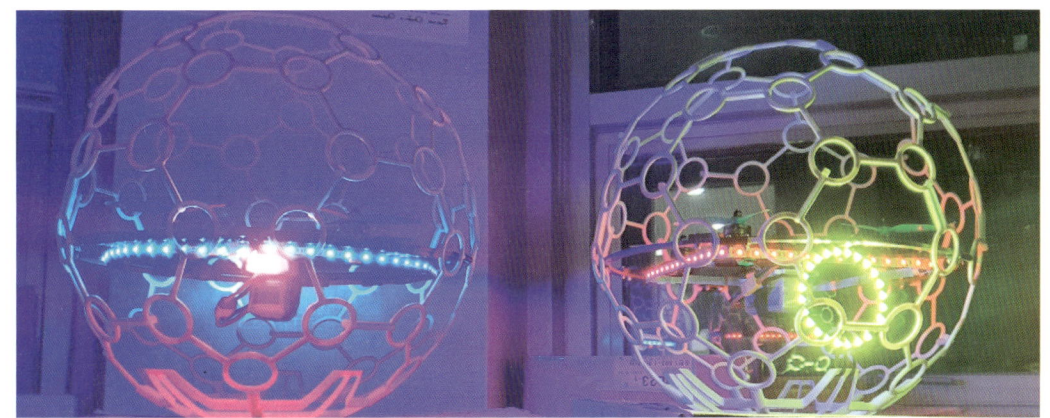

❖ 최근의 드론볼(블루 팀 볼과 레드 팀 볼)

어찌 되었건 초기 드론볼은 화려한 빛을 발하며 날아다니는 것이었고, 경기장도 이에 맞춰 어둡게 설계되었다. 대신 보다 화려하고 박진감 넘치는 분위기를 강조하기 위해 다양한 조명과 레이저 등으로 보강했다.

❖ 초기의 어두운 경기장과 경기장 내 조명

하지만 오래되지 않아 이러한 경기장의 형태는 타협점을 찾을 수밖에 없었다. 드론축구가 쇼 비즈니스가 아닌 직접 참여하고 확산되어야 하는데 이런 경기장은 선수단들이 갖추기도 힘들었고 자생적으로 만들 수도 없었기 때문이다. 어둡고 화려한 경기장과 그 안에서 현란하게 날아다니는 드론볼은 세상과 언론의 관심을 얻는

데는 성공했지만 보급의 한계로 인해 더 이상 설치되지 못했으며 지금은 유일하게 협회가 있는 전주월드컵경기장에만 최초의 경기장이 그대로 남아 연습장으로 활용되고 있다.

　드론축구 경기장이 최초 광학펜스에서 물리적 펜스로 변경되자 이제는 드론볼이 펜스에 부딪힌 후 추락할 수 있다는 것이 문제가 되었다. 그래서 와이어 펜스를 도입했다. 와이어의 경우 장력을 적절히 조정하면 그물과 달리 드론볼이 부딪혀도 아래로 쓸려내려가지 않고 부딪힌 방향대로 그대로 튕겨나가기 때문에 추락하는 것을 조금이라도 막을 수 있었다. 하지만 앞서 조명의 경우와 같이 와이어 펜스 또한 드론축구 규정에는 담지 못했다. 이 역시 보급되기에는 부담이 컸다. 대부분의 선수단들은 스스로 경기장을 마련해야 했으며 와이어를 설치하기 위해서는 수 백 줄에 달하는 와이어의 장력을 이겨낼 수 있는 강하고 튼튼한 경기장 골조가 필요했기 때문이다.

　드론축구 경기장은 변화라기보다는 타협이라고 보는 것이 맞다. 보급의 활성을 위해 간소화하는 방향으로 타협했다고 보는 것이다.

　드론축구 경기장과는 달리 드론축구 경기장의 핵심인 골은 드론축구 규정과 함께 변화를 거듭했다.

　초기의 드론축구 골은 내경이 80cm였으며 적외선 센서가 내장되어 득점 시 자동으로 전광판에 점수가 기록되는 방식이었다. 이때는 10초 룰이 있던 시기였기 때문에 골에 득점이 센싱되면 10초 동안은 골이 적색으로 바뀌어 10초 이내의 연속득점이 불가능한 구조였다. 하지만 드론축구 선수단들의 실력이 점차 수준이 높아지고 규정이 발전함에 따라 골에도 몇 가지 변화가 생기게 되었다. 우선 80cm의 내경을 60cm로 줄였고 드론볼의 성능이 좋아지고 충격량이 급격히 올라감에 따라 재질 역시 아크릴로 제작되던 것을 보다 튼튼한 폴리카보네이트 재질로 바꾸고 두께도 3mm에서 5mm로 증가시켰다.

드론축구 규정이 누구나 넣는 방식에서 스트라이커만 득점하게 되고 오프사이드 룰까지 생겨남에 따라 자동화보다는 심판에 의한 판정이 우선시 되도록 바뀌었으며 지금의 드론축구 골은 모두 심판에 의해 외부에서 수동으로 조작된다.

요즘도 가끔 드론축구에 대한 이해도가 떨어지는 일부 업체에서 자동화된 드론축구 골을 개발하기도 한다. 하지만 자동화된 센서형 골은 연습용으로 활용이 가능하나 경기용으로는 사용할 수 없다.

6 초기의 드론축구 선수단

2016년 10월 12일 전주월드컵경기장에서 최초의 드론축구 선수단이 만들어졌다. 당시 다음 달인 11월 4일 전주 월드컵경기장에서 한중3D프린터·드론산업전이 계획되어 있었고 이때 드론축구를 모든 언론에 공개하기로 되어 있었기 때문에 최초로 드론축구 시범을 보일 선수단이 필요했다. 그러나 이때의 선수들은 캠틱종합기술원 연구자들 위주로 구성되어 있었으며 얼마가지 못했다.

최초의 공식적인 드론축구 선수단은 '전주시드론축구선수단'으로, 2017년 1월 22일 선발전을 통해 모집되었으며, 2월 11일 공식적인 창단식을 가졌다.

❖ 선발전 신청자 접수현장(17. 1. 22.)

❖ 최초의 선수단 창단식(17. 2. 11.)

전주시드론축구선수단 창단 이후 YTN 사이언스는 드론축구를 주제로 한 과학예능프로그램(도전하쇼! 드론축구)을 방영하기에 이르렀고 2017 서울국제레저산업전과 전북도민체전 등에서 드론축구를 알린 결과 2017년 5월 26일 전주 화산체육관에서 전국 30개 드론축구 선수단이 통합 출범식을 갖게 되었다.

❖ 전국 30개 드론축구선수단 통합 출범식

memo

II 드론볼의 구성

드론축구 기초

센터 프레임은 드론볼에서 뼈대와 같은 몸체를 말한다. 센터 프레임은 내부구조를 지지하고 FC, 변속기, 모터가 탑재되는 기동부이며 외장 펜타가드가 연결되는 드론볼의 가장 기초가 되는 부품이다.

센터 프레임

1 기능

센터 프레임은 드론볼에서 뼈대와 같은 몸체를 말한다. 센터 프레임은 내부구조를 지지하고 FC, 변속기, 모터가 탑재되는 기동부이며 외장 펜타가드가 연결되는 드론볼의 가장 기초가 되는 부품이다. 드론볼은 경기 중 격렬한 기동을 하다 보니 파손이 많은 만큼 무엇보다 튼튼하고 빠른 수리가 가능해야 한다. 드론축구 센터 프레임으로는 210, 230급 사이즈가 가장 많이 사용된다. 210급이라는 것은 드론의 크기를 결정하는 수치로 드론볼 기체의 모터와 모터 간의 대각선 간격 210mm를 의미한다. 드론축구 경기가 기체 간 충돌이 많은 만큼 프로펠러 보호를 위해 모터 축 간 간격이 좁은 프레임을 선호하는 추세이다.

2 종류

1. 초기 센터 프레임 V1

2017년 최초로 판매된 드론볼의 센터 프레임에는 캠틱에서 개발한 플라스틱(합성수지) 재질의 프레임을 사용했다. 플라스틱 재질은 전기가 통하지 않고 가공이 쉽고 가격이 저렴해 초창기 드론볼 기체에 널리 사용됐다. 초창기 드론볼의 FC는 DJI의 나자M을 사용해 진동에 무뎠으며 덕분에 모터 열이 크지 않았다.

하지만 드론축구 선수들이 드론레이싱에 사용하던 F3 이상의 FC를 사용하기 시작하면서 합성수지(플라스틱) 센터 프레임은 진동과 발열이 많이 발생해 현재는 카본 재질의 프레임으로 대부분 대체되었다.

2. 카본 센터 프레임 V2

드론축구 선수들이 기체에 많이 사용하던 F4를 FC에 사용하게 되면서 플라스틱 센터 프레임에 대한 진동과 발열문제가 지속적으로 제기됐다.

이에 따라 캠틱에서 2018년 카본섬유 기반의 프레임인 카본 센터 프레임 V2를 출시했다. V2는 카본과 합성수지 프레임을 혼합해 사용하는 형태로 단단한 카본 재질의 센터 프레임을 사용해 모터의 발열과 진동을 획기적으로 줄였다. 모터를 비롯한 기자재는 카본 센터 프레임에 장착하고 유연한 합성수지 재질로 외곽부를 구성하여 외부충격을 분산할 수 있도록 한 것이 특징이다.

모터 축 간은 230급으로 6인치 프로펠러에서 5.5인치, 5인치 프로펠러 등을 장착할 수 있다. 2019년 드론축구 완제품으로 개발된 D-soccer의 메인프레임으로 채용되어 대중적인 프레임으로 사용되고 있다.

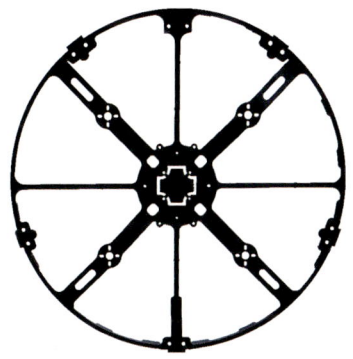
❖ 스트라이커 센터 프레임

❖ 카본 프레임으로 조립된 센터 플레이트

3. 벡터 카본 프레임

벡터 카본 프레임은 2017년 후반 F3/F4 FC탑재 드론볼을 위해 맥스드론에서 제작한 드론축구 최초의 230급 카본 프레임이다. 현재는 2.1 개선 버전이 출시된 상태이다. 암과 중앙부가 카본 구조물로 되어 있어 기존 플라스틱 프레임에서 발생하는 진동을 줄여준다. 플라스틱 프레임에 비해 모터 마운트의 비틀림 증상이 없어 더욱 민첩한 비행이 가능하며 F4 FC를 사용할 경우 발열과 진동을 상당 부분 줄일 수 있다. 카본 프레임의 경우 전기가 통하는 재질로 무선 신호에 간섭의 우려가 있어 수신기의 안테나 등이 프레임 본체에 닿지 않도록 해야 한다.

❖ 맥스드론 벡터 카본 프레임

4. 엑스비 엘린 사커 풀 카본 프레임(V1/V2/Tank one)

엑쓰비/드론알씨랜드에서 제작한 엑스비 엘린 사커는 센터 프레임 및 외곽 서클 부품까지 카본으로 제작된 최초의 풀카본 프레임이다. 2019년 V1 버전을 시작으로 V2, 현재는 최종 개선형 Tank one까지 출시됐다. 기자재 탑재부의 센터 프레임과 펜타 연결부인 서클 프레임까지 풀 카본으로 구성해 단단한 내구성이 장점이며, 모터 축 간 간격이 210mm로 현재 판매 중인 프레임 중에 축 간 거리가 가장 짧은 것이 특징이다.

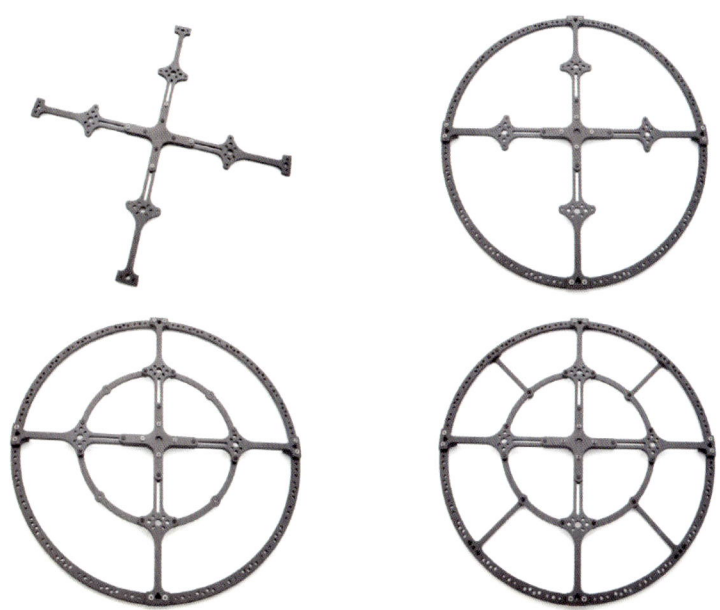

❖ Xbee Elin soccer Full carbone striker frame 엑스비 엘린 사커 프레임

FC
(플라이트 컨트롤러)

1 기능

드론볼 기체의 부품들은 산업용 및 레이싱 드론을 구성하는 부품들로 구성되어 있으며 FCFlight Controller는 비행을 담당하는 두뇌 역할을 하는 핵심 부품이다.

FC는 컴퓨터의 CPU와 같으며 드론의 제어를 위한 센서와 비행 연산을 위한 프로세서가 탑재되어 있다. 컴퓨터와 연결해 비행에 필요한 다양한 설정을 할 수 있고 환경설정 사항을 저장할 수 있다. FC는 드론볼 기체에서 가장 민감하고 중요한 부품으로 비행성을 좌우한다.

FC는 가속도를 감지하는 가속도 센서와 회전속도를 감지하는 자이로 센서에 의해 드론볼 기체의 비행과 동작을 제어한다. 육안 비행을 하는 드론축구는 가속도 센서와 자이로 센서에 의존하는 앵글 모드Angle mode로 조종하며 숙련된 선수의 경우 자이로 센서에만 의존하는 아크로 모드Acro mode 조종에 능숙하다.

2 종류

1. 나자M & 스트라이커FC

처음 드론축구가 소개된 2017년도에는 드론볼 기체에는 DJI 사의 NAJA-M FC가 탑재되어 있었다. 당시 신드론에서 출시한 최초의 완제품 드론볼이 나자M을 사용했기 때문이다. 나자M은 F450급 기체 및 팬텀 2에 사용되는 FC로 내부 댐핑, 3축 자이로, 기압계, 가속도계가 탑재되어 있다. 촬영기체에 사용되었던 FC인 만큼 반응이 민감하지 않아 초보자들도 쉽게 호버링Hovering이 가능하며 안정적인 비행을 할 수 있다.

❖ DJI사 NAJA-M과 스트라이커 FC

2. F3, F4, F7

최근 선수단이 사용하는 드론볼은 레이싱 드론용 FC를 사용한다. 레이싱 드론 FC STM32(Micro Controller Unit)는 ST 마이크로 일렉트로닉스사에서 제작한 산업 및 통신용 범용 32비트 프로세서로 F4, F7 등으로 구분된다.

STM32 계열의 FC는 초기 F0, F1, F3으로 시작해 최근에는 F4, F7 등이 가장 많이 사용되고 있다. F3 FC는 2017년도 드론축구용 기체로 활용되었지만 2018년도 이후로는 F4 계열을 사용하고 있다. STM32 F405 MCU 칩셋을 사용하는 F4는 현재 레이싱 드론과 드론축구에 가장 많이 사용되고 있는 대중적인 FC 중 하나이다. F4 프로세서의 연산 처리속도는 180MHz에서 PID Looptime 32kHz까지 설정할 수 있다.

F4 FC도 사용되는 IMU Inertial Measurement Unit 자이로 칩셋에 따라 분류된다. 드론용 자이로인 IMU는 관성측정장치로 스마트폰에 사용되는 센서를 개조해 사용하고 있다. 주로 MPU6000 계열과 ICM20600 계열로 나뉜다.

F7 프로세서는 가장 최신 프로세서로 일부 제품의 경우 MPU6000 계열과 ICM20600 계열의 IMU 센서가 2개가 장착되어 있는 제품도 있으며, 전체적으로 연산처리속도가 높은 고성능 FC로 부드러운 비행이 가능하다. F4 및 F7을 제어하기 위해서는 Betaflight S/W를 사용해야 한다.

  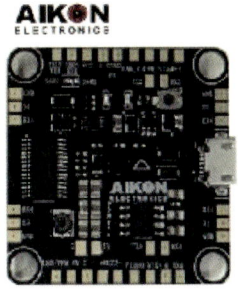

❖ STM32 F405 MCU 칩셋이 탑재된 다양한 F4 기반 FC

3 사용법

드론축구는 격렬한 기동과 진동이 심한 스포츠 경기이다. FC는 충격과 진동으로부터 보호할 수 있도록 기체의 정중앙에 장착되어야 한다.

FC에 기체의 진동이 전달되면 FC의 연산이 증가하고 모터에 열이 발생해 경기시간 동안 비행이 불가하다. 따라서 진동을 줄여줄 수 있도록 세팅하고, 비행 중 진동을 최소화할 수 있도록 조립해야 한다.

❖ FC에 진동이 전달되지 않도록 기체의 정중앙에 장착된 모습

❖ FC 세팅을 위한 Betaflight S/W

PDB
(Power Distribution Board, 전원분배보드)

1 기능

PDBPower Distribution Board는 배터리에서 연결된 전원을 FC와 변속기 등으로 분배해 보내는 역할을 하는 보드이다. 드론볼 기체의 개별변속기 사용 시 반드시 필요하며, PDB 내에 5V, 12V 전원이 함께 탑재되어 있어 드론볼 기체 FC 및 식별 LED를 연결 사용할 수 있다. 드론축구 초창기인 2017년도에는 개별변속기 사용이 일

반적이라 전원분배보드의 사용이 필수였다. 하지만 현재는 4in1 통합변속기가 주로 사용되어 PDB 사용이 줄었다. 정비 편의성을 위해 일부 선수들만 개별 변속기를 사용하고 있다. PDB는 단순히 전원분배 기능을 하는 보드로 가격이 저렴한 것이 특징이다. 드론축구용으로 5V, 12V 입출력이 가능하고 개별변속기 연결이 손쉬운 PDB가 사용하기 좋다. 드론축구 초기에는 (주)기원전자에서 개발한 드론축구용 파워보드를 사용하였으나 현재는 거의 사용하지 않는다.

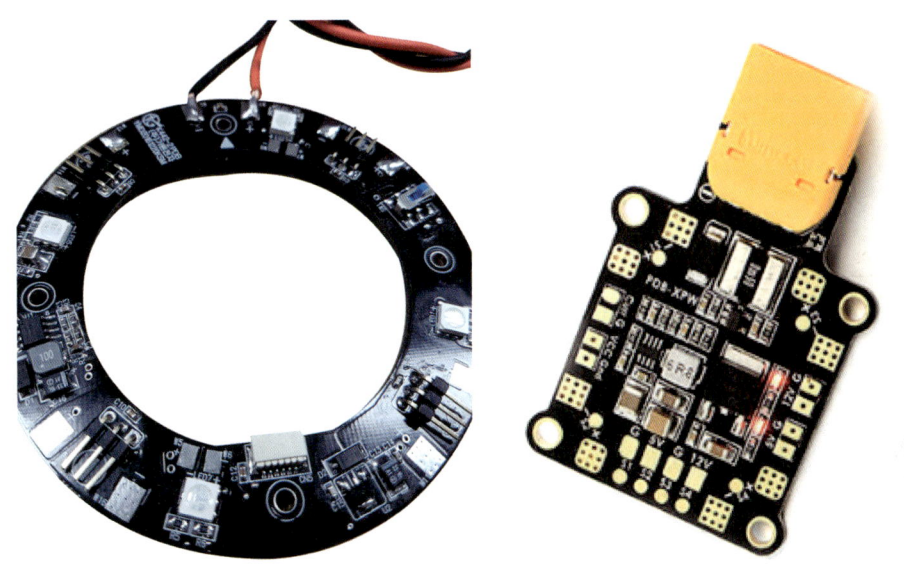

❖ (주)기원전자의 드론축구용 파워보드(좌), Matek사의 PDB 보드(우)

2 사용법

개별변속기 신호선을 PDB에 +, -에 맞춰 연결한다. 전원선도 PDB에서 연결한다. PDB의 모터 신호선과 전원선을 FC에 연결하면 된다.

ESC
(Electronic Speed Controller, 변속기)

1 기능

ESC_{Electronic Speed Controller}는 FC의 명령으로 모터에 필요한 전력을 전달해 모터의 회전을 제어하는 기능을 한다. ESC에는 FC와의 통신방식에 따라 아날로그 방식과 디지털 방식이 있으며, 최근에는 디지털 방식의 ESC가 사용된다.

FC와 ESC 간의 신호는 여러 가지 통신규약 프로토콜 방식이 사용되며 아날로그 방식의 Oneshot, Multishot과 디지털 방식의 D-shot 등이 있다. 디지털 방식 D-shot에는 16비트 방식인 Dshot150, Dshot300, Dshot600과 32비트 방식인 Dshot1200이 있다. 신호방식이 빠르면 비행이 부드럽게 느껴진다. 다만 진동이 많은 드론볼 기체에서는 디지털 방식 사용 시 세심한 세팅 노하우가 필요하며, 'BLHELI-S' 와 'BLHELI-32' S/W를 통해 세팅한다.

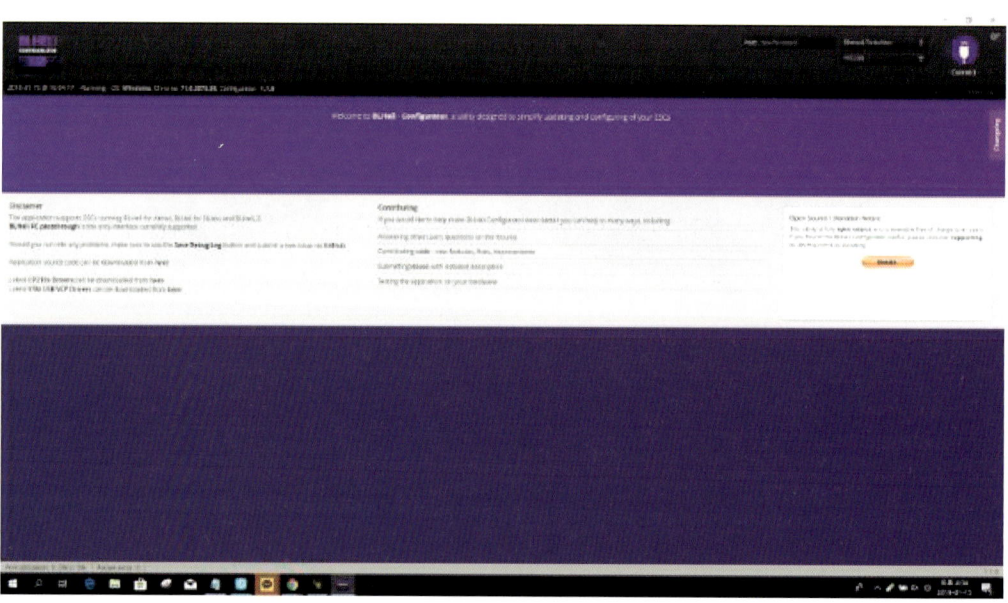

❖ 16비트 변속기 S/W BLHELI-S 컨피규레이터

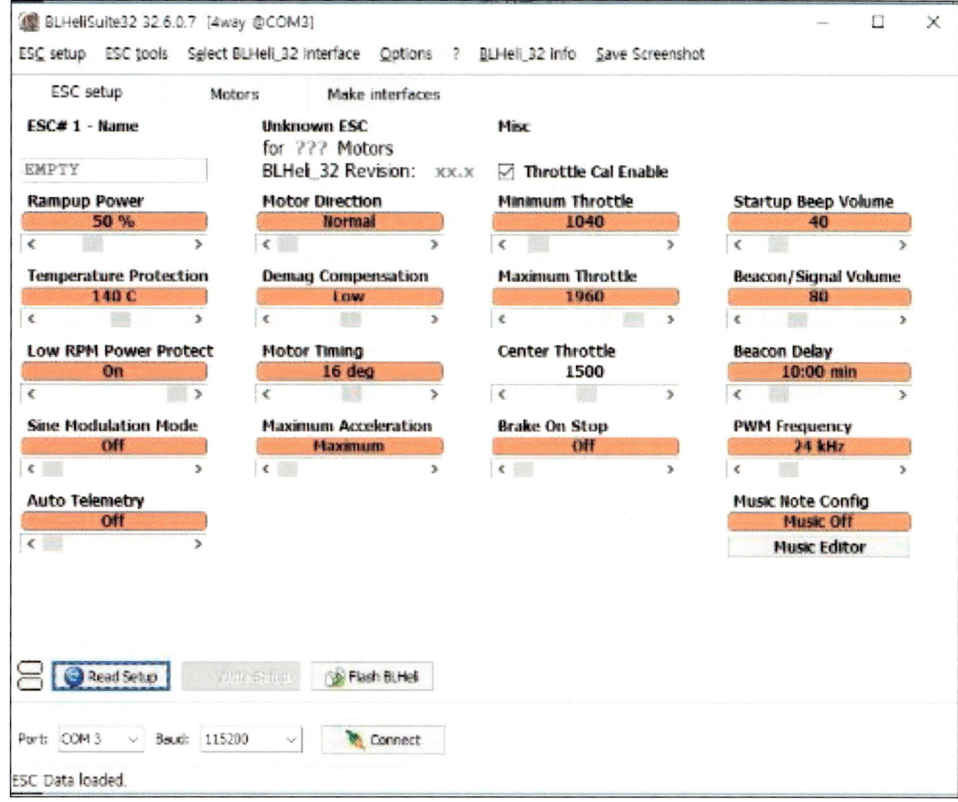

❖ 32비트 변속기 S/W BLhelisuit32

2 종류

ESC는 형태에 따라 4개의 개별변속기와 4 in 1 통합변속기로 구분되며, 사용되는 프로토콜에 따라 16비트 BLHELI-S와 32비트 BLHELI-32 변속기로 분류된다. 최근 드론축구에 사용되는 제품은 32비트 기반의 BLHELI-32 변속기이다.

❖ 16비트 개별변속기와 4 in 1 통합 변속기

❖ 32비트 BLHELI-S ESC

3 사용법

드론볼 조립에 개별변속기를 사용할지 통합형 4 in1 변속기를 사용할지의 결정에 따라 조립 구성이 달라진다. 통합형 변속기를 사용할 경우 변속기와 모터를 연결하고 직접 FC에 연결하는 구성이 된다. 개별변속기를 사용하면 변속기 전원을 공급하는 PDB와 연결 한 후 FC와 연결한다.

4 주의사항

ESC는 허용전류량을 확인해야 한다. 허용전류량을 고려하지 않고 구매할 경우 모터가 제 성능을 못 내거나 과부하로 ESC가 파손될 수 있기 때문이다. 변속기 선택 시에는 모터에서 필요로 하는 소비전류량보다 큰 허용전류량을 가진 변속기를 선택한다.

최근 출시되는 레이싱 드론용 기자재의 경우 45A 이상으로 출시되어 드론볼 기자재로도 손색이 없으며, 변속기들도 50A 또는 60A 허용전류량으로 출시되고 있어 드론축구용으로 충분한 성능이다.

모터(Motor)

1 기능

모터는 드론볼 기체의 비행 추력을 발생시키는 중요한 부품이며 기체의 성능을 좌우한다. 기체 중량에 따라 모터에 의한 비행시간과 적절한 추력을 맞춰야 한다. 드론축구에서는 5~6인치 프로펠러를 사용하며 모터와 프로펠러가 적절한 조합을 이룰 때 최고 성능을 발휘할 수 있다. 모터를 선택하려면 모터가 가진 추력을 확인하는 것이 중요하다. 추력의 경우 모터의 개수가 많을수록 커진다.

드론볼 기체의 경우 배터리 포함 1,100g으로 필요한 추력은 1,100g×2배/4(모터 수)=550g(모터 한 개당)이 된다. 모터 캔에는 일반적인 사양이 표시되어 있으며 이를 참고해 적정한 모터를 선택할 수 있다. 모터를 선택할 때 가장 중요한 단위가 KV와 W이다.

KV는 1V의 전압을 가했을 때 회전하는 RPM(Revolution Per Minute) 수를 뜻한다. 드론축구에 가장 많이 사용되는 2500KV 모터의 경우 4셀 14.8V의 배터리를 사용한다고 하면, 2,500×14.8V=37,000rpm이 나온다. KV가 높을수록 회전율이 올라가면 발열이 높고 모터를 돌려주는 힘, 토크가 약해진다. 드론볼 기체는 기동과 추력을 위해 적정한 KV의 모터 선택이 중요하며, 14.8V 4셀 배터리를 사용하는 드론볼 기준으로 2,300~2,600KV 대의 모터를 주로 사용한다.

2 종류

2017~2018년도에는 드론볼용으로 다양한 스펙의 3~6셀 배터리에 맞춰 모터도 다양한 제품들이 사용되었다. 2019년 10월에는 경기규정상 배터리 스펙을 4셀 이하로 하면서 모터 선택의 폭은 좁아졌다. 드론 레이싱 프리 스타일용으로 사용되는 2,500KV 계열의 모터들이 주로 사용되고 있다.

모터캔에는 모터의 사양을 알 수 있는 정보가 담겨 있다. 드론볼에 가장 많이 사용되는 AMAX inno 2306-2500KV의 경우 숫자 앞의 '23'은 모터에서 코일링된 자석의 집합체인 스테이터의 지름(mm)을 나타낸다. 뒤의 '06'은 모터 스테이터의 높이(mm)이다. 2500KV은 1볼트당 모터의 분당 회전수이다. 모터 스테이터의 높이가 높고 지름이 길수록 모터의 토크Torque가 향상된다. KVKonstant of Velocity가 높을수록 회전속도가 빠르다. 기체가 무겁고 좁은 드론 축구장 안에서 급기동이 많은 드론볼 특성상 회전속도보다는 토크가 큰 모터를 사용한다.

주요 모터들은 다음과 같다.

❖ AMAXINNO 2306-2500KV
제원: 2500KV

❖ [T-Motor] LF40 2450KV
제원: 2450KV

❖ iFlight XING CAMO X2306-2450KV
제원: 2450KV

❖ RCINPOWER GTS2207 Plus V2 2500KV
제원: 2500KV

수신기

수신기 RX Module 는 드론 조종기에서 보내는 신호를 받아 조종자가 원하는 기능을 드론볼 기체에 연결된 기자재에 전달하는 역할을 한다. 드론볼의 경우 FC가 비행제어에 관여 하는 만큼 수신기는 FC에 가장 먼저 연결된다. 드론에 사용되는 주파수는 디지털 방식으로 2.4GHz 대역을 사용한다.

1 기능

수신기는 조종기(수신기)와 연결되어 조종기에서 보내온 신호를 받아 작동한다. 조종기에서 보낸 신호를 수신기가 받아 FC로 보내는 통신방식은 아날로그 방식과 디지털 방식으로 구분된다. 아날로그 방식의 수신기로는 PWM, PPM 등이 있지만 드론축구에는 거의 사용하지 않는다.

디지털 방식의 송수신기는 2.4GHz영역을 사용한다. 다만 전파 간섭을 없애기 위해 조종기 제조사는 고유한 **통신규약** Protocol 을 사용하며 조종기 제조사에 따라 송수신 방법이 달라진다.

2 종류

드론볼에 사용되는 조종기에 따라 수신기가 달라진다. 주로 사용되는 조종기는 Frsky 타라니스와 후타바 계열, 스펙트럼 계열의 수신기, 성지그라프너 MZ 조종기와 SUMD 방식, flysky 터니지 조종기 등이 있다.

❖ 조종기 종류별 송수신 방법과 프로토콜

조종기 제조사	송수신방식	통신 프로토콜
FUTABA	S-FHSS, FASST	S.BUS
Frsky(TARANIS)	ACCCT	S.BUS
스펙트럼	DSM, DSM2, DSMX	DSM2048
Flysky /터니지	AFHDS	I.BUS
Graupner	HoTT	SUMD

수신기와 FC 연결 시 해당 프로토콜을 지원하는 포트에 연결해야 한다. 대부분 RX1번 포트가 S.BUS를 지원한다. 스펙트럼과 그라프너의 경우 다른 포트를 지원하기도 한다. 수신기를 장착하기 전 FC 매뉴얼에서 확인하고 적합한 통신 프로토콜을 지원하는 포트에 장착해야 한다.

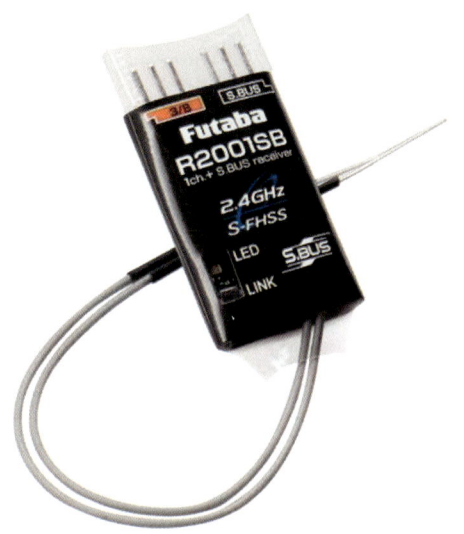

❖ S.BUS 방식을 사용하는 후타바 수신기

memo

조종기

드론볼도 RC Radio Control 종목 중 한 부분이다. 전파를 이용해 원격으로 드론을 조종하기 때문이다. 드론볼은 조종자가 조종기로 조작하고 그 신호를 수신기가 받아 드론이 움직인다. 조종기의 사양에 따라 다양한 기능 설정이 가능하다. 조종기는 사람의 손이 직접 닿는 장치로 짐벌의 조작감을 비롯해 신중하게 선택해야 할 장비이다.

1 기능

드론볼 조종기로 모드1과 모드2가 가장 많이 쓰인다. 모드3, 4 방식도 있지만 국내에서는 쓰는 조종자가 거의 없기 때문이다.
본 교재에서도 모드1과 모드2 방식으로 기술한다.

1. 모드1

모드1 조종기는 방향타인 러더 Ruder와 엘리베이터 Elevator가 왼쪽에 위치해 있다. 출력을 담당하는 스로틀 Thottle과 기체 기울기를 조정하는 에일러론 Aileron은 오른쪽이다. 4~5년 전 드론이 본격적으로 국내에 보급되기 이전에는 모드1 사용자가 대부분이었다. 일본 RC의 영향을 받아 일본에서 사용하던 모형 비행기 및 헬리콥터를 수입해 사용했고 자연스럽게 모드1 방식을 사용하게 되었다. 지금도 오랜 RC 경험자들은 모드1 방식을 사용하고 있다.

2. 모드2

모드2 조종 방식은 미국, 유럽, 중국에서 가장 많이 사용하는 방식으로 실제 비행기 조작과 비슷하다. RC 비행기와 헬리콥터를 접하지 않고 완구 드론부터 사용한 조종자는 기본 비행 모드가 모드2에 익숙해 최근 드론에 입문하는 조종자는 대부분 모드2 방식을 사용하고 있다. 모드1과 러더와 에일러론의 키 위치는 같지만 스로틀과 오른쪽 상승타인 엘리베이터는 왼쪽에 있다.

모드1과 모드2의 선택은 조종자가 소속된 드론축구 팀에 따라 달라진다. 팀원들이 모드1 사용자가 많다면 모드1으로 사용하고 모드2 방식을 사용하는 팀원들이 많다면 모드2 사용하게 된다. 드론축구를 교육하는 지도자의 방식에 따라 모드1, 모드2를 선택하여 지도자와 팀원이 같은 모드를 사용하는 것이 비행교육 시 도움받기가 용이하기 때문이다.

3. 조종기의 채널

조종기에는 기본적으로 할당된 채널이 있다. 드론축구에는 1~6개의 채널을 사용한다. 조종기의 스틱을 움직일 때 할당된 채널 값으로 움직이게 된다. 조종기를 처음 구입 후 드론 세팅을 할 때 채널을 할당하고 설정하게 된다. 1~4번은 조종에 대한 채널 설정 부분이다. 채널 5번과 6번은 아밍Arming 설정과 앵글-아크로Angle-Acro 설정으로 기능을 할당한다.

❖ 조종기 채널(스펙트럼/후타바)

채널	SPECTRUM/Graupner	FUTABA/Taranis
	TAER1234	AETR 1234
1	T(스로틀)	A(에일러론)
2	A(에일러론)	E(엘리베이터)
3	E(엘리베이터)	T(스로틀)
4	R(러더)	R(러더)
5	AUX1/아밍	AUX1/아밍
6	AUX2/앵글-아크로	AUX2/앵글-아크로

4. 조종기와 드론의 움직임

다음은 조종기키와 비행명칭을 구분한 것이다.

❖ 조종기 키와 비행명칭

구분	조종기 키	비행명칭
기체를 상승 및 하강	Throttle	Throttle
기체 좌우 회전	Ruder	Yaw
기체 전진후진	Elevator	Pitch
기체를 좌우로 기울일 때	Aileron	Roll

5. 조종기의 키에 따른 드론 비행 용어

(1) 스로틀(Throttle) / 스로틀(Throttle)

조종기의 스로틀은 드론의 속력을 올리는 가속장치이다. 스로틀을 올리면 모터의 회전이 빨라져 프로펠러의 추력이 높아지며 드론은 빠르게 상승한다. 스로틀을 올려 추력을 증가시킴과 동시에 엘리베이터 혹은 에일러론과 병행하여 조작한다면 원하는 방향으로 빠르게 이동할 수도 있다. 만일 스로틀로 인한 드론의 추력이 드론의 자체 무게보다 작을 경우 드론은 중력에 의해 하강하게 된다.

(2) 엘리베이터(Elevator) / 피치(Pitch)

조종기의 엘리베이터는 드론볼을 전진 또는 후진시킬 때 사용하는 키이다. 엘리베이터 조작을 통해 기체를 전후 방향으로 기울임과 동시에 스로틀로 기울임 각에 따른 양력손실을 보상시켜주면 기체는 자연스럽게 기울어진 방향으로 수평이동하게 된다. 이렇게 기울인 기체의 각도를 피치라고 하며 조종기의 엘리베이터 키로 조작한다.

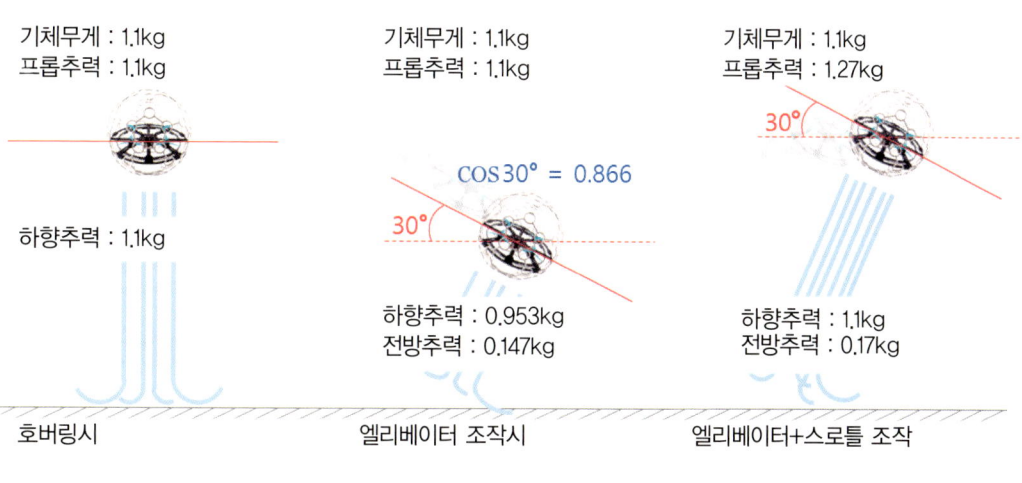

❖ 조종 키 운용법

(3) 에일러론(Aileron) / 롤(Roll)

조종기의 **에일러론**Aileron 키는 드론볼을 좌우로 기울이는 조작을 하며, 그 기울임 동작을 **롤**Roll이라고 한다. 동체 좌우의 모터의 회전속도를 다르게 함으로써 회전수가 적은 쪽으로 기울게 된다. 드론축구에서는 좌우로 빠른 기동이 필요할 때 에일러론 키로 조종기를 조작해 롤 기동을 만든다. 주로 스트라이커나 길잡이가 교란시킬 때 사용하는 기동으로 엘리베이터 키와 에일러론 키를 함께 사용한다.

(4) 러더(Rudder)/요(Yaw)

조종기의 **러더** 키는 드론을 좌우로 회전시키는 **요** 동작을 만들어 낸다. 대부분의 드론축구 선수들은 드론볼의 뒷부분을 보면서 조종하는 데 익숙하기 때문에 만일 충돌에 의해 드론볼의 방향이 틀어졌다면 재빨리 러더 키를 조작해 빠르게 요 동작을 기동시켜 드론볼의 방향을 바로 잡는다. 몸싸움이 많은 드론축구 특성상 기체가 중심을 잃고 추락하거나 자리를 벗어났을 때 유용하다.

2 종류

통상 드론축구용으로 크게 5종류의 조종기가 가장 많이 사용되고 있다.

1. 후타바(FUTABA)

후타바 조종기는 드론 레이싱은 물론 RC 헬리콥터 영역에서 많이 사용되는 조종기이다. 바인딩이 쉽고 빠른 것이 장점이다. 또한 버튼 배치 및 크기가 손이 작은 동양인에게 맞고 그립감이 좋아 선호도가 높다.

레이싱 드론에서 가장 많이 사용되는 조종기 중의 하나로 드론축구와 레이싱 기체 둘 다 운용이 가능하다. 그러나 비싼 가격대비 효용성이 크지 않아 입문자들에게는 추천하지 않는다.

❖ FUTABA T16SZ / T18SZ

2. OpneTX(Frysky/JUMper)

오픈소스인 Open TX 펌웨어를 사용하는 타라니스 조종기와 JUMPER 조종기는 세계적으로도 범용성이 높은 조종기이다. 가격에 비해 기능이 다양하고 사용자가 많은 것이 특징이다. 유저층이 두터운 만큼 짐벌 등 옵션 부품도 많이 나와 있고 수신기도 저렴한 편이다. 사용자층이 많아 어디서든 도움을 받을 수 있는 것도 큰 장점이다. 후타바와 같이 레이싱 드론에서도 많이 사용하고 있다.

❖ Frysky Taranis X9D / Jumper T16 pro

3. 스펙트럼(SPEKTRUM)

후타바 만큼이나 오랜 기간 RC 영역에서 사용되고 있는 조종기이다. 스펙트럼 수신기의 경우 작고 저렴하며 바인딩도 수월해 사용하기 편하다. 그러나 미국 브랜드로 서양인의 손에 맞춘 조종기 구조를 갖고 있어 다소 큰 편이다. 드론축구 외에 헬기 및 비행기, 보트, 로봇 등으로 폭넓게 사용되고 있는 만큼 조작 및 활용할 수 있는 레퍼런스도 다양하다.

❖ 스펙트럼 DX9

4. 그라프너(Graupner)

그라프너 조종기는 선호도가 높은 조종기 중의 하나이다. 가격 대비 짐벌 감이 뛰어나다. 하위 트림인 기본형 MZ-12 조종기만 사용해도 뛰어난 짐벌 감을 느낄 수 있으며, 위에 언급한 조종기 중에 가장 작은 사이즈로 청소년들이 사용하기 편리하다. 그라프너의 토이드론 기체도 바인딩이 가능해 토이 드론대회와 드론축구를 병용하는 학생 선수들이 많이 사용하는 조종기 중 하나이다. SUMD 수신기를 사용하며 바인딩 방법도 쉽다. 다만 SUMD를 지원하는 FC의 경우 포트 및 세팅에 대해 제공하는 정보가 불충분한 경우가 많아 설명서를 잘 찾아보아야 한다.

❖ Graupner Mz-12pro

5. 터지니 Flysky

flysky TX-10는 2017~2018년 판매된 완제품 드론볼에 기본 탑재된 조종기이다. 이 조종기는 복잡한 설정 없이 필요한 기능만 탑재했다. 조종기 크기도 작고 저렴해 청소년 및 초보자도 부담 없이 사용하기에 적합하다. 통신 프로토콜은 IBUS 방식을 사용한다.

❖ Flysky TX10s

배터리 및 충전기

1 기능

배터리는 드론볼 기체 성능의 약 80%를 좌우한다. 드론축구 배터리로 사용되는 2차 전지 리튬폴리머(Li-po) 배터리는 에너지 효율과 출력이 뛰어나고 무게가 가벼워 레이싱 드론은 물론 드론축구 등 각종 드론 기체용 배터리로 두루 사용되고 있다.

2 종류

리튬폴리머 배터리는 셀 단위로 포장되어 있다. 1셀은 3.7V의 공칭전압을 갖는다. 2017년 처음 드론축구가 소개되었을 때는 3셀 11.1V의 전압에 2,200mAh 용량을 가진 배터리를 사용했다. 2017년 하반기부터는 여러 선수단이 드론볼의 출력 향상을 위해 4셀 16.8V 1,800mAh 배터리를 사용하기 시작했다. 드론 판매점에서 쉽게 구매할 수 있었던 4셀 1,800mAh 배터리의 경우 갈수록 격렬한 기동 등으로 런타임 부족 현상이 발생했으나, 2018년 중반 드론축구용 4셀 2,200mAh 배터리가 보급되기 시작하면서 배터리 부족현상은 해소되었다.

2019년 7월까지 드론축구 규정에 배터리 제한이 없어 일부 팀들은 6셀 22.2V 배터리를 사용하기도 했다. 이후 2019년 10월 대회규정에서는 4셀 이하만 사용하도록 개정되어 현재 모든 팀들은 4셀 14.8V 배터리를 사용하고 있다. 국내에는 드론축구용 배터리로 4~5 종류가 판매되고 있다. 드론축구 경기시간에 맞춘 2,200~2,500mAh 용량을 갖춘 배터리이다. 용량은 배터리에 저장되어 있는 전류의 양으로 단위는 mAh이다. 용량이 클수록 전류를 많이 저장한다.

하지만 드론축구 규정상 기체 무게를 제한하고 있어 용량이 늘어나더라도 무게를 초과하면 사용할 수가 없다. 배터리의 경우 방전율도 중요한 수치이다. 방전율은 이미 정해져 있는 배터리의 용량을 모두 소모하는 데 걸리는 시간을 의미한다. C-rate로 표기

하며 1C란 저장된 용량을 모두 내보내는 데 1시간이 걸린다는 의미이고 10C란 6분이 걸린다는 의미이다. C-rate가 높을수록 배터리에서 밀어주는 힘이 강해서 전력소모가 많은 순간적인 수직상승에도 모터의 힘을 충분히 발휘할 수 있다. 하지만 배터리 자체에서도 방전율은 일정하지 않다.

최대 방전율로 지속적으로 방전되는 것이 아니라 금방 방전수치가 떨어져 버리기 때문에 일반적으로 산업용 배터리에서는 평균적인 C-rate를 표기한다. 드론용 배터리는 80C, 110C 등 고방전율의 제품이 많이 나와있지만 이것이 평균값을 의미하는지 최대값을 의미하는지 살펴볼 필요가 있다. 요즘은 대부분 최대값을 표기하므로 어찌되었든 방전율이 높은 배터리의 성능이 더 좋다고 할 수 있다.

❖ 배터리 성능을 판별하는 주요명칭

구 분	설 명
셀(전압)	1셀 3.7V, 2셀 7.4V, 3셀 11.1V, 4셀 14.8V 5셀 18.5V 6셀 22.2V
HV	High Voltage. 공칭전압이 1셀 3.8V, 4셀 HV 15.2V.
병렬 2P	병렬셀로 배터리를 조합한 경우, 4S2P=2셀 병렬로 4셀을 구성함
용량 mAh	배터리에 저장되는 전류의 양
방전율 C	얼마나 빠른 속도로 방전이 가능한지 나타내는 수치

사용 중인 배터리 종류는 다음과 같다.

❖ 프릭파워 2200mAh 14.8V 75C
용량 : 2200mAh

❖ GNB 2200mAh 120C 14.8V
용량 : 2200mAh

3 배터리 스웰링(Swelling) 현상

드론축구의 경우 단시간 내 빠른 기동을 보여야 하므로 고방전의 배터리 제품을 많이 사용한다. 배터리는 고방전 시에 열이 발생하며 이때 발생한 열은 배터리 내부의 수분을 기화시켜 배터리가 부풀 수 있다. 이런 현상을 스웰링이라고 한다. 배터리가 부풀었다고 해서 불량제품은 아니다. 간혹 아무리 오래 써도 전혀 부풀지 않는 배터리가 있는데 이는 방전율이 표기된 것보다 미흡하여 부풀지 않는 경우도 있다. 하지만 너무 많이 부풀어 오른 제품은 화재의 우려가 있기 때문에 폐기하는 것이 바람직하다. 배터리의 스웰링 현상을 방지하려면 평소 연습 시에 불필요한 풀 스로틀과 급작스런 방향변경보다 부드러운 비행을 하는 것이 좋다.

4 배터리의 충전 및 관리

드론축구용 배터리는 여러 개의 셀로 구성되어 있어 각 셀을 동일한 전압으로 충전하기 위해서는 밸런스 충전기를 사용해야 한다. 밸런스 충전기는 1개의 배터리를 충전하는 1구 충전기, 2구 충전기, 4개를 동시에 충전하는 4구 충전기가 판매되고 있다. 배터리가 많을 경우 4구 충전기를 보유하는 것이 편리하다.

배터리 충전기를 구입할 때는 다음의 몇 가지 사항에 주의해야 한다.

1. 배터리 종류의 지원

드론축구 배터리 충전기는 기본적으로 +, - 연결과 각 셀별 밸런스를 맞추기 위한 밸런스 단자를 연결해야 한다. 또한 배터리의 종류별로 공칭전압과 만충전압이 다르므로 배터리의 종류를 선택할 수 있게 사전에 프로그램 되어 있어야 한다. 하지만 밸런스 단자를 연결하도록 되어 있는 충전기는 대부분 리튬폴리머 배터리를 지원하므로 걱정하지 않아도 된다.

❖ 배터리의 밸런스 단자　　　　❖ 보편적인 배터리 전원부(XT시리즈)

2. 배터리 용량 지원

배터리는 크게 **파워 서플라이**와 **충전기**, 이렇게 두 부분으로 구성된다. 두 개가 따로 떨어져 있는 것도 있고 하나로 합해져 있는 것도 있다. 파워 서플라이의 역할은 가정의 AC 전류를 DC로 바꿔주는 역할을 하며 충전기의 역할은 배터리의 종류에 맞는 전압을 배터리에 밀어주는 역할을 한다. 여기서 우리가 눈 여겨 봐야 될 것은 파워 서플라이의 용량이다.

만약에 우리가 충전하려는 리튬폴리머 배터리가 14.8V 2,300mAh라면 충전기는 최소 34.04W 이상의 용량이 되어야 1시간 이내에 충전이 가능하다. 이런 계산으로 만약 이 배터리 4개를 30분 내에 충전하고 싶다면 파워 서플라이는 300W가 필요할 것이다.

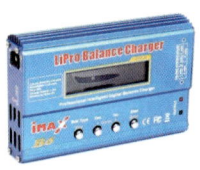 
 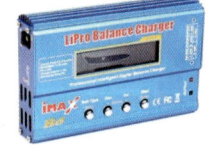

❖ 350W 파워 서플라이　　　　　❖ 밸런싱 충전기(×4)

프로펠러

프로펠러는 모터의 회전력을 양력으로 바꿔 드론볼을 상승시키는 역할을 하는 부품이다. 드론축구용 프로펠러는 레이싱 드론용 프로펠러를 사용하며 모양, 길이, 날개 개수 등 다양한 종류가 판매되고 있다. 프로펠러의 형태에 따라 비행특성이 달라지기 때문에 드론볼에 사용되는 모터에 맞는 프로펠러를 선택해야 한다.

1 기능

드론축구의 프로펠러는 시계방향(CW)과 반시계방향(CCW)으로 각각 2개의 프로펠러를 사용한다. 프로펠러는 길이, 각도(피치), 강도에 따라 세부적으로 분류가 된다. 드론축구용 프로펠러로 초창기인 2017년도에는 6인치 프로펠러를 사용했지만 **현재는 210mm급 프레임이 보급되면서 5~5.5인치 길이의 프로펠러**를 사용되고 있다.

프로펠러의 피치는 모터 및 선수의 특성에 따라 선택이 달라진다. 피치는 프로펠러가 한 바퀴 회전할 때 이동하는 거리를 의미하는데, 피치가 높을수록 더 많은 거리를 이동하게 되어 많은 공기를 밀어내 추력이 높아지는 반면, 모터에는 부하가 걸리고 높은 토크를 필요로 하며 배터리 소모가 높아진다.

높은 토크를 사용하는 드론볼 기체 특성상 고피치 프로펠러를 사용하는 것이 일반적이다. 프로펠러를 구입할 때 제품명에 길이와 피치 정보가 담겨 있다. 4자리 숫자로 제품명을 표기하는 것이 일반적이며, 앞에 두 자리는 프로펠러 길이, 뒤에 두 자리는 피치를 나타낸다. 제품명에 '5055'라고 표기되어 있는 경우 5인치 길이에 55피치라고 이해하면 된다.

프로펠러는 모터의 회전방향에 맞춰 바르게 장착해야 한다. 모터 방향과 프로펠러가 잘못 장착될 경우 이륙하지 못한다. 프로펠러를 장착하기 전에 모터의 회전방향을 숙지하고 맞는 프로펠러를 장착해야 한다. 프로펠러를 위로 향하게 해 각도가 높은 면이 모터 진행방향으로 맞추면 된다.

> **프로펠러 장착 시 주의사항**
>
> 프로펠러의 높은 각이 모터진행방향으로 향하도록 해야 한다.

2 종류

❖ HQ dp5.5×4.5
제원 : 2엽, 5.5인치, 4.5피치

❖ HQ 5×4.5×3 V3
제원 : 3엽, 5.0인치, 4.5피치

❖ Gemfan Hulkie 5055-3
제원 : 3엽, 5.0인치, 5.5피치

팀 LED, 개인 LED

1 팀 LED(LED Strip)

대한드론축구협회 공인구로 사용되는 드론볼에는 5050LED Strip을 의무적으로 장착해야 한다. 팀 LED는 드론볼의 팀구분을 위한 표식으로 빨강색과 파란색이 점등되어야 한다. 5V 또는 12V 전원을 사용하여 연결하며 컨트롤러와 LED가 일체로 된 제품이 판매되고 있다. 장착은 드론볼 외곽 둘레에 두르거나 규정상 지름 20cm 이상 크기로 장착해야 한다.

팀 LED의 형상은 다음과 같다.

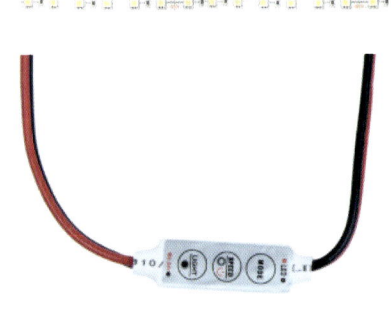
❖ 팀 LED

❖ 장착 모습

2 개인 LED

드론볼의 앞뒤와 팀 내 선수 구분을 위한 개인식별 LED이다. 드론볼 뒷면에 장착하며, 1발, 원형, 8발 등 다양한 제품이 있다. 개인 LED는 본인과 팀의 개성에 맞게 사용할 수있지만 개인 LED가 너무 커서 팀구분 LED와 혼동이 되어서는 안 된다.

개인 LED의 장착 형상은 다음과 같다.

    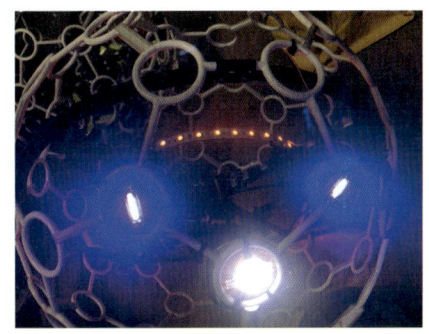

❖ 식별 LED   ❖ 장착 모습

Ⅲ 드론볼 제작
드론축구 기초

드론볼은 기자재 및 부품을 각각 구입해서 맞춤형으로 조립해야 하기 때문에 부품에 대한 이해가 부족하면 조립이 어렵고 진입장벽이 높다. 하지만 수신기를 조립하고 비행을 위해서는 기본적인 세팅을 할 수 있어야 한다.

제작 준비

드론볼은 기자재 및 부품을 각각 구입해서 맞춤형으로 조립해야 하기 때문에 부품에 대한 이해가 부족하면 조립이 어렵고 진입장벽이 높다.

이를 위해 기본 세팅된 D-soccer 완제품도 시중에 나와 있긴 하지만 수신기를 조립하고 비행을 위해서는 기본적인 세팅을 할 수 있어야 한다. 드론축구 경기 또는 연습 중 파손이 많아 부품을 선수가 직접 교체해야 하기 때문에 기본적인 기자재 구성 및 조립에 대한 이해가 필요하다.

드론볼은 **프레임 조립, 변속기 및 FC, 모터 기자재 장착, LED 장착, S/W 세팅, 펜타가드 및 외장재 장착** 등의 순으로 진행하면 된다.

1 드론볼 구성부품

프레임	변속기	모터
드론볼의 뼈대로, 기자재를 탑재하고 외장가드를 연결한다.	FC로 신호를 받아 모터를 제어하는 부품이다.	회전력을 발생시키는 부품으로, 실제 드론축구의 동력을 제공한다.
FC	**수신기**	**띠 LED**
비행 컨트롤러로, 비행을 담당하는 핵심부품이다.	조종기의 신호를 FC로 전달하는 부품이다.	팀식별 LED. 20cm 원형으로 장착되어야 하며 레드/블루 구분이 되어야 한다.
식별 LED	**펜타가드**	**바텀가드**
후방 식별 LED. 조종자가 자신의 기체를 식별할 수 있도록 한다.	드론축구 외장 펜타가드	드론축구 외장 바텀가드

PART 1 드론축구 기초 | 57

2 공구 및 재료

드론볼을 조립하고 정비 및 수리하기 위해서는 필수 공구들이 있다.

1. 육각렌치 2.0mm / 2.5mm

프레임과 모터를 연결하는 육각 볼트를 조이거나 풀 때 사용하는 공구이다. 드론축구에서는 주로 2.0mm, 2.5mm 렌치를 사용한다.

❖ 다양한 육각렌치

2. 소켓렌치 5.5mm와 프롭너트 라켓렌치 8mm

소켓렌치 5.5mm는 프레임을 외장 가드와 조립할 때 볼트와 함께 사용하는 너트를 조일 때 사용한다. 주로 5.5mm 너트를 조일 때 사용하는 공구로 필요하다.

프롭너트 라켓렌치 8mm는 프로펠러를 교체할 때 필요한 렌치로 회전방향을 조절할 수 있는 라켓렌치가 편리하다. 드론볼 기체 프로펠러 너트 규격은 8mm 렌치를 사용하면 된다.

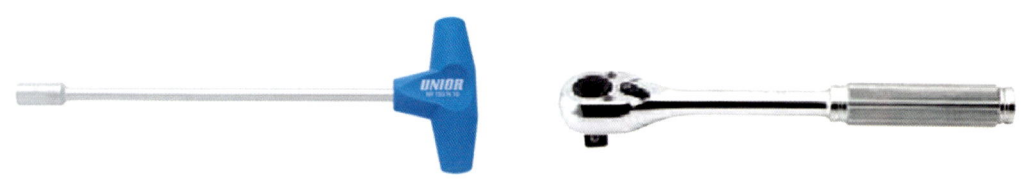

❖ 소켓렌치 5.5mm와 프롭너트 라켓렌치 8mm

3. 니퍼와 커터

니퍼는 전선과 케이블 타이 등을 자를 때 쓴다. 모터 및 각종 배선의 전선 피복을 벗겨낼 때 사용하는 필수 공구이다. 니퍼와 와이어 스트리퍼도 함께 사용하면 편리하다.

커터는 드론을 수리할 때 테이프 등을 자를 때 사용한다.

❖ 니퍼와 커터

4. 코팅가위와 납땜인두기

코팅가위는 드론을 수리하거나 제작할 때 절연 테이프 및 필라멘트 테이프를 자르기 위해 사용한다. 테이프용 코팅가위가 사용하기 편리하다.

모터와 변속기, FC 등 모든 드론 부품을 조립할 때는 납땜 작업이 필요하다. 전기제품인 드론의 경우 전기가 통하는 전선의 연결이 많다. 50W 이상 사양의 인두기를 추천하며 드론 수리가 많은 경우 220도에서 450도까지 온도 조절이 가능한 것이 편리하다.

❖ 코팅가위와 납땜 인두기

5. 실납과 솔더링 페이스트

실납은 드론 조립에 사용되는 땜납이다. 주석 함유량이 높은 무연납의 경우 녹는점이 높아 고온 사양의 인두기가 필요하다. 좋은 납을 쓸수록 작업효율이 좋다.

솔더링 페이스트는 납땜할 곳에 미리 살짝 찍어 발라두면 작업이 수월하다.

❖ 납땜을 위한 제품들(스탠드, 실납, 솔더링 페이스트)

6. 순간접착제와 케이블 타이

순간접착제는 부품의 단단한 결합을 위해 사용한다. 카본 프레임의 경우 즉각적인 접착력을 발휘해 수리 작업 시 유용하다.

케이블 타이는 드론볼 기체에 다방면으로 사용된다. 프레임에 전선을 결합하거나 LED 장착, 펜타가드 응급 수리 등에 쓰인다. 100mm, 150mm, 200mm 등 사이즈별로 구비해놓으면 편리하다.

❖ 순간접착제와 케이블 타이

7. 양면 테이프와 절연 테이프

양면 테이프는 드론 부품을 고정해야 할 때 유용하다. 전선, LED 컨트롤러, 수신기를 프레임에 부착할 때 사용된다.

절연 테이프는 전선이 벗겨진 곳에 사용하기도 하지만 펜타가드 외부 수리에도 좋다. 신축성과 내구성이 좋아 부러진 펜타가드를 보강할 때 수리 및 덧대는 용도로 사용하면 된다.

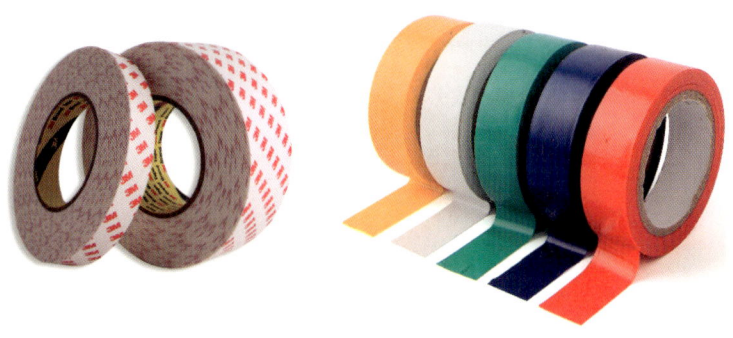

❖ 양면 테이프와 절연 테이프

8. 필라멘트 테이프

간편하고 내구성이 강한 필라멘트 테이프는 케이블 타이와 같은 용도로 쓰인다. 케이블타이 보다 무게가 가볍고 더 강하게 결착된다. 기자재의 프레임 부착용 또는 외장 펜타가드의 수리 및 결합용으로 두루 사용된다.

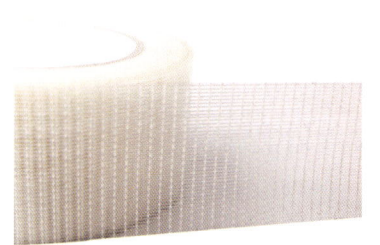

❖ 필라멘트 테이프

드론볼 제작

1 프레임 조립

드론볼 프레임은 **상판과 하판**, **암대**, **서클 프레임**으로 구성된다. 상판과 하판 4개의 암대를 조립해야 기본적으로 기자재를 배치하고 조립할 수 있다.

4개의 메인 암대를 상판과 하판에 맞추고 총 8개의 볼트로 간단히 조립할 수 있다. 기본적인 프레임 조립 후에는 변속기를 프레임에 장착한다.

2 ECS 장착 및 모터 연결

변속기는 배터리에서 오는 전원을 모터에 분배하고 FC의 신호를 받아 제어하는 중요 부품이다. 프레임에 가장 처음 조립하는 전원 부품이기도 하다. 최근에 출시되는 변속기는 XT60 배터리 전원선이 함께 포함되어 있어 별도의 XT-60 커넥터를 만들 필요는 없지만, 일부 커넥터를 포함하지 않는 변속기나 수리가 필요한 경우 XT60 배터리 전원선을 만들어야 한다.

여분으로 완성된 XT60 케이블을 구비해놓으면 좋다.

❖ XT60 케이블과 전원 케이블 변속기 장착 모습

프레임 상판에 나일론 너트 또는 고무링을 놓고 그 위에 변속기를 올린 다음 15~20mm 볼트로 변속기를 고정한다. 변속기를 임시 고정하고 모터를 프레임과 결속시킨다. 모터선은 적절한 크기로 자르고 납땜하여 변속기와 연결한다. 이때 모터 중앙선은 반드시 변속기 모터 중앙에 연결한다. 납땜 시에는 +와 그라운드 방향에 유의해야 한다.

변속기에 4개의 모터를 결합시킨 후 변속기를 고정한 임시 고정 나사를 제거한다.

3 ECS의 FC 연결

변속기와 FC 연결은 별도의 신호선 케이블을 연결하는 작업이다. 변속기와 FC가 같은 메이커의 제품이라면 납땜 없이 연결 잭으로 간단하게 연결할 수 있지만, 다른 메이커라면 변속기의 신호선과 FC의 신호선을 확인하고 표시된 곳에 선이 연결되어야 한다.

신호선은 전원 +/−, 모터 연결선인 S1, S2, S3, S4, Current 등으로 나누어진다. 전원 +와 − 연결하고 모터선은 신호선 숫자에 맞춰 연결해주면 된다.

❖ FC를 변속기와 연결한 모습

4 FC와 수신기의 연결

FC에 수신기를 연결하는 방법은 사용하는 수신기마다 다르다. S.BUS 계열 수신기는 대부분 FC의 RX1 자리에 연결한다. 수신기는 5V 또는 3.3V 전원을 받는 선이 빨강, -인 그라운드가 검정이다. 신호선은 흰색 또는 회색, 주황색 등으로 구분된다.

5 LED 장착

드론볼 기체는 2종류의 LED를 장착한다. 팀 식별을 위한 팀 LED와 개인별 선수들이 본인의 기체를 식별하기 위한 개인 LED가 있다.

팀 LED는 드론축구 규정으로 반드시 장착해야 한다. 12V 전원을 사용하는 5050 LED Strip을 장착하며 색상 조절이 가능한 컨트롤러를 사용한다.

FC 및 변속기 등에서 12V를 지원하지 않으면 전원 케이블에서 12V로 감압하는 BEC를 사용하여 연결하면 된다. 개인 LED는 선수 취향에 맞춰 원형, 일자, 고휘도 등을 사용해도 된다.

6 바인딩 및 S/W 세팅(아밍, 모터 방향)

1. 개요

모터, 변속기, FC, 수신기가 결합되면 구동부는 완성된 것이다. 이 상태에서 수신 시 바인딩 및 모터 방향, 조종기 레인지, 아밍 Arming 및 앵글키를 설정한다.

조립이 성공적으로 마무리되었는지 배터리 전원을 연결하여 보면 알 수 있다. 배터리 처음 연결 시 변속기에서 2단계 신호음이 확인되어야 한다. '삐삐삑'- '삐'의 신호음이 확인되면 일단 모터, 변속기, FC가 올바르게 작동한다는 것이다. 신호음이 2단이 아닌 '삐삐삑' 까지만 난다면 FC의 이상일 경우가 있다. 소리가 전혀 나지 않는 경우는 변속기의 이상을 의심할 수 있다. 이렇게 시동음으로 정비 시 부품의 이상 여부를 판단할 수 있다.

바인딩은 조종기와 수신기를 주파수로 연결하는 과정이다. 바인딩이 된 드론은 조종기의 신호가 수신기로 정상적으로 전달되어 정확한 비행제어가 가능하다.

2. OPEN TX(타라니스/점퍼) 조종기[타라니스 X9D, X7, 점퍼T16, T12]

수신기의 바인딩 버튼을 누른 상태에서 전원을 연결한다. 바인딩 대기 상태의 수신기는 초록색 LED가 켜진 상태에서 붉은색 LED가 점등된다.

타라니스 X9D 조종기는 메뉴를 조작해 MODEL SETUP 메뉴의 Receiver 항목에서 [Bind]를 선택한다. JUPMPER 조종기의 경우 외장모듈 RXternal RF 메뉴에서 [bind]를 선택한다. 바인딩이 되면 비프음이 들리고 대기 상태가 된다.

3. 후타바 조종기[T14SG, T16SZ T18SZ]

후타바 조종기는 대부분 S-FHSS, F-FHSS 두 종류의 프로토콜을 사용한다. 수신기가 지원하는 프로토콜 형식을 확인하고 사전에 조종기에서 사용하고자 하는 프로토콜로 설정한다. 그리고 조종기 전원을 끈다.

수신기를 20cm 이상 거리를 두고 수신기의 바인딩 버튼을 누른 상태에서 조종기의 전원을 켠다. 수신기의 LED가 점멸하며 대기하다 녹색 LED만 켜지게 되는데, 그러면 바인딩에 성공한 것이다.

4. 스펙트럼 조종기[DX6, DX9, DX12]

스펙트럼 조종기의 경우 Setup 메뉴에서 바인딩 모드를 선택한다. 다른 수신기와 마찬가지로 수신기의 바인딩 버튼을 누른 채 전원을 인가한다. 조종기와 거리를 20cm 이상 멀리 있을수록 바인딩이 잘 된다. 계속 전원인가 버튼을 누른 상태에서 조종기의 바인딩 버튼을 누른다. 조종기에서 성공 멘트가 나오면 바인딩이 완료된 것이다. 바인딩이 완료된 수신기는 붉은색 LED가 켜진다.

5. 그라프너 조종기 [MZ12, MZ18, MZ24, MZ32]

성지 그라프너 조종기와 수신기의 바인딩은 간단한 편이다. 수신기의 바인딩 버튼을 누른 상태로 전원을 인가한다. 수신기 바인딩 대기를 위해 점멸 상태가 되면 조종기의 바인딩 메뉴를 선택하면 된다. 바인딩이 완료되면 녹색 LED가 켜진다.

6. 터니지/ Flysky 조종기

전 페이지의 2. 타라니스 조종기와 동일하다.

7 펜타가드 및 외장 조립

모든 내부 기자재 조립이 완료된 드론은 최종적으로 펜타가드를 포함한 외장재를 조립해야 드론볼로 완성이 된다.

펜타가드, 카본봉은 드론볼의 핵심 기술이 들어간 부품이다. 적당한 탄성을 갖추어 자체 파손이 적고 내부 기자재를 보호할 수 있어 드론이 서로 충돌하면서 안전하게 경기를 지속할 수 있게 하는 핵심 부품이다. 펜타가드 덕분에 강력한 4셀 모터가 장착된 드론이 많은 관중들로 둘러싸인 실내 경기장에서 안전하게 비행할 수 있는 것이다.

드론볼을 구성하는 외장 부품은 **펜타가드** 11장, **바텀가드** 1장, 펜타가드를 서로 연결해주는 25개의 카본봉, 펜타가드와 프레임을 연결해주는 연결클립으로 구성되어 있다.

❖ 펜타가드

❖ 바텀가드

조립순서는 바텀가드를 제외한 11장의 펜타가드를 카본봉으로 연결해 구체를 완성한다. 펜타가드와 펜타가드의 연결부위는 케이블타이를 사용하거나 필라멘트 테이프로 연결한다. 펜타가드는 파손이 많고 수리가 빈번한 부품으로 펜타가드의 연결은 쉽게 해체가 가능한 자재와 결속방법을 사용하는 것이 좋다.

프레임과 펜타가드는 클립을 통해 볼트와 너트로 단단하게 결속하면 된다.

8 완제품 D-Soccer의 조립

1. 개요

D-Soccer는 납땜 및 세팅조립이 필요한 FC, 변속기, 모터가 센터 프레임에 조립되어 출고되는 제품이다. FC 세팅을 어려워하는 사용자들이 보다 쉽게 드론볼을 제작할 수 있다. 외장 펜타가드만 순서대로 조립하고 보유하고 있는 조종기(송신기)에 맞는 수신기만 FC에 장착하면 바로 비행이 가능하다. FC도 사전에 세팅되어 있어 조립만 하면 발열 및 진동 없이 손쉽게 경기에 임할 수 있다.

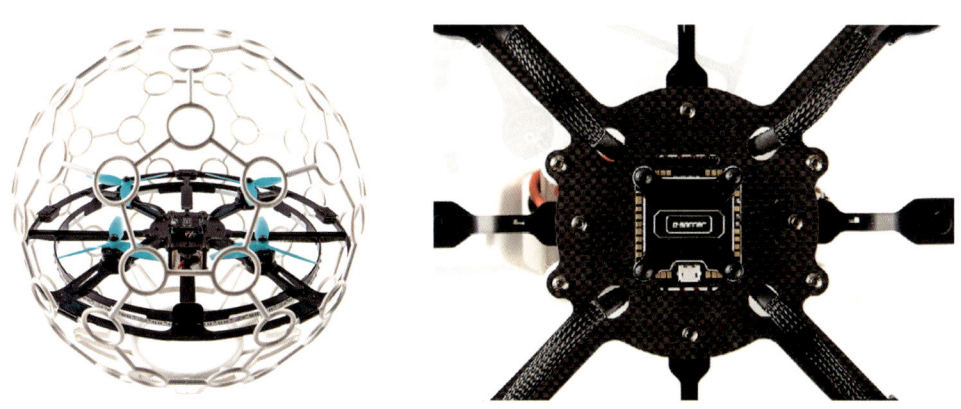

❖ 완제품 D-Soccer

2. 매뉴얼에 따른 조립방법

(1) 구성 품

1) 본체

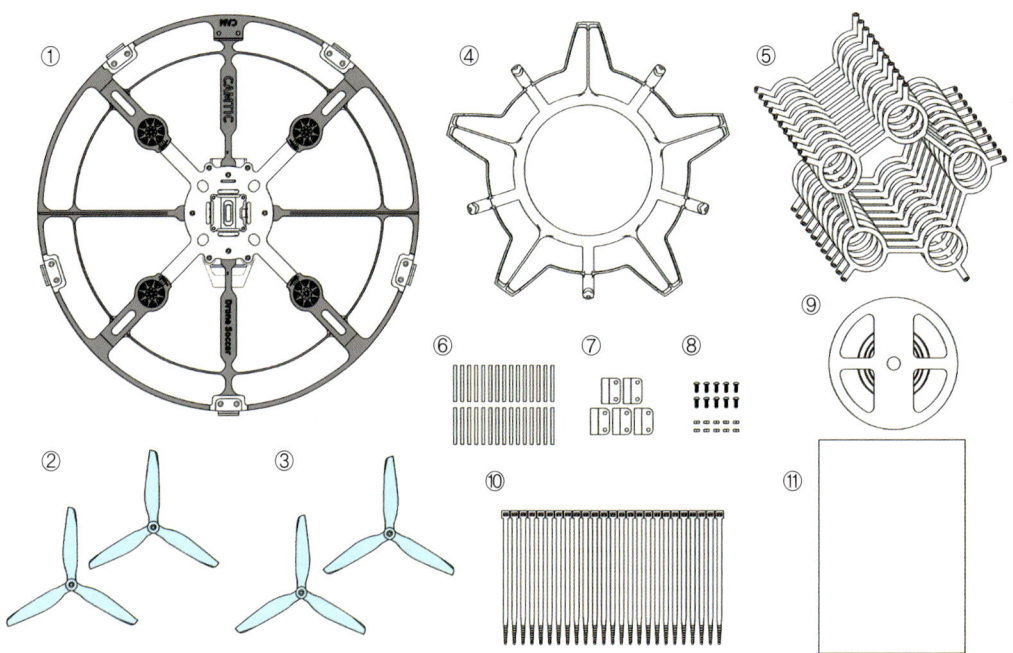

① 센터 플레이트(1개)   ② 프로펠러(CW)(2개)   ③ 프로펠러(CCW)(2개)
④ 바텀가드(1개)   ⑤ 펜타가드(11개)   ⑥ 카본 봉(30개)
⑦ 클립(5개)   ⑧ 클립고정 볼트, 너트 M3 10mm(10개)
⑨ LED 스트립(1개) ⑩ 케이블 타이(25개)   ⑪ 매뉴얼 설명서(1부)

 ❖ 센터 플레이트
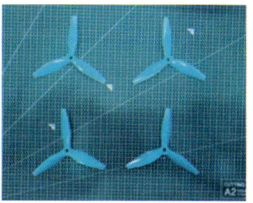 ❖ 프로펠러
 ❖ 바텀가드
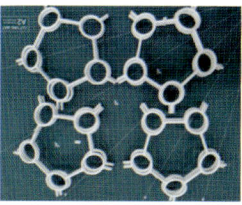 ❖ 펜타 가드

 ❖ 카본 봉
 ❖ 클립
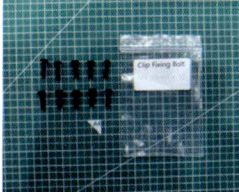 ❖ 클립 고정 볼트
 ❖ 나일론 너트

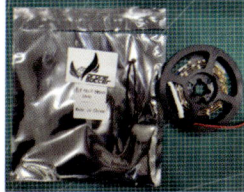 ❖ LED 스트립
 ❖ 케이블 타이
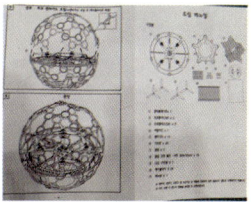 ❖ 사용 설명서

2) 조종기

 ❖ 조종기
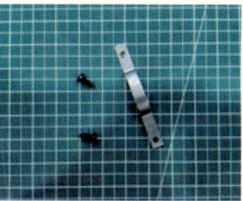 ❖ 나사 및 장력 스프링
 ❖ 수신기
 ❖ USB 케이블

(2) 기타 준비물

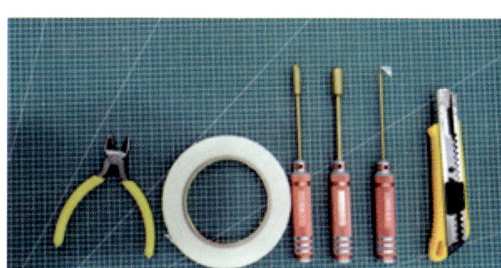

- 니퍼, 칼, 가위, 롱 로즈
- 필라멘트 테이프 또는 전기 테이프
- 2.0 육각 드라이버
- 5.5 육각 소켓 드라이버
- 8.0 육각 소켓 드라이버
- AA 배터리 4개

(3) 조립 순서

① 센터 플레이트 – 프로펠러 체결

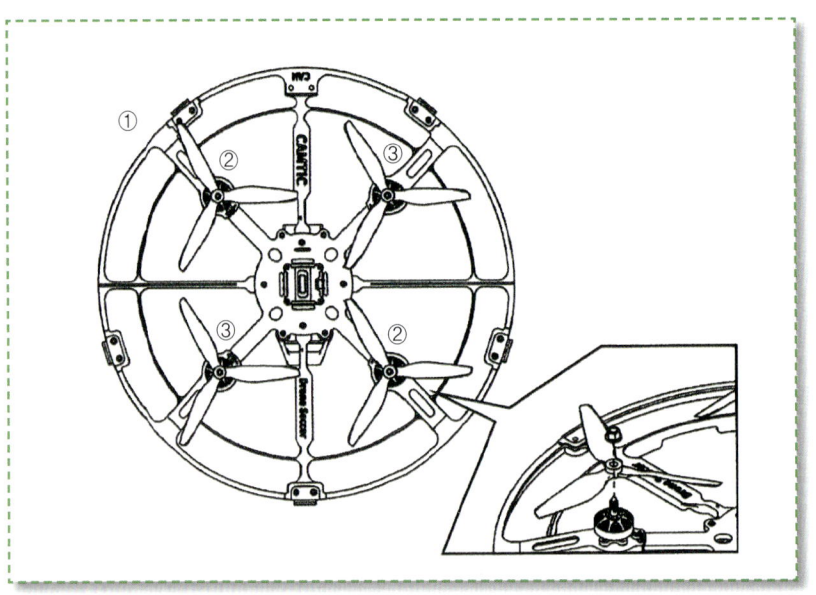

STEP 1 CW, CCW 방향, 위치 주의

STEP 2 프로펠러, 너트 8mm 소켓 드라이버로 고정

② 센터 플레이트 – LED 스트립 부착

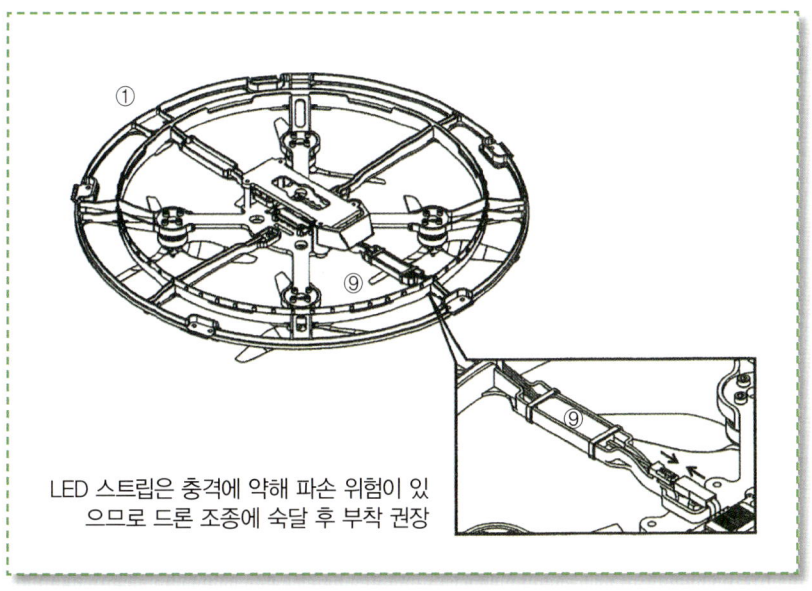

LED 스트립은 충격에 약해 파손 위험이 있으므로 드론 조종에 숙달 후 부착 권장

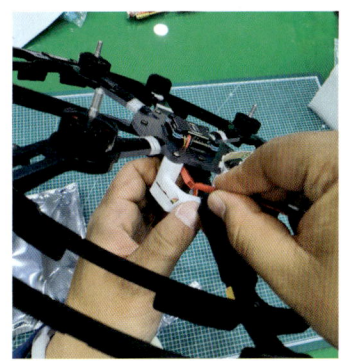

STEP 1 전원 단자 연결

STEP 2 LED 모듈 연결

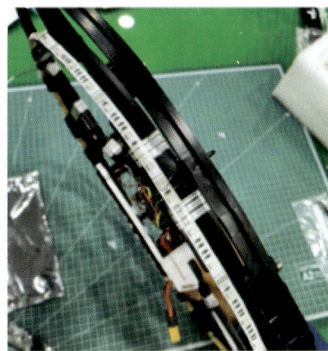

STEP 3 LED 띠 고정

③ 펜타가드 – 센터 플레이트 체결

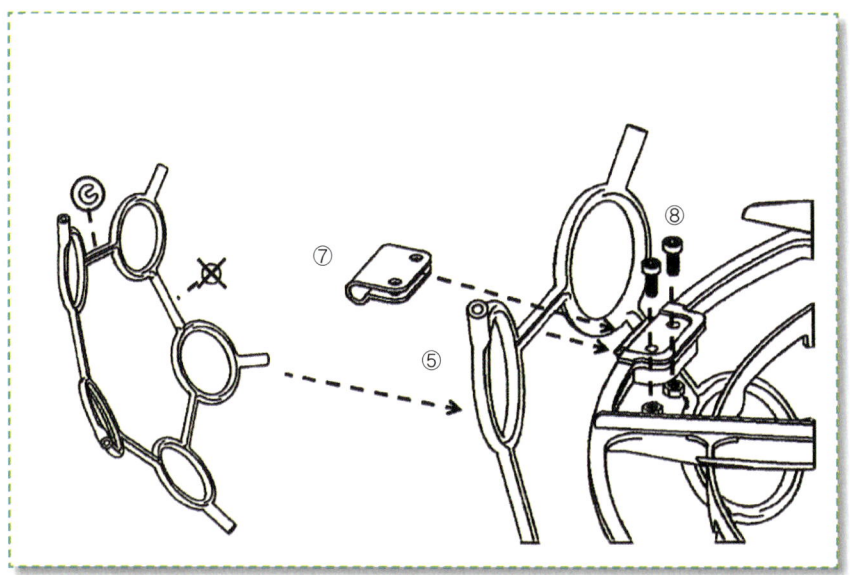

STEP 1 홈에 센터 플레이트 결합

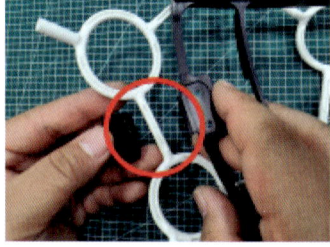
STEP 2 끼울 때 펜타가드 홈이 있는지 확인

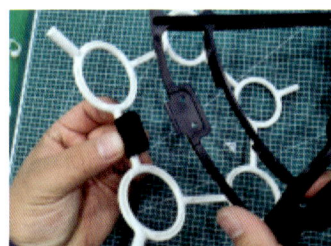
STEP 3 클립 먼저 끼우고 센터 플레이트 결합

STEP 4 볼트를 넣어 줌

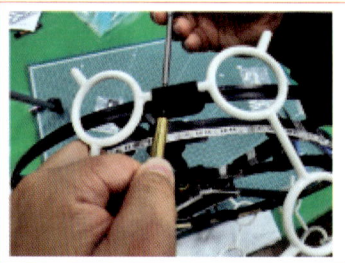

STEP 5 너트와 함께 꽉 조여 줌

④ 바텀가드 – 펜타가드 조립

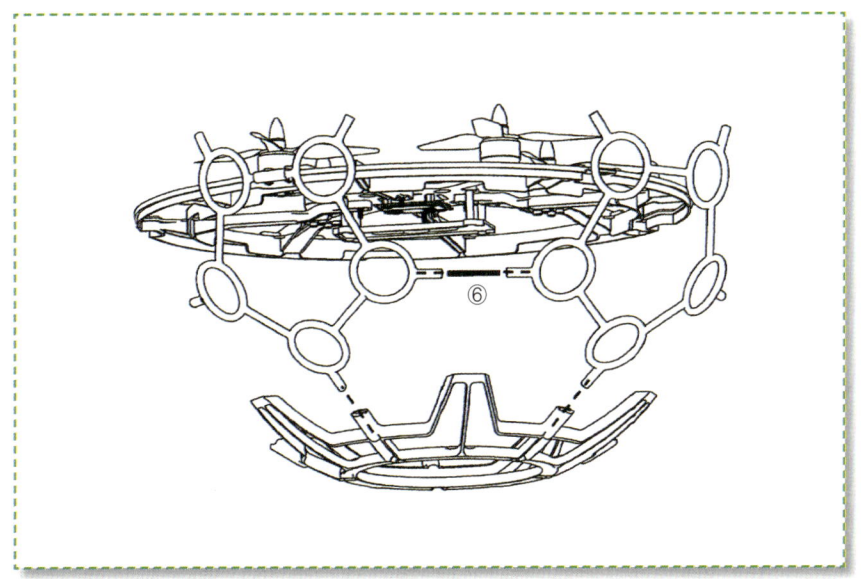

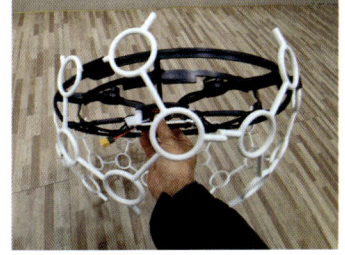

STEP 1 펜타가드 – 센터 플레이트 체결된 상태

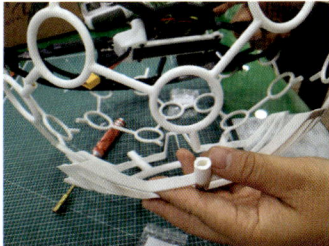

STEP 2 바텀가드 연결

STEP 3 안쪽까지 꽉 결합해 줌

STEP 4 옆의 펜타가드도 카본봉을 넣어줌

STEP 5 양쪽 펜타가드와 함께 결합

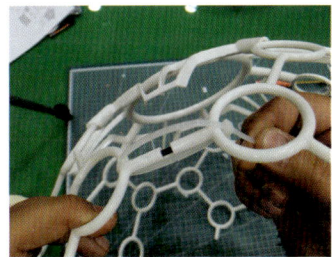

STEP 6 케이블 타이로 고정하고 마무리

Finish 바텀가드의 완성된 모습

⑤ 상부 – 하부 펜타가드 조립

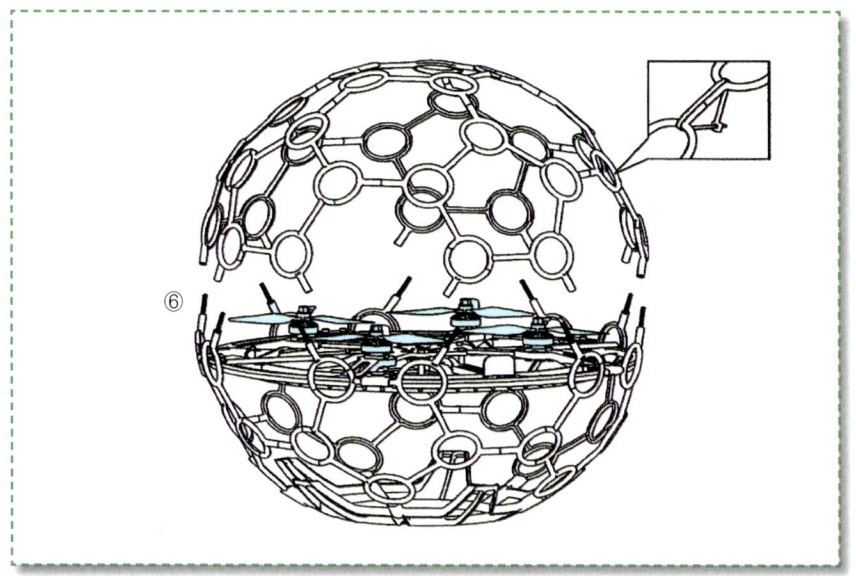

STEP 1 6개 펜타가드 준비

STEP 2 중심으로부터 카본봉 끼움

STEP 3 5방향 구멍에 카본봉 끼움

STEP 4 양쪽 펜타가드 연결

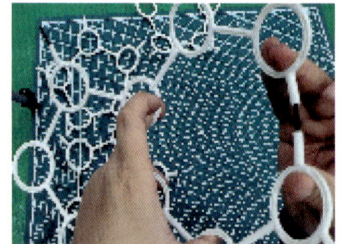
STEP 5 옆에도 카본봉을 넣고 결합

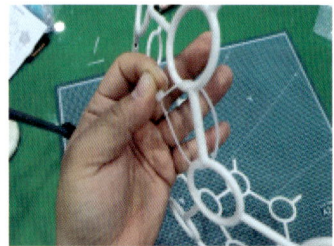
STEP 6 케이블 타이 고정

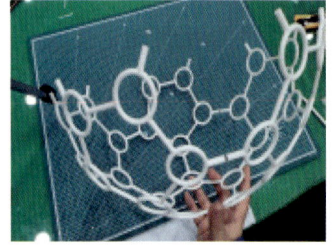
STEP 7 상판 완성

STEP 8 중간 카본봉을 넣고 결합

STEP 9 중간에 케이블 타이로 고정

⑥ 조립이 완료된 모습

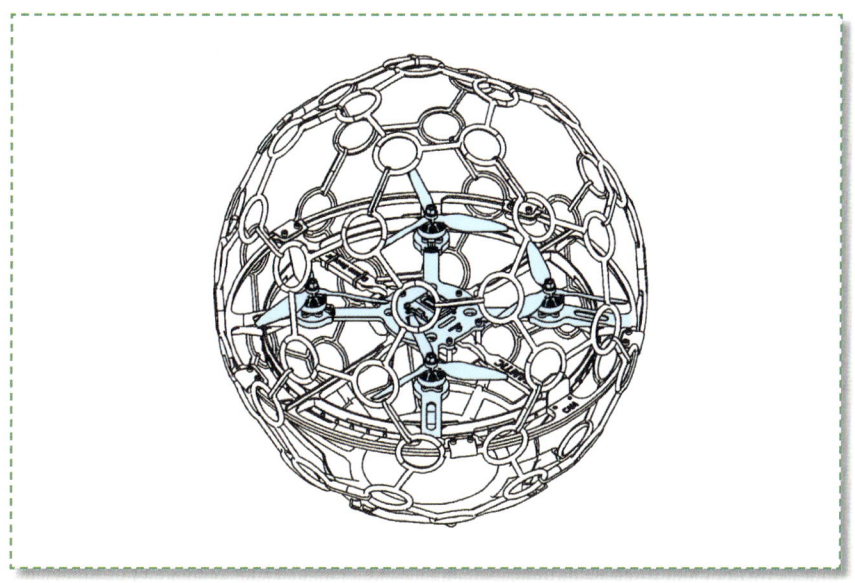

* 주의 : 조종기는 기본 조종기가 아닐 경우 세팅이 다를 수 있다.

9 신형 펜타가드 2 조립

1. 개요

2016년 드론축구가 국내에 보급된 이후 국내 드론축구 인구가 급속도로 늘어남과 동시에 해외에도 드론축구가 소개되어 지금은 많은 국내외 팀들이 드론축구를 즐기고 있다. 이처럼 새로운 시장이 탄생하면서 많은 중소기업들이 드론축구와 관련된 부품 시장에 진출하고 있으며 교육, 강연, 서비스 등 비제조업 분야에서도 드론축구 관련 업종이 나타나고 있다.

하지만 여전히 드론볼을 감싸는 외골격 역할을 하는 펜타가드는 기술적 어려움과 투자 부담 등으로 인해 중소기업이 쉽게 진출하지 못하고 있다. 다행히 드론축구를 개발한 캠틱종합기술원에서는 사업화와 별도로 드론볼에 대한 연구가 지속적으로 이루어지고 있으며 2020년 출시예정인 펜타가드2 역시 기존의 단점을 보완한 새로운 개발 성과물이다.

기존의 펜타가드와 신형 펜타가드의 가장 큰 차이점은 펜타가드 연결방식에 있다. 기존의 펜타가드는 케이블타이 등을 이용하여 연결하는 반면 신형 펜타가드는 펜타가드 전용 연결 커넥터가 별도로 구비되어 있다.

2. 펜타가드2 조립방법

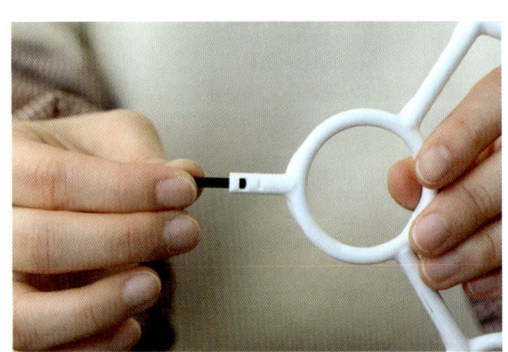

STEP 1 먼저 펜타가드에 카본봉을 끼워준다.

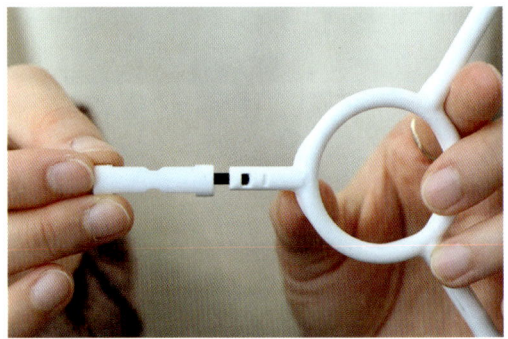

STEP 2 커넥터를 방향에 주의해 펜타가드에 끼운다.

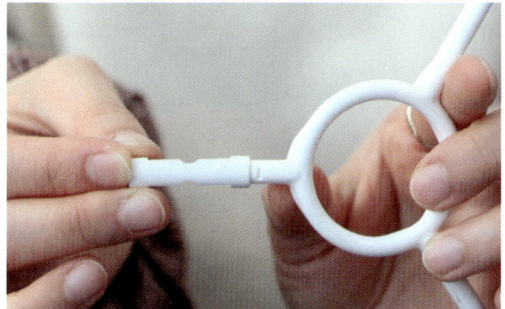

STEP 3 걸릴 때까지 끼우되 무리하게 하지는 않는다.

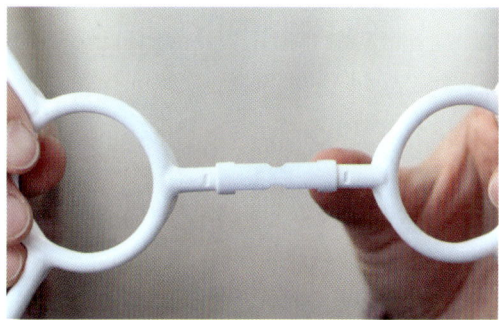

STEP 4 동일한 방법으로 양쪽을 끼운다.

STEP 5 안쪽에서 본 모습을 확인한다.

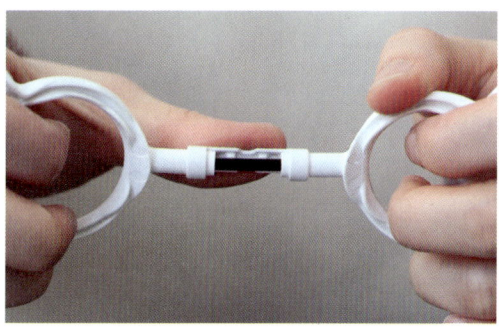

STEP 6 엄지손가락으로 커넥터의 윗면을 받쳐준다.

STEP 7 양쪽 원을 수평으로 강하게 눌러준다. 가슴쪽으로 당겨 잡고 하는 것이 힘을 주기 좋다.

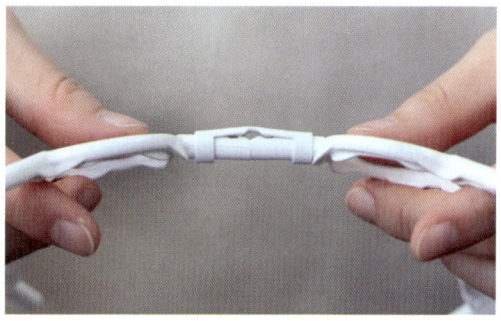

STEP 8 결합 후 커넥터가 떠있다면 완전히 들어간 것이 아니므로 주의하여야 한다.

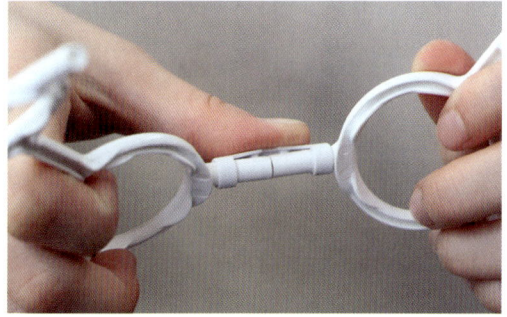

STEP 9 커넥터를 누른 상태에서 반복하여 살짝 비튼다. '딸깍' 소리가 나면 들어간 것이다.

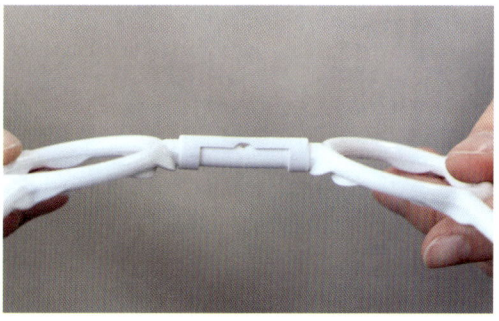

STEP 10 커넥터가 완전히 들어간 모습을 확인한다.

3. 펜타가드2 해체방법

커넥터는 케이블타이처럼 1회용이다. 커넥터를 해체할 때는 중앙 부분의 홈을 니퍼로 잘라내고 걸리는 부분을 살짝 들거나 비틀어 빼내면 된다. 커넥터와 펜타가드는 홈을 이용해 결합되어 있는 방식이기 때문에 잘못된 방법으로 결합/해체를 반복하면 결합부의 마모를 초래할 수도 있으니 주의해야 한다.

소프트웨어 세팅

1 개요

드론볼을 위한 기체 하드웨어의 준비가 끝났다면 비행제어 설정을 하는 S/W 설정단계가 필요하다. 레이싱 드론 기자재를 사용하는 드론볼은 FC_{Flight Controller}로 F4와 F7을 주로 사용하며 여기에 세팅값을 입력하는 제어 소프트웨어로 '**베타플라이트**betaflight'라는 설정 프로그램을 가장 많이 사용한다.

베타플라이트는 한글버전으로 업데이트 되어 있어 초보자도 쉽게 배우고 세팅하기에도 편리하다.

2 베타플라이트의 설치

베타플라이트는 **펌웨어**Firmware와 **컨피규레이터**Configurator(구성기)로 이루어져 있다. 펌웨어는 FC에서 직접 비행 제어를 하는 소프트웨어이고, 컨피규레이터는 는 이를 PC에서 간단하게 설정하게 할 수 있는 보조 프로그램이다.

FC 세팅을 위해서는 PC에 베타플라이트 설치해야 한다. 다음은 간단한 설치 방법이다. 다음 페이지에서 함께 보자.

첫째, 크롬브라우저 구글 검색에서 'Beta flight Configurator'라고 입력하면 다운로드 페이지로 연결된다. (https://github.com/betaflight/betaflight-configurator/releases).

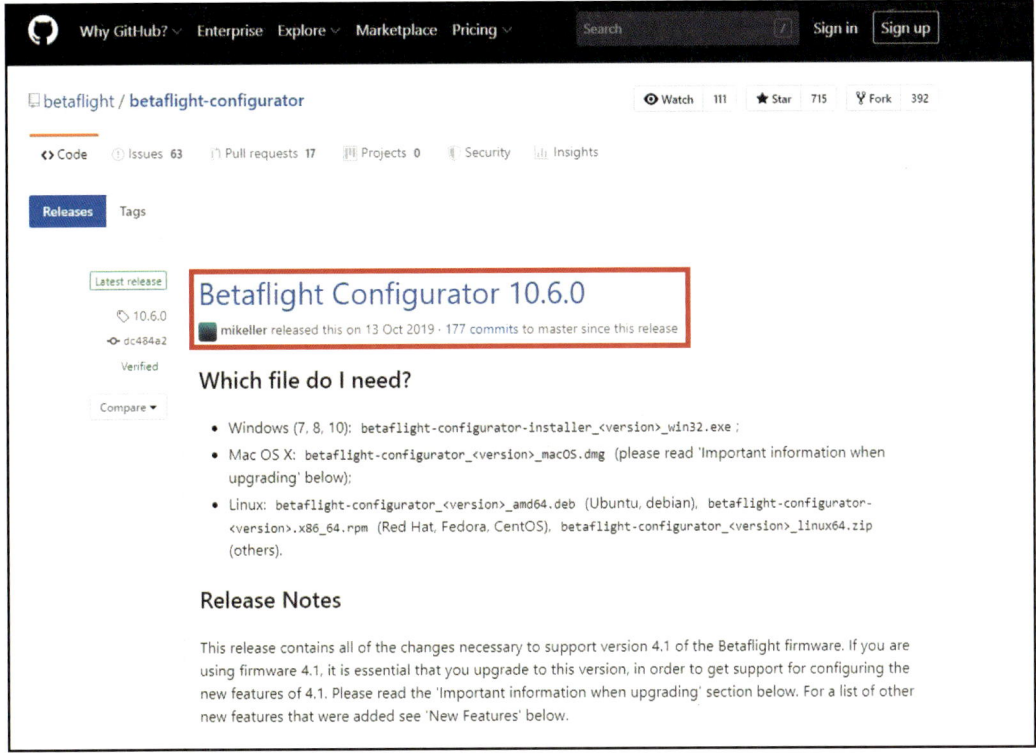

둘째, 하단에 다운로드 링크에서 최신 베타플라이트 컨피규레이터를 현재 사용하고 있는 컴퓨터의 OS에 적합한 파일을 다운로드한다(Windows 10인지, Apple Mac OS인지, Linux인지 확인하고 해당 OS에 맞는 파일을 다운로드).

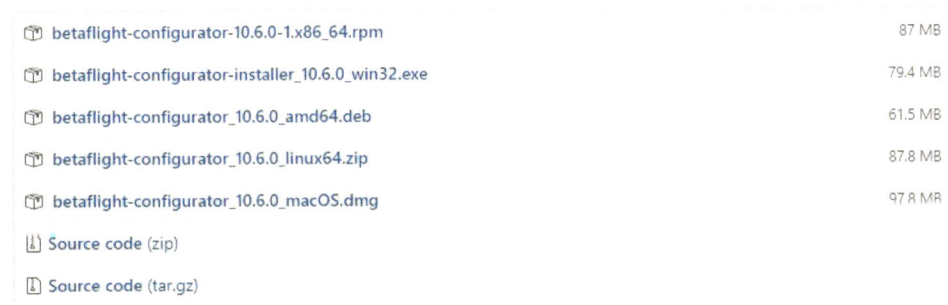

셋째, 다운로드가 완료되면 안내에 따라 설치한다.

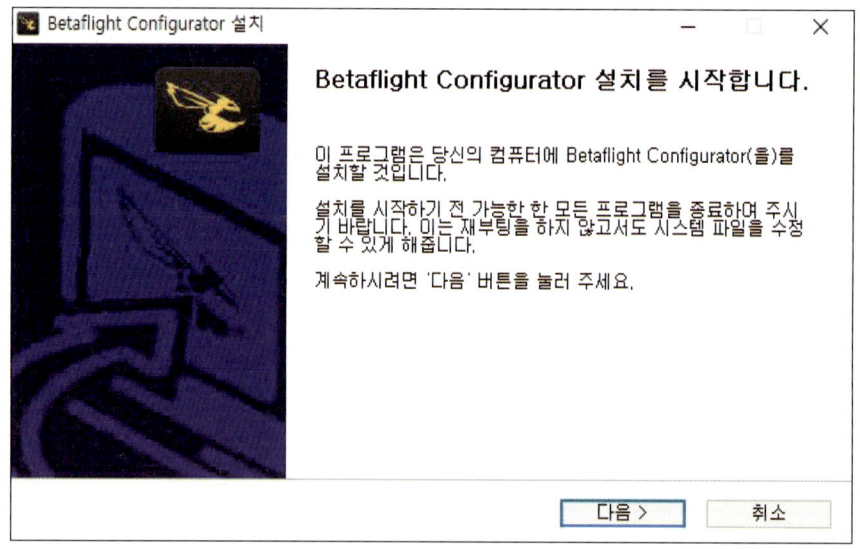

넷째, 다음과 같이 실행되면 설치가 완료된 것이다.

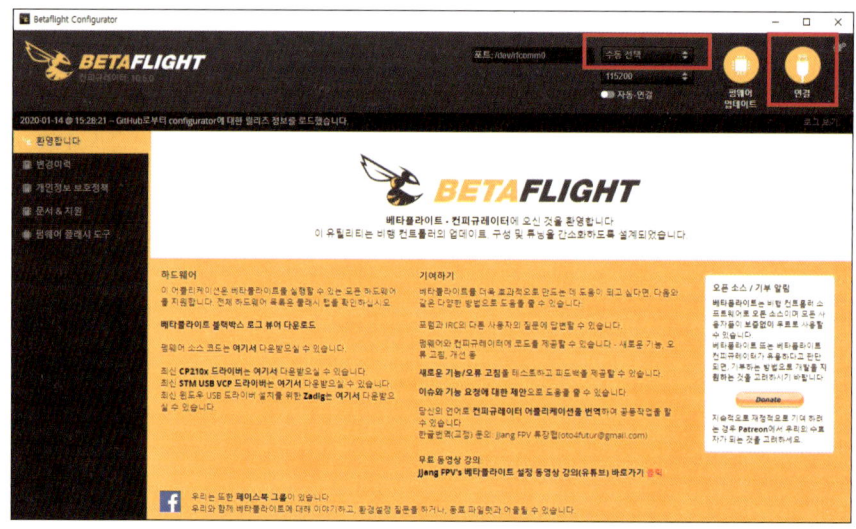

이후 FC에 PC를 연결하면 설정모드에 들어갈 수 있다. PC에 연결하면 베타플라이트 화면의 우측 상단에 COM port 설정칸이 "수동선택"에서 자동적으로 "COM 00"으로 바뀌고, 우측상단에 "연결"버튼을 누르면 접속된다. 이때 COM port 숫자는 PC의 USB port에 연결 위치에 따라 랜덤하게 바뀐다.

❖ FC와 PC의 연결

3 베타플라이트 설정방법

베타플라이트에서 화면 좌측 설정 메뉴를 통해 다양한 설정을 세팅할 수 있다. **설정, 포트, 환경설정, PID 튜닝, 수신기, 모드, 모터, CLI 모드** 등 기체의 상세한 설정을 할 수 있다. 상세한 설정 방법에 대해서는 아래에 간략히 기술한다.

1. 설정 메뉴

"설정" 메뉴에서는 FC의 센서를 교정하거나 설정을 초기화할 수 있다. 드론볼의 경우 기체 간 충돌이 많아 가속도계 센서가 틀어지는 경우가 종종 발생한다. 원하지 않는 방향으로 드론볼이 날아가거나 한 방향으로 쏠릴 경우 가속도계를 교정한다. USB가 연결된 드론볼을 손으로 움직이면 화면의 드론이 동일하게 움직인다. 평평한 장소에 드론볼을 놓고 '**가속도계 교정**' 버튼을 클릭하면 교정이 시작된다.

2. 포트 메뉴

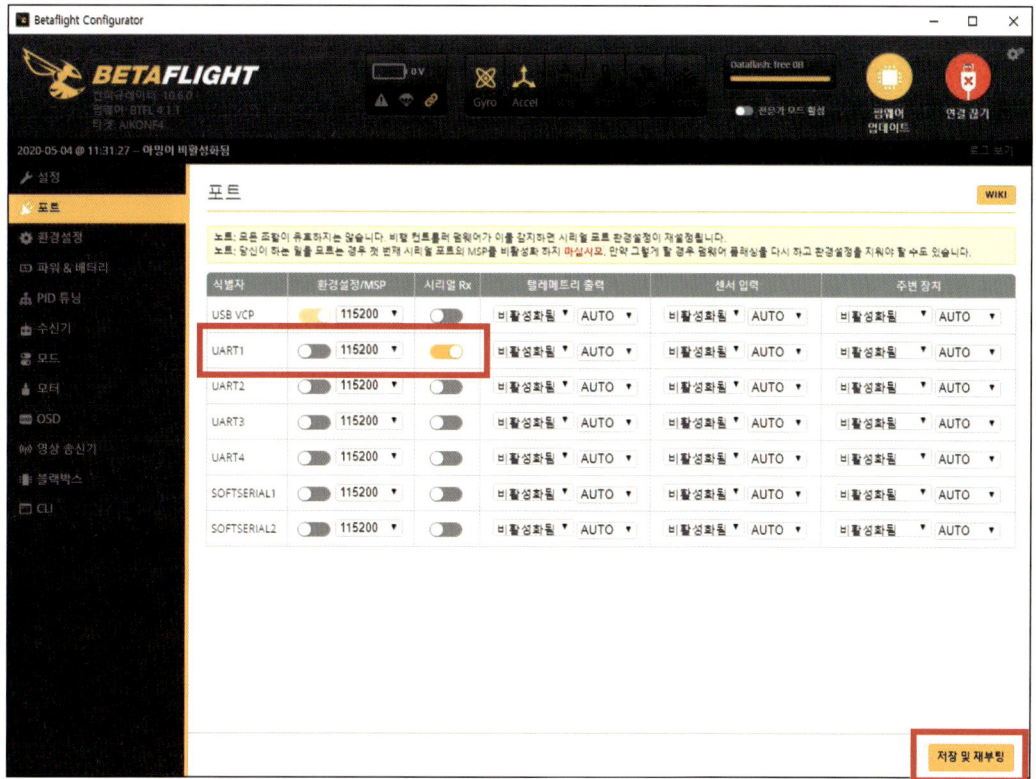

"포트"는 드론볼 기체의 수신기와 FC 간 통신경로를 설정하는 메뉴이다. FC와 수신기의 방식에 따라 지정된 포트가 다르기 때문에 FC 설명서를 참조해야 한다. 해당하는 포트는 시리얼 Rx 부분을 활성화시키면 된다. 후타바 및 타라니스 등 SBUS 방식 수신기는 대부분 UART1 포트를 사용한다. 스펙트럼 DSMX 및 그라프너 SUMD는 1번 외에도 3번 또는 4번을 사용하기 때문에 FC 설명서를 참조해야 한다. 초기 세팅 시 수신기를 못 잡는 경우 FC와 수신기가 적정한 포트인지 해당 포트의 활성화 여부를 확인해봐야 한다. 최신 FC를 사용하는 경우 이 "포트"의 통신경로를 자동으로 설정해준다. 시리얼 Rx를 활성화시킨 후에는 반드시 우측하단의 "저장 및 재부팅"을 클릭하여 저장해야 한다.

3. 환경설정 메뉴

① "환경설정" 메뉴는 드론동작에 관련된 항목으로 드론볼 기체의 초기 세팅에 필요한 항목들이 있다.

② "믹서Mixer"는 드론의 형태를 결정하는 메뉴이다. 기본값은 Quad X로 별도로 설정할 필요는 없다. 모터의 순서와 방향을 확인하면 된다.

③ "시스템 환경설정"에서 '자이로 업데이트 주파수'와 'PID루프 주파수'는 기체를 제어하는 FC 성능을 결정한다. 수치가 높을수록 비행성이 부드러워 지지만 드론볼 기체의 경우 모터와의 상관관계에 따라 발열현상이 나타난다. 모터발열이 심한 경우 이 수치를 적절히 내려 조정한다.

④ "ESC/모터 기능"에서는 변속기와 모터의 통신방식을 선택한다. 드론볼 기체의 경우 일반적으로 'DSHOT 600'을 사용한다. 'MOTOR_STOP'은 아밍(Arming) 시 모터 동작 유무를 결정한다. 활성화하면 시동을 걸어도 모터가 회전하지 않는다. 안전을 위한 기능이지만 프로펠러가 가드 안에 완전히 들어가 있는 드론볼의 경우 크게 의미는 없다. 어떤 방법이 좋을지는 드론축구 선수에 따라 호불호가 있으므로 각자의 취향대로 세팅하면 된다.

⑤ "보드 및 센서 정렬"은 FC의 전방 방향을 설정하는 기능이다. FC를 드론볼 기체 바닥에 뒤집어 장착하는 경우가 아니면 거의 사용할 일은 없다.

⑥ "아밍"은 최대 아밍 각도를 설정하는 메뉴이다. 드론볼 기체의 경우 경기 중에 어떤 각도에서도 아밍이 걸릴 수 있게 하려면 180°로 설정해 준다. 단, 이 경우 경기 중에 충격 시 기체가 바닥으로 고꾸라지는 경우가 있으니 취향에 맞게 값을 설정하면 된다.

⑦ "수신기"에서는 FC와 수신기의 통신방식을 설정한다. '시리얼 기반 수신기 (SPEKAST,SBUS,SUMD)'가 기본 설정되어 있으며, 변경하지 않는다. '시리얼 수신기 공급자'에서 사용하는 수신기 종류에 따른 프로토콜에 맞춰 설정한다. DSMX의 경우 SPEKTRUM2048, 후타바-타라니스 수신기는 SBUS, 성지 그라프너 수신기는 SUMD로 설정하면 된다.

⑧ 기타 "다른 기능"에서는 우측에 설명이 자세히 나와 있으므로 사용하는 기능만 활성화 시켜 사용하면 된다.

4. PID 튜닝 메뉴

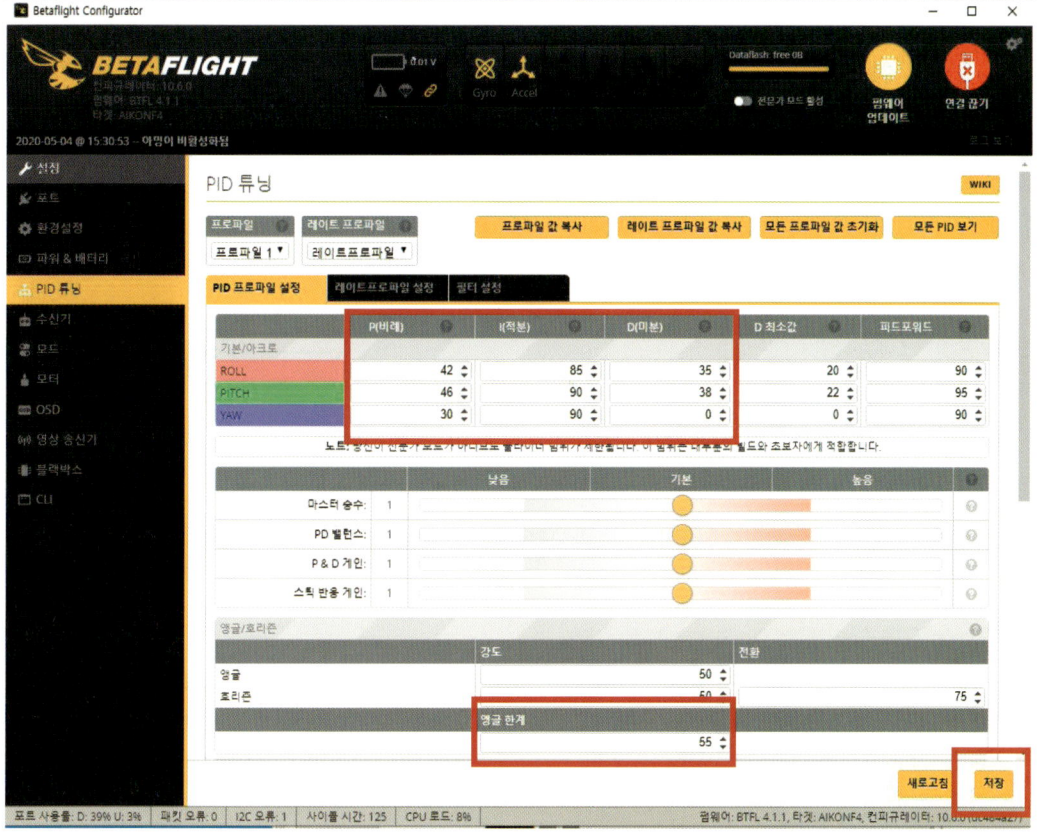

① "PID튜닝"은 PID 제어값을 변경해주는 것으로 드론볼의 비행성에 관련된 항목이다. 먼저 PID란 'Proportional(비례)', 'Integral(적분)', 'Derivative(미분)'의 약자로 조종기를 통해 입력한 명령이 드론에 어떻게 전달될 것인지를 결정한다.

예를 들어 P는 드론이 얼마나 빠르게 반응할 것인지를 결정하고 I는 드론이 회전할 때 입력한 값에 비해 얼마나 덜 회전할지 또는 더 회전할지를 결정하며, D는 P값으로 결정된 속도에 얼마나 매끄럽게 반응할지를 결정한다. 이렇게 PID값이 있는 이유는 FC 제조사가 FC가 제어해야 할 드론의 용도와 무게 등을 모르기 때문일 것이다.

드론볼의 PID값은 선수 개인 취향에 따라 조절하는 수치가 다르다. 하지만 PID를 잘 모른다면 다른 선수들에게 PID 설정값에 대한 조언을 구하는 것도 방법이다.

다음 표는 드론볼의 PID세팅 시에 선수들이 느끼는 평균적인 현상이지만 절대적인 것은 아니다. 개인차에 따라 느낌이 다를 수 있으므로 직접 해보며 익히는 것이 좋다. 다만 PID 세팅 시에는 반드시 경기장 안에서 안전이 확보된 상태로 하는 것이 좋다.

구분	입력	특징
P	높은 값	스틱 입력값에 비해 빨리 반응하며 움직임이 딱딱 끊어지는 느낌
	낮은 값	스틱 입력값에 비해 느리며 부드러운 느낌
I	높은 값	직진성이 강해져 코너링이나 회전 시 밀리거나 늦게 돌아간다는 느낌
	낮은 값	직진성이 약해져 코너링이 빨라지고 바람이 불면 자세제어가 불안정해짐
D	높은 값	모터 반응 시간이 빨라져 기체의 움직임이 단단해지지만 (뻑뻑해지고 딱딱 끊어지는 느낌) 모터 열이 발생함
	낮은 값	모터 출력량이 낮아지고 급강하 시 모터 출력량이 늦게 반응해 떨림현상이 있음

② "RC rate"는 조종기 스틱의 전체 조작범위와 드론 반응값의 비례를 결정하는 수치이다. Rc rate가 1의 경우 스틱을 1 움직일 때 기체도 1이 그대로 반영되어 굉장히 빠르게 작동한다. 0.5일 경우 스틱을 1만큼 움직여도 실제 기체에는 0.5만 반영된다. RC rate를 설정하는 경우는 초보자나 선수 특성에 따라 급격한 드론볼의 움직임을 피하고 싶을 때 사용한다. Rc-rate를 자신에 맞게 설정한다면 선수는 보다 편하게 드론볼을 조작할 수 있다.

③ "앵글한계"에서는 앵글 모드(Angle Mode : 피치나 롤을 최대로 올려도 기체가 기울어지는 한계값이 있어 뒤집어지지 않는 비행 모드)에서 기체가 기울어지는 한계값을 설정할 수 있다. 기본값으로 55도로 설정되어 있고 값을 조정하여 기체의 스피드를 설정할 수 있다. 다만, 값을 너무 높이면 컨트롤이 어렵거나 모터가 타는 경우도 있으니 조종 실력에 맞게 조절하거나 기본값으로 사용하면 된다.

5. 수신기 메뉴

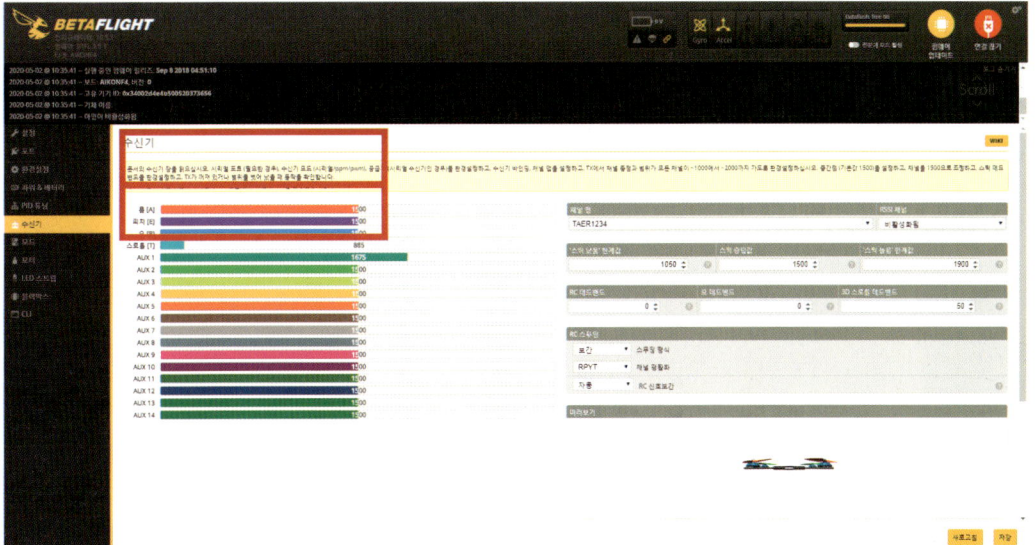

④ "수신기"에서는 조종기와 수신기가 정상적으로 연결되었는지 확인할 수 있다. 초기 세팅 시 조종기 레버를 움직여 수치 및 방향 등을 확인한다. 최저값은 1000, 중립은 1500, 최고값은 2000이 되도록 정확하게 맞춘다. 스틱값이 이 범위를 벗어날 경우 조종기의 "트림", "엔드포인트", "Traver"등의 조정을 통해 스틱 값을 맞춰야 한다. 조정기 세팅이 아닌 "CLI" 모드에서 "Rxrange" 명령으로 수치를 직접 입력해 범위와 중립을 맞출 수도 있다. 또한 이 메뉴를 통해 조종기에서 할당된 AUX 채널의 작동 여부도 확인할 수 있다. AUX 키에 원하는 기능을 할당하면 된다. 예를 들어, AUX 1번에 아밍을 할당하고 AUX 2번에 플라이트 모드를 할당하면 된다. 조종기에서도 채널 5번이 AUX 1번, 채널 6번이 AUX 2번처럼 할당되니 원하는 토글 스위치에 원하는 채널을 미리 할당해놓아야 기능을 설정할 수 있다.

⑤ "채널맵" 입력은 조종기의 해당되는 채널맵을 선택하면 된다. AETR은 Frsky, Futaba, Hitec가 사용하고 TAER은 스펙트럼, 그라프너, JR 조종기에서 사용한다.

6. 모드 메뉴

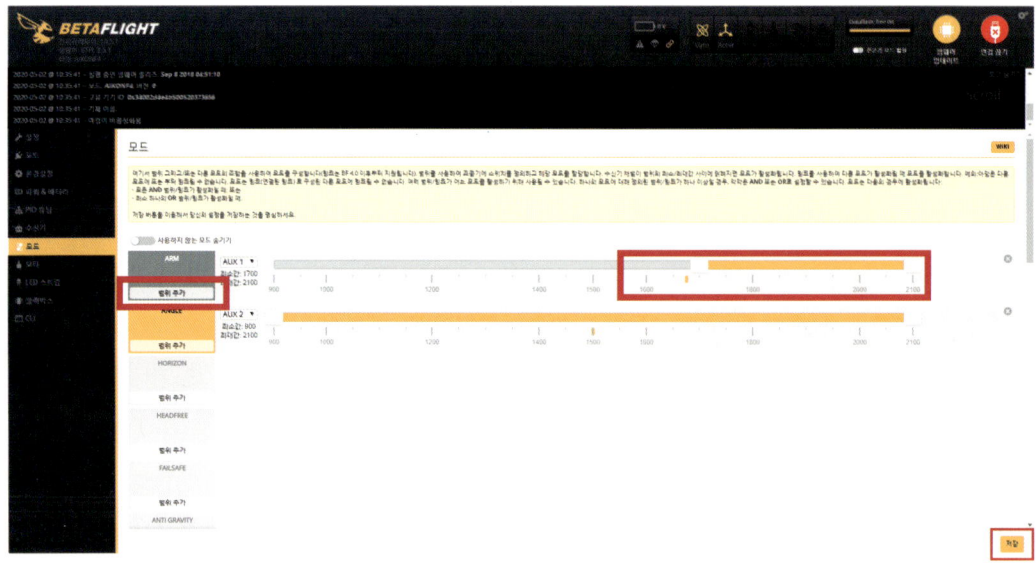

① 조종기의 토글 스위치에 비행 모드를 할당하는 메뉴이다. 드론볼 기체의 경우 AUX1에 아밍 설정, AUX2에 앵글모드를 설정하면 된다. 먼저 사용할 모드를 선택하고 "범위추가"를 눌러 활성화시킨다. 다음으로 "AUX"채널을 설정한다. "자동"으로 설정해 놓고 토글 스위치를 조작하면 자동으로 AUX 채널이 설정된다. 작동되는 토글스위치 위치에 맞춰 AUX 채널을 활성화시키고 노란색 막대를 이용해 범위를 지정하면 된다. 드론볼의 경우 자동으로 기체의 수평을 잡아주는 앵글모드를 사용한다.

앵글모드에서는 조종기 스틱을 최대로 조작해도 사전에 설정된 최대값까지만 기체가 기울어지며, 스틱을 다시 놓으면 기체는 자동으로 수평을 이룬다. 아크로(수동모드) 모드에서는 수평 또한 수동으로 잡아줘야 하기 때문에 조종이 훨씬 수월하다. 아크로(수동모드) 비행을 하지 않는다면 앵글모드로 전 영역을 활성화시켜 두는 것이 실수로 토글 스위치를 건드릴 때를 대비해 좋을 수 있다.

② 비행 모드는 다음을 참조하면 된다.

- ◆ ARM : 기체의 시동과 같은 개념으로 생각하면 된다. 모터를 공회전시키는 모드이다.
- ◆ Angle(앵글) : 기체 기울어짐의 한계값이 있는 비행 모드로, 일반적인 드론의 비행모드를 생각하면 된다. 단, 자동 호버링 모드와는 다르니 혼돈하지 않도록 한다.
- ◆ Horizon(호라이즌) : 기체 기울어짐의 한계값은 없으나 스틱을 중앙으로 했을 때 기체의 중심을 잡아주는 모드. 플립비행도 가능하다.
- ◆ Air(매뉴얼 모드) : 기체 기울어짐의 한계값도 없고 기체 수평 또한 스틱으로 잡아야 하는 모드로, 앵글제한이 없으므로 속도 및 다양한 비행 모션을 구현 할 수 있으나, 조작이 어렵다. 드론축구 경기에는 부적합하다.
- ◆ Headfree(헤드리스 모드) : 드론의 머리가 없어진다는 뜻으로, 앞뒤 구분이 없어진다. 앞·뒤, 좌·우 구분 없이 드론이 조종자에게 보여지는 모습대로 조종되는 모드이다.
- ◆ 기타 비행 모드는 해당 모드의 기능에 대해 숙지하고 활성화하면 된다.

7. 모터 메뉴

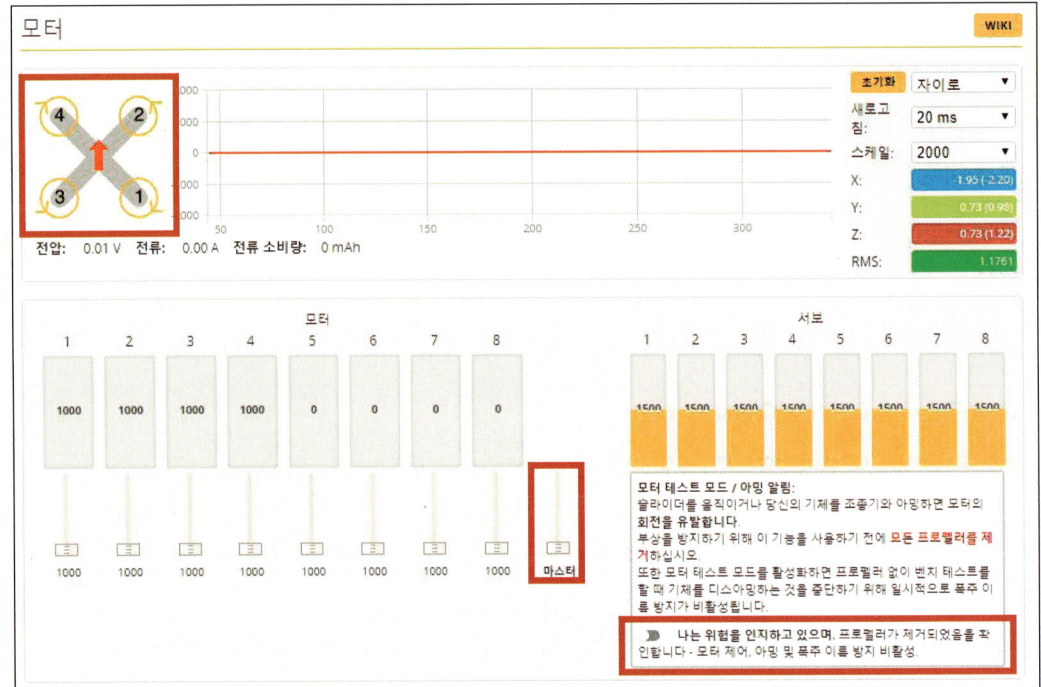

① 모터 메뉴에서는 실제 모터의 작동 여부를 확인할 수 있다. 드론볼 기체를 최초로 조립하고 세팅할 경우 모터 메뉴에서 작동 여부를 확인하는 것이 편리하다.

② 프롭을 장착하지 않은 상태에서 배터리를 연결하고 하단의 "나는 위험을 인지하고 있으며, 프로펠러가 제거되었음을 확인합니다."라는 경고 스위치를 활성화 한다. 마우스를 이용해 1번 모터 게이지를 살짝 올려 모터의 작동과 회전방향을 확인한다. 1번을 확인했다면 차례로 2~4번까지 게이지를 올리며 모터의 작동 여부와 회전방향을 체크한다. 모터가 정상적으로 작동하고 회전방향이 베타 세팅 그대로 맞는다면 드론 기체의 조립은 잘 된 것이다. 그러나 최초 조립 시 모터 회전방향이 1~2개 정도 맞지 않는 경우가 일반적이다. 이 경우 BLHeli32에서 세팅하면 된다. 만약 테스트 했을 때 모터의 위치가 전혀 다른 곳에서 회전을 한다면 변속기의 배선 여부를 확인하고 2개의 선을 교차하여 납땜해 주면 된다. 변속기를 드론볼 기체에 뒤집어 장착하는 경우 CLI 모드에서 'Resource' 명령 등으로 모터 위치를 재배치 해주면 된다.

변속기 세팅 소프트웨어 BLHeli32

베타플라이트가 FC를 통제하는 소프트웨어라면 BLHeli32는 FC의 신호를 모터에 전달해 변속기를 설정하는 소프트웨어이다. 2018년 이전에는 16비트 변속기를 주로 사용했기 때문에 BLHeli suite S/W를 사용했으나 최근에는 32비트 변속기가 일반적이기 때문에 BLHeli32 configurator S/W를 사용한다. 해당 소프트웨어는 구글 검색을 통해 다운로드 하여 설치할 수 있다.

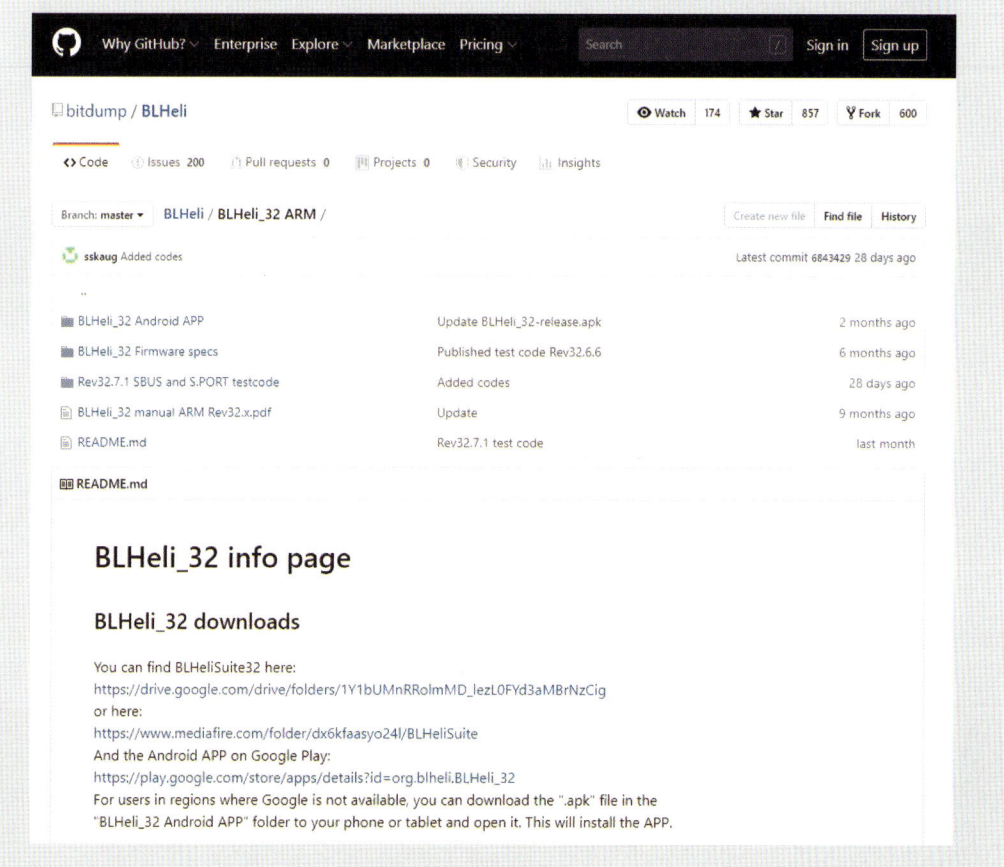

구글 드라이브를 통해 다운로드 가능하며 다운 후 압축을 풀면 실행파일이 나타난다.
해당 실행 파일을 실행하면 BLHeli 소프트웨어가 구동되며 변속기와 모터를 세팅할 수 있다.

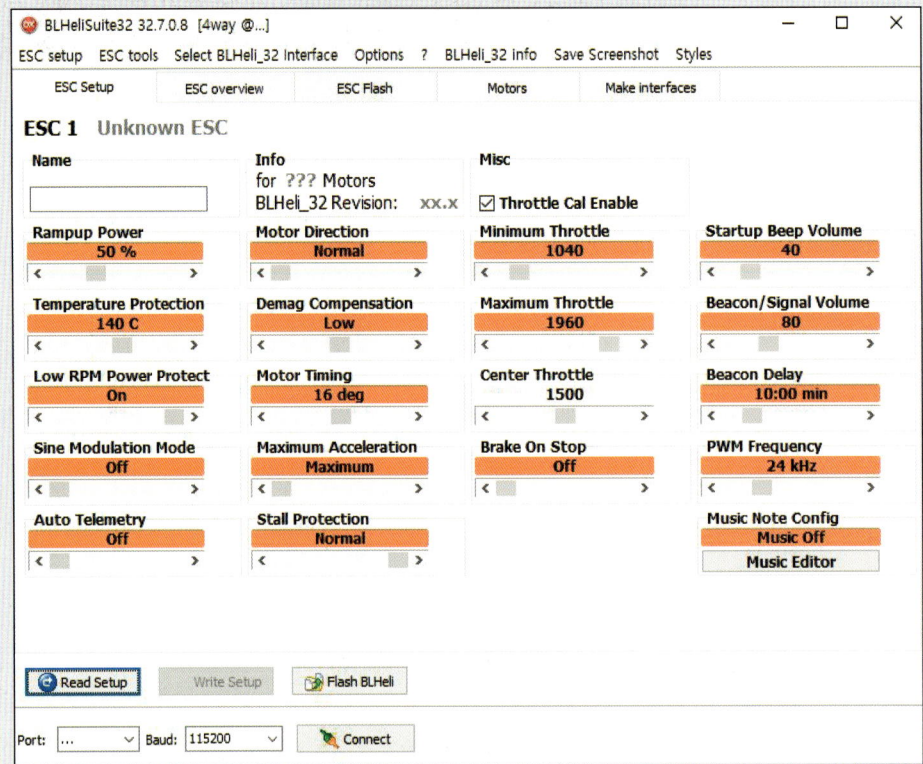

BLHeli를 구동하기 전 변속기와 FC가 연결되어 있어야 하며 변속기에는 모터가 전부 연결되어야 한다. 또한 배터리 전원을 넣어야 BLHeli가 작동한다.

하단 'connect' 버튼을 통해 연결하면 변속기를 세팅할 수 있다. 연결되면 1~4번이 활성화되며 변경을 원하는 모터 번호에 우클릭을 하면 된다.

드론볼 초기 세팅의 경우 앞서 모터 메뉴에서 회전방향을 확인했다면 방향이 다른 모터를 찾아 'Motor Direction'의 설정을 반대로 해주면 된다. 'nomal' 또는 'Reverse 이다. 이렇게 BLHeli에서 모터의 회전방향을 설정해주면 드론볼 초기 세팅은 끝난다.

4 FC 펌웨어 업데이트

사용하고 있는 드론볼 기체 FC의 펌웨어를 최신 버전으로 업그레이드 하거나 또는 기능상 다운그레이드가 필요할 할 경우 DFC 모드로 진입해야 한다. FC 보드에 있는 부팅 버튼을 누른 상태에서 USB 전원을 연결하면 펌웨어 모드는 DFC 모드로 진입이 가능하다.

❖ Boot 버튼을 누른 상태에서 USB를 연결하면 된다.

DFC 모드로 펌웨어 업데이트를 클릭하면 펌웨어 업데이트 메뉴가 나타난다.

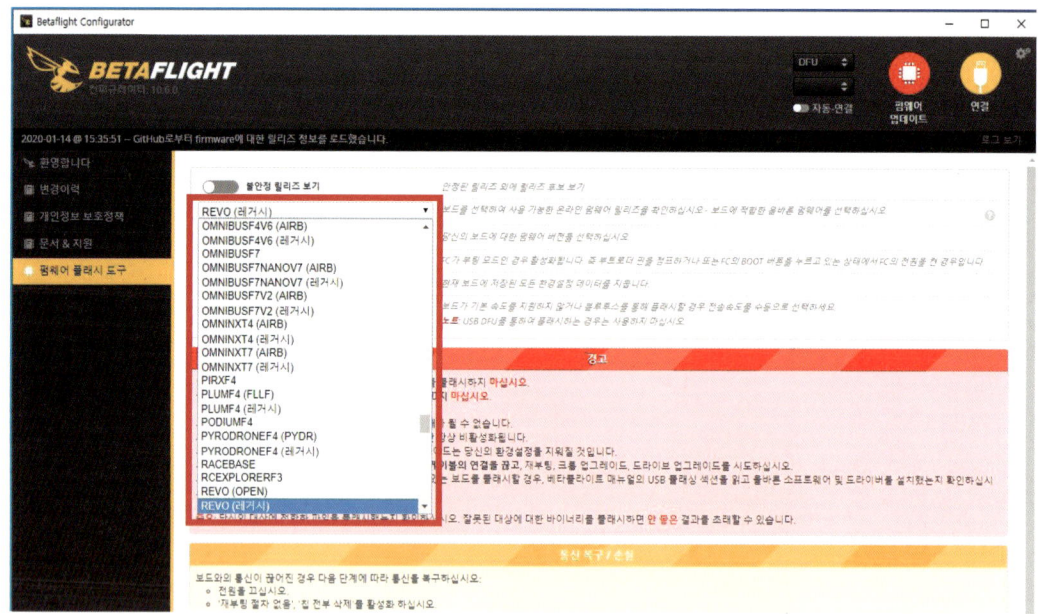

보유한 FC의 펌웨어를 찾아 업데이트 해주면 된다. FC 제조사나 유통사 홈페이지 등을 통해 사용 FC의 펌웨어를 확인할 수 있다.

맞는 펌웨어를 선택하고 펌웨어 로드를 통해 FC의 펌웨어를 변경한다. 단, 펌웨어 업그레이드 및 다운그레이드를 잘 못 하는 경우 Boot 버튼으로 펌웨어가 리셋되어 있는 상태가 된다. 업그레이드는 드론볼 세팅에서 필수항목은 아니므로 신중하게 생각하고 진행한다.

PART 02

드론축구 규정

드론축구 규정 제정의 목적과 드론축구 규정의 방향, 드론축구 규정의 발전사, 드론축구 규정의 발전방향을 함께 알아보자.

I 개요
드론축구 규정

드론축구 규정 제정의 가장 큰 목적은 드론축구의 발전에 있겠으나 이를 세분화 하면 아래의 네 가지로 나누어 볼 수 있다.

드론축구 규정 제정의 목적

드론축구 규정 제정의 가장 큰 목적은 드론축구의 발전에 있겠으나 이를 세분화 하면 아래의 네 가지로 나누어 볼 수 있다.

첫째, 국가(지역)별로 유사경기 발생을 사전에 방지하여 드론축구를 통한 화합을 도모 하는 데 있다. 드론축구는 2016년 탄생한 이후로 수많은 지역대회와 전국대회를 거쳐 경기규정 또한 발전해 왔다. 대회를 통해 드러난 많은 시행착오와 장단점을 분석하여 통일된 경기규정을 공표함으로써 드론축구 대회에 처음 참가하는 사람들도 어렵지 않게 경기방식을 익힐 수 있다. 명확한 규정의 제정과 공표는 향후 국제대회를 준비하는 데 있어서도 혼란을 방지하고 국가 간의 친선과 화합을 도모할 수 있을 것이다.

둘째, 승부에 대한 명확한 기준을 제시하여 선수들이 경기력에 집중할 수 있도록 지원한다. 규정에서 가장 주의해야 할 것이 모호한 판정이다. 판정이 모호하거나 명확한 기준이 없다면 경기력 이외의 것들이 승부에 영향을 주게 될 것이다.

셋째, 연습 및 훈련방법에 대한 일관된 방향 제시로 선수 및 지도자의 지속적인 육성을 지원한다. 드론축구는 팀 경기이기 때문에 많은 팀들은 규정을 분석하여 그에 맞는 팀별 작전을 구상한다. 규정이 명확하지 않다면 팀별로 다양한 작전을 구상하고 이를 연습하는 데 많은 혼란이 가중될 것이다.

넷째, 통일되고 지속 가능한 규정을 제정하여 관련 산업발전의 초석을 제공함에 있다.

드론축구는 경기력은 물론 관련 산업이 병행해서 발전해야 한다. 그렇기 때문에 드론축구에 사용되는 각종 용품 또한 그 규격이 명확히 지정되어야 하고 이를 기준으로 스포츠 시장이 지속적으로 발전할 때 자연스럽게 산업이 형성되기 때문이다.

드론축구 규정의 방향

1 개방성

드론축구 규정은 수차례 개정되면서 발전해 왔다. 규정의 발전을 위해 가장 중요한 것이 개방성이다. 드론축구에 관여하는 선수, 지도자, 심판을 비롯하여 관중 및 관련 산업계까지 모두가 드론축구 경기규정에 대한 의견을 제시할 수 있다. 하지만 개방성은 규정이 갖는 권위와 무게를 전제로 한다.

2 통일성

통일성이란 드론축구와 관련된 여러 가지 요소를 드론축구에 맞게 일치시켜 주는 것을 의미한다. 드론축구가 남녀노소를 불문하고 저변으로 확대되고 있는 만큼 드론축구 규정은 다양화될 수 있다. 그러나 규정이 다양화된다고 해서 통일성이 없어지는 것은 아니다. 근본적으로 반드시 필요한 사항 이외에 드론축구 규정은 통일되어야 한다. 드론축구 규정의 통일성이 반드시 모든 규정이 똑같아야 한다는 것은 아니다. 일반부 규정과 유소년부 규정이 차이를 보이듯이 규정은 계층에 맞게 변경되거나 국가의 현실에 맞게 수정될 수 있다. 그러나 이때에도 역시 드론축구 규정의 통일성은 유지해야 한다.

3 대중성

대중성이란 일반 대중이 친숙하게 느끼고 즐기며 즐길 수 있도록 규정이 정립되어야함을 의미한다. 우리는 드론축구 이외에도 많은 스포츠를 접하고 있다. 그 모든 스포츠들의 규정을 자세히 알지는 못하지만 몇 차례 관람하는 것만으로도 대부분의 규정을 파악하고 경기를 즐기게 된다. 이러한 부분을 규정의 대중성이라고 한다. 드론축구 규정에서 두 팀이 서로 겨루는 것, 세트를 많이 가져가는 팀이 승리한다는 것, 득점을 많이 한 팀이 세트를 가져간다는 것 등은 대중적인 이해라고 할 수 있다. 또 다른 대중성의 한 부분은 경기를 관람하는 대중들이 충분히 즐길 수 있어야 한다는 것이다. 드론축구를 관람하는 관객들은 선수들의 화려한 플레이와 박진감 넘치는 경기에 열광하고 빠져든다. 드론축구 규정은 이러한 요소들을 제한해서는 안 된다.

4 합리성

합리성이란 드론축구 규정이 드론축구가 추구하는 이론이나 이치에 합당한 성질을 갖도록 규정되어야 함을 의미한다. 규정이 합리적이어야 한다는 의미는 규정의 여러 항목에서 갖는 목적성이 서로 상충되지 않아야 한다는 의미와 함께 간단명료해야 한다는 것이다. 예를 들면, 규정의 여러 항목 중 한편에서는 대중성을 위해 드론볼의 충돌을 허용하고 있으나, 다른 한편에서는 드론볼의 속도를 제한해서 드론볼끼리의 충돌을 막는다고 하면 안 된다는 의미이다. 합리성의 또 다른 측면은 드론축구를 플레이하는 선수 및 지도자들로 하여금 불필요하거나 과도한 행동을 유도하면 안 된다는 것이다. 만일 대다수의 선수들이 "왜 저렇게 해야 하지?"라고 생각한다면 그것은 규정의 합리성이 낮다는 **반증**이 될 수 있다.

> **반증**
> 어떤 사실이나 주장이 옳지 아니함을 그에 반대되는 근거를 들어 증명함

드론축구 규정의 발전사

1 최초 드론축구 콘텐츠 개발단계 : 2016. 3. ~

1. 드론축구 "볼" : 오로지 심판에 의해서만 조종되는 호버링 상태의 "볼"

- 골 및 경기장의 형상이 달라야 했음.
- 선수들의 드론의 기계적 성능이 극도로 제한되어야 했음.
- 볼의 잦은 추락에 대비한 보완규정이 필요했음.

2 드론축구 언론 런칭 및 시범 단계 : 2016. 11. ~

1. 포지션 구분이 없이 누구나 득점할 수 있는 드론축구

- 직관적인 경기규정으로 누구나 쉽게 이해할 수 있었음.
- 선수 개인의 볼에 대한 몰입도는 높으나 경기 중 전략 또는 팀워크가 발휘되기는 쉽지 않음.
- 득점 외에 제3자가 경기의 양상을 판단하기 쉽지 않음.

3 드론축구 활성화 단계 : 2017. 6. ~

1. "골잡이(스트라이커)"를 별도로 구분하고 하프라인 규정을 신설

- 팀워크가 발휘되기 시작했으며 관객(응원단)의 통일된 응원이 이루어짐.
- 골잡이의 조기 추락 시 세트를 패할 수밖에 없는 부담이 있었음.

4 드론축구 경기규정 개선을 위한 테스트 : 2018. 11. ~

1. 경기시간을 양분하여 공격팀과 수비팀을 분리

- 많은 드론 볼이 한 코트에 몰려 보기에 복잡하고 제대로 된 전략이 이루어지지 않음.
- 적용을 위한 테스트 단계에 그쳤으며 실제 경기에 적용되지 않음

드론축구 규정의 발전방향

드론축구 규정은 개정을 거듭하며 발전하고 있으나 아직도 해결해야 할 문제들이 남아있다. 지금까지는 참가한 선수들과 관중들이 즐기는 경기였다면, 앞으로는 방송에서 또는 온라인에서 즐기는 경기가 되기 위해서는 그에 맞게 규정이 수정되어야 하기 때문이다.

방송에 맞는 경기규정의 개정은 현재의 드론축구가 양쪽에서 동시에 득점이 시도되기 때문에 해설자와 방송 카메라의 위치선정이 곤란하다. 때문에 카메라와 관중의 시선이 지금처럼 양분되기보다는 가급적 한 곳으로 집중되어야 할 필요가 있다.

하지만 반드시 그렇게 되어야 하는 것은 아니다. 성공적으로 방송 콘텐츠 제작에 성공한 e-sport의 경우 방송기술로 그 문제를 해결하여 플레이어들의 전투가 동시다발적으로 일어남에도 불구하고 흥미 있는 방송 콘텐츠 제작에 성공했기 때문이다.

규정이 개정되어야 할 다른 한 분야는 스탯Stats, Statistics의 적용이다. 야구, 축구, 농구, 배구 등 많은 스포츠들이 해당 팀과 선수의 경기력을 수치로 환산한 각종 지수들을 온라인에서 쉽게 접할 수 있다. **드론축구 선수들** 또한 **공격률, 방어율, 평균이동거리** 및 **속도** 등을 선수 개인별로 수치화할 수 있다면 향후 팬덤 형성에 많은 도움이 될 것이다.

❖ 야구의 각종 스탯(Stats)

선발									
팀	이닝	방어율	WAR	경기수	평균이닝	QS	%	QS+	%
KIA	356.1	3.61	8.7	60	5.94	38	63.3	20	33.3
LG	336.2	3.37	6.2	58	5.80	30	51.7	16	27.6
SK	330.1	4.11	6	60	5.50	22	36.7	8	13.3
넥센	347.1	4.74	5.1	60	5.79	29	48.3	14	23.3
KT	335.1	5.18	4.3	60	5.59	22	36.7	8	13.3
롯데	300.2	4.97	4	59	5.09	18	30.5	7	11.9
두산	316	4.24	4	58	5.45	27	46.6	14	24.1
한화	300.2	4.61	3.7	59	5.09	21	35.6	7	11.9
NC	281.2	4.31	2	60	4.69	21	35	8	13.3
삼성	300.1	6.02	−1	60	5.00	20	33.3	7	11.7

❖ 스타 크래프트 경기중계

II 규정

드론축구 규정

경기장, 드론볼, 선수의 수, 선수의 장비, 주심, 부심, 경기시간, 플레이의 시작과 재개, 득점 방법, 반칙과 불법행위에 대한 규정이 상세하게 나타나 있다.

경기장

1 경기장 표면

㉮ 바닥은 평평해야 하며 장애물이 있어서는 안 된다.

㉯ 바닥은 가급적 딱딱한 표면을 피해야 한다.

㉰ 바닥의 모든 면에서 드론볼이 똑바로 서 있을 수 있어야 한다.

2 경기장의 표시

㉮ 경기장은 반드시 직사각형이어야 하고 장변을 기준으로 둘로 나누어진 곳에 중앙선을 표시한다.

㉯ 출발점은 경기장의 단변에서 1.5m 떨어진 곳에 선 또는 5개의 점으로 표시한다. 21.10.1. 수정

㉰ 조종석은 경기장 단변 쪽에 설치하되 조종석의 길이가 단변의 길이를 초과 할 수 없다.

㉱ 조종석의 폭은 2m 이며 기술지역과 명확히 구분되도록 조종석 뒤쪽에 경계표시를 해야한다.

❖ 대한드론축구협회 공식경기장

3 경기장의 크기

㉮ 직사각형으로 이루어진 경기장 프레임의 크기는 단변은 5~10m, 장변은 10~20m 이어야 하되 장변과 단변의 비율은 2:1이거나 이에 가까워야 한다.

㉯ 경기장의 높이는 4m~5m 이어야 하며 파손이나 경기에 장애가 우려되는 장애물이 설치 되어 있지 않아야 한다.

㉰ 경기장 프레임의 양쪽 단변에는 폭 2m 의 조종석이 설치되어야 한다.

㉱ 위의 규정에도 불구하고 협회는 선수들의 일정한 경기력 유지와 새롭게 조성되는 경기장을 위해 표준 크기를 정하여 권장한다.

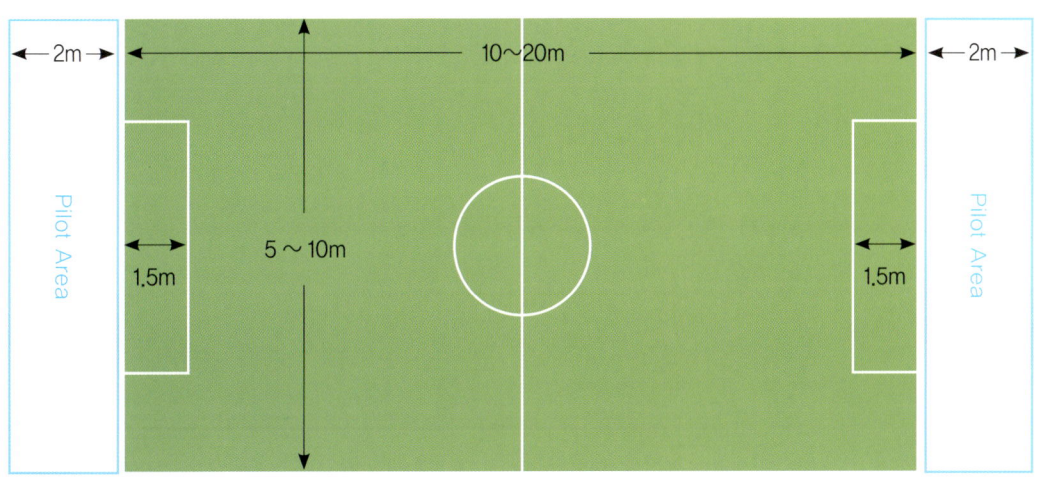

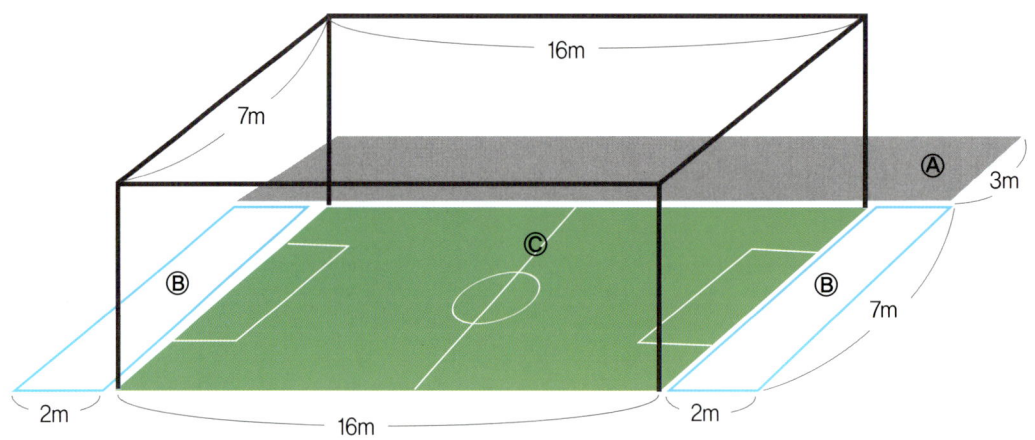

❖ 표준경기장 (A : 중계석, B : 조종석, C : 중앙선)

4 경기장의 벽면*

㉮ 경기장의 벽면은 외부에서 경기장 내부가 보이도록 그물 또는 와이어 등으로 되어 있어야 한다.

㉯ 경기장이 그물로 구성 되어 있는 경우 5m/s의 속력으로 드론볼이 그물에 부딪혔을 경우 그물이 뒤쪽으로 20cm 이상 밀려나서는 안된다.

㉰ 경기장이 와이어로 되어 있는 경우 와이어는 수직으로 설치 되어야 하며 2.3mm ~ 3.2mm 두께의 와이어가 10cm 간격으로 설치되어야 한다.

㉱ 어떤 경우에도 경기중에 드론볼이 경기장 밖으로 빠져나가게 해서는 안된다.

* 선수 보호를 위해 경기장의 벽면에 대한 규정 포함(23. 10. 1.)

5 골의 규격과 위치

㉮ 골의 형상은 원형이어야 하며 내경의 지름은 60cm±1cm 이어야 하고 외경의 지름은 100cm±1cm 이어야 한다. 그러나 두 골의 크기는 항상 같아야 한다. 21. 10. 1. 수정

㉯ 골의 무게는 연결을 위한 와이어 및 전선/신호선 등을 제외하고 10kg 이상 ~ 15kg 미만 이어야 한다. 그러나 두 골의 무게는 항상 같아야 한다.[*]

㉰ 골은 그 중심을 경기장 단변의 중앙부에서 중앙선 방향으로 1.5m 이격된 거리에 위치 시켜야 한다.

㉱ 골의 높이는 골대의 중앙부가 경기장 표면에서 3m ~ 3.5m 사이에 위치해야 하며 골의 설치는 2점을[**] 이용해 경기장 상부로부터 메달아야 한다. 이때 골의 방향은 항상 중앙부를 향하고 있어야 하며 골의 방향이 좌우로 흔들려서는 안 된다.

㉲ 골의 설치는 항상 안정적이어야 하고 낙하의 우려가 있어서는 안된다. 골은 경기 중에 형상이 변하면 안 된다.

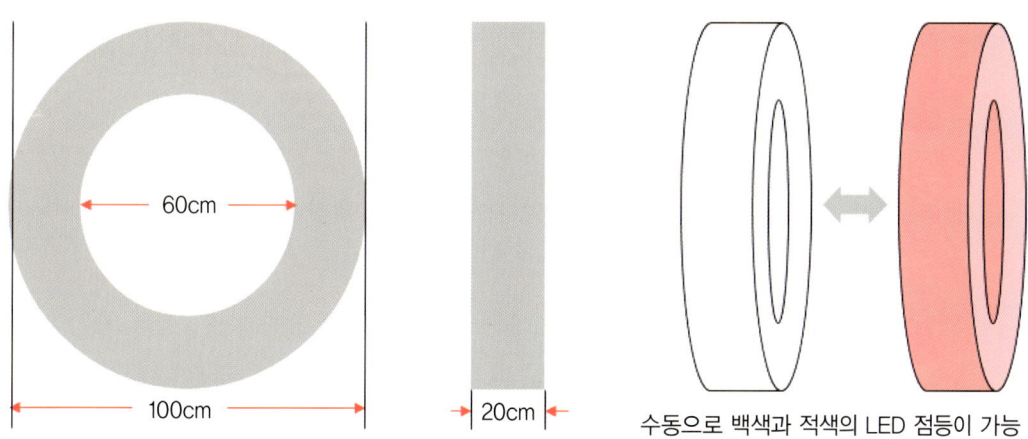

❖ 골의 규격 및 수동 LED점등

---
[*] 골이 가벼워서 과도하게 흔들리는 것을 방지하기 위해 규정 포함(23. 10. 1.)
[**] Class40의 경우 골을 기둥에 올려서 설치하는 방식 삭제(23. 10. 1.)

6 골의 재질과 구성

㉮ 골은 경기 중 파손의 우려가 있어서는 안 된다.

㉯ 골은 내부 또는 경기에 방해가 되지 않는 외부에 백색과 적색의 LED 라이트가 있어야 하며 LED 라이트는 경기장 외부에서 수동으로 조작 할 수 있어야 한다.

㉰ 골의 외부에 광고를 삽입하는 경우 광고로 인해 골의 LED 라이트가 변경되는 것을 선수들이 인지하는데 있어 방해를 받아서는 안된다. 광고는 글자로 한정되어야 하며 이미지 또는 마크의 삽입 시 골의 표면을 1/4 이상 가려서는 안 된다.

7 광고

㉮ 협회가 주최하는 공식대회의 경기에서, 대회 조직위원회의 상징과 대회의 엠블럼을 제외하고, 임의적인 상업 광고를 허용하지 않는다. 단, 대회 조직위원회를 통한 대회 운영지원 등에 따른 상업광고는 제한적으로 허용 할 수 있으며 대회 규정으로 이런 마크의 크기와 수를 제한 할 수 있다.

㉯ 대회참가팀의 복장에 한하여 해당 팀의 상징 및 상업광고를 허용할 수 있다. 그러나 이 경우에도 정치 및 종교적이거나 미풍양속을 저해하는 내용은 허용대상에서 제외 한다.

㉰ 대회 참가팀 및 모든 선수는 심판으로부터 인정되지 않는 광고 문구 및 광고물에 대한 철회를 요청받았을 때는 이를 즉각 수용해야 한다.

㉱ 대회에 참가하는 모든 팀은 어떠한 형태의 광고물도 경기장 내에 비치 또는 세워 둘 수 없다.

---

* 광고가 골의 표면을 과도하게 가리지 못하도록 규정 수정(23. 10. 1.)

드론볼

1 품질과 규격

㉮ 둥근 모양의 외골격으로 둘러싸여져 있어야 한다.

㉯ 드론볼의 지름은 40cm±2cm 이여야 한다.

㉰ 플레이 도중 드론볼의 무게는 1,100g 이하 이어야 한다.

㉱ 외골격의 개방된 단일 면적이 150cm² 이하 이어야 한다.

㉲ 외골격이 경기 중 쉽게 파손되어 선수 또는 관중에 해를 끼칠 우려가 있어서는 안 된다.

2 광고

㉮ 협회가 주최하는 공식대회의 경기에서, 대회 조직위원회의 상징과 대회의 엠블럼 그리고 볼 제조회사의 등록 상표를 제외하고, 볼에는 다른 모든 형태의 상업 광고를 허용하지 않는다.

㉯ 대회 규정으로 이런 마크의 크기와 수를 제한할 수 있다.

3 공인구

㉮ 협회로부터 공인받은 공인구는 협회가 주관하는 대회 전에 별도의 드론볼에 대한 규격을 검토 받지 않아도 무관하다.

㉯ 공인마크가 없는 드론볼 또는 직접 제작한 형태의 드론볼은 협회 규정 2-①의 준수여부에 대해 대회 전에 참가 가능 여부가 검토되어야 한다.

4 볼에 표식

㉮ 경기에 참여하는 선수는 해당 팀의 드론볼이 다른 팀과 확연히 구분될 수 있게 적색 또는 청색 LED Strip으로 구분하여야 한다.

> 팀 구분을 위한 LED 표시는 수평의 모든 방향에서 동일한 숫자의 LED가 보이도록 원형으로 배치하여야 한다. 배치된 LED Strip의 지름은 최소 20cm 이상 이어야 하며 최대 40cm 이내 이어야 한다. 또한 개별 LED 소자의 수는 10cm 당 6개 이상 이어야 한다. 위 기준을 만족하지 못하는 팀구분 LED Strip은 대회전 사전에 사용허가 여부에 대한 검토가 이루어 져야 한다.

㉯ 골잡이와 길잡이는 다른 선수와 확연히 구분 될 수 있도록 태그(tag)를 부착하여야 한다. 21.10.1.수정

㉰ 골잡이와 길잡이의 태그는 대회규정으로 정하며 태그의 부착 시 경기 중 파손되거나 이탈 되어서는 안 된다. 21.10.1.수정

㉱ 플레이중 골잡이의 태그가 이탈하여 상대팀에 의해 골잡이 구분이 어려울 경우 이탈한 순간 부터의 득점은 인정하지 않는다. 21.10.1.수정

5 볼의 색상 21.10.1.수정

㉮ 드론볼에 팀 구분, 포지션 구분에 방해가 되는 과도한 색(LED 포함)의 사용은 규정으로 금지한다.

㉯ 드론볼에 사용할 수 있는 색상은 아래의 7가지로 한다.

구분		입력	특징	
팀		빨간색	팀 전원	LED
		파란색	팀 전원	LED
포지션		녹색	1번 골잡이	LED
		분홍색	2번 길잡이	
		하늘색	3번 전방길막이	LED
		노란색	4번 후방길막이	
		흰색	5번 골막이	
골잡이	주	녹색	골잡이	LED
	예비	분홍색	골잡이	LED

㉰ 선수가 개인적으로 드론볼의 방향식별 등을 위해 추가적인 LED를 장착하는 것은 허용되나 색상은 포지션에 맞는 색으로 해야한다.

6 사용 주파수

㉮ 드론볼의 무선 컨트롤에 사용되는 주파수는 해당 국가 및 지역의 전파 관련 제반 법령을 준수하여 전파의 범위 및 세기를 결정하여야 한다.

㉯ 그러나 상기 규정을 준수하였다 하더라도 조종자 이외 타인의 드론볼에 영향을 줄 수 있는 주파수 범위와 장비를 사용하는 것은 금지된다.

선수의 수

1 선수들

㉮ 대회에 출전하는 선수단의 수는 10인으로 제한한다. 이 경우 선수명단에 포함되는 지도자의 수는 3인 이하로 제한된다.

㉯ 경기는 양팀 각각 5명의 선수와 5개의 드론볼로 구성되어 플레이 된다. 이때 선수는 1인당 1개의 드론볼만 컨트롤 해야 한다.

㉰ 선수의 수가 부족하거나 드론볼에 문제가 발생한 경우 3인 이상이면 경기가 가능하다.

㉱ 한 팀의 구성은 아래와 같으며 경기 중에 선수 포지션의 표시가 중복되어서는 안된다. 21.10.1.수정

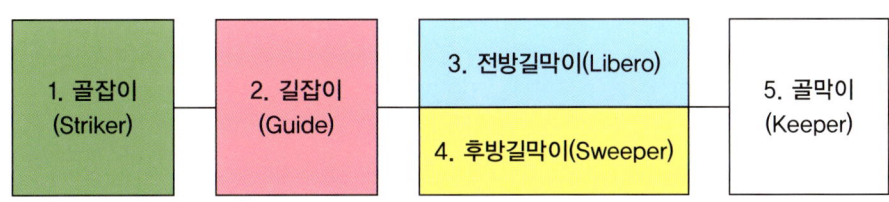

㉲ 만약 사전에 경기 시작 시간이 충분히 고지 되었음에도 불구하고 경기 시작 전 골잡이를 포함한 3인 이상의 선수가 조종석에 위치하지 않고 있을 경우 해당 경기는 기권패로 간주하게 된다.

㉳ 두 번째 혹은 세 번째 세트에서 세트 시작전 3인 이상의 선수가 조종석에 위치하고 있지 않을 경우 해당 세트는 패한 것으로 간주하고 다음 세트를 위한 정비시간 시작이 선언된다. 21.10.1.수정

2 선수교체

㉮ 선수교체는 세트 시작 전 가능하며 세트가 시작되어 플레이 중일 때는 불가능 하다.
㉯ 선수명단 범위 내에서 선수교체 횟수와 인원의 제한이 없다.
㉰ 선수명단에 포함된 지도자가 선수로 출전하는 것도 가능하다.

3 교체 절차 21.10.1.수정

㉮ 선수교체시 선수교체 사실과 교체 대상 선수를 심판에게 알려야 한다.
㉯ 심판에게 ㉮의 내용을 고지 할 때는 반드시 드론볼이 경기장에 입장하기 전이어야 한다.
㉰ 교체선수는 드론볼의 무게와 표식을 점검 받아야 한다.
㉱ 선수교체시 선수가 사용하던 드론볼은 교체되거나 그렇지 않아도 무방하다. 드론볼이 교체되지 않을 경우 ㉰는 생략된다.

4 경기중 골잡이(Striker)의 교체 21.10.1.수정

㉮ 골잡이가 경기중 세트를 포기 했을 경우 길잡이와 골잡이를 교체할 수 있다.
㉯ 골잡이를 교체 할 때는 포기한 골잡이의 드론볼을 길잡이볼이 터치해야 한다.
㉰ 길잡이가 골잡이를 터치 할 때는 골잡이 볼의 조종사가 포기선언을 한 후 조종기를 바닥에 내려놓는 순간부터 가능하며 터치의 성공여부는 주심이 판단한다.
㉱ 주심은 골잡이의 교체가 정당하게 이루어 졌을 경우 규정 5-❼에 의한* 음향 및 수신호를 이용해 성공여부를 알려야 한다.

---

* 음향 및 수신호 방법을 구체화(23. 10. 1.)

5 위반과 처벌

㉮ 해당 세트에 참여하는 선수 또는 출전명단에 기재된 지도자가 아닌 사람이 조종석에 머물고 있을 경우 1회의 경고가 주어진다. 1회의 경고에도 불구하고 조종석에 계속해서 머물 경우 해당 세트는 패한 것으로 간주 된다.

㉯ 경기 중에 출전선수가 아닌 사람이 드론볼에 바인딩 되어있는 조종기를 조작할 경우 해당 팀의 경기는 패한 것으로 간주 된다.**

선수의 장비

1 기본 장비

㉮ 복 장 - 플레이에 영향을 주지 않는 자유 복장 혹은 단체복, 다만 자유복일 경우 팀 구분이 가능한 모자, 조끼 혹은 A4 사이즈 이상의 표식 등을 패용하여야 한다.

㉯ 드론볼 - 규정에 맞는 드론볼

㉰ 조종기 - 해당 선수의 드론볼과 바인딩 되어 있는 조종기 1대

㉱ 배터리 - 경기에 필요한 여분의 배터리

2 부가 장비

㉮ 1인칭시점 영상장비
- 선택사항으로 1인칭 시점 영상장비의 착용 또는 휴대 가능

㉯ 여분의 드론볼
- 드론볼의 파손에 대비한 여분의 드론볼 휴대가 가능하며 배터리는 분리되어 있어야 함.

㉰ 기타 악세사리
- 경기운영에 필요한 배터리 체커기 및 응급수리에 필요한 부품 및 공구

---

* 지도자가 조종석 안에 머물수 없게한 기존 규정의 오기 수정(23. 10. 1.)
** 기존 5-나 불합리 조항삭제 (경기중인 선수가 아니면 조종기를 조작해서는 안됨)

3 금지 장비

㉮ 상대의 플레이를 방해 할 수 있는 발광 기능이 있는 장비
㉯ 상대의 플레이를 방해 할 수 있는 전파 발신 장비
㉰ 경기의 진행을 방해 할 수 있는 음향 관련 장비
㉱ 기타 안전상 또는 경기진행상 필요해 의해 금지된 장비 및 장구

4 위반과 처벌

㉮ 상대팀은 경기 시작 전 서로의 장비를 확인할 의무가 있으며 이때 오해의 소지가 있는 자신의 장비는 상대팀에게 공지되어야 한다.
㉯ 경기 시작 전 위반사항에 해당하는 장비의 착용 및 휴대를 포기할 경우 경기는 정상적으로 시작된다.
㉰ 금지장비 위반에도 불구하고 경기 시작 전 상대팀의 용인 사항에 대하여는 처벌하지 않는다.
㉱ 그러나 위반의 시작 또는 인지가 플레이 중에 발생하여 경기에 영향을 미쳤다고 심판에 의해 판단될 경우 해당 세트는 패한 것으로 간주 된다. 21.10.1.수정

5 장비에 광고

㉮ 기본 및 부가 장비에 정치적, 종교적인 문구를 삽입하거나 표현 할 수 없다. 다만 문구의 내용이 관용적인 표현일 경우 심판의 판단하에 용인 될 수 있다.
㉯ 이 조항의 위반은 경기 전에 정정되어야 하며 정정되지 않은 사항은 경기 후에 발견 되었더라도 승패에 영향을 주는 판단을 할 수 없다. 21.10.1.수정

주심

1 주심의 권위

드론축구 경기 규칙 시행과 관련된 모든 권위를 가지고 있는 주심에 의해 매 경기가 관리 되도록 모든 경기에 주심이 임명 되어야 한다.

2 권한과 임무

주심은 모든 경기를 원활하고 부드러우며 공정하게 이끌어갈 책임이 있으며 이를 위한 권한을 갖는다.

㉮ 드론축구 경기 규칙을 시행한다.

㉯ 부심들과 협조하여 경기를 관리한다.

㉰ 사용되는 볼이 '규정 2. 드론볼'의 요구조건에 적합한지 확인 한다.

㉱ 선수의 장비가 '규정 4. 선수의 장비'의 요구조건에 적합한지 확인 한다.

㉲ 경기의 사고를 기록 한다.

㉳ 경기 규칙의 어떤 위반이 있을 경우, 주심의 재량권으로 경기를 중지할 수 있다.

㉴ 어떤 종류의 외부 방해로 인해 경기를 중지 시킬 수 있다.

㉵ 주심은 선수의 건강과 안전을 위해 문제가 있다고 판단되는 선수를 경기에서 제외시킬 수 있다.

㉶ 스스로 책임 있는 태도로 행동하지 않는 팀 임원들에게 대해 조치를 취한 다음 주심의 재량으로, 팀 임원을 기술 지역 또는 경기장 주변에서 추방시킬 수 있다.

㉷ 허가를 받지 않은 사람의 경기장 입장을 불허 한다.

㉸ 경기가 중단된 후 경기의 재개를 알린다.

㉹ 세트중간 휴식시간을 탄력적으로 조정할 수 있다 그러나 이 경우 반드시 5분 이상의 휴식과 작전타임을 보장해야 한다.

㉺ 모든 형태의 외부 방해로 인해 경기를 중지, 일시 중단, 종료 시킬 수 있다.

3 주심의 위치

㉮ 주심은 주심의 책임을 다하기 위한 적절한 장소에 위치해야 하며 주심의 위치는 경기의 즉각적인 통제가 가능하도록 경기 중인 모든 선수가 관측 가능해야 한다.

㉯ 주심은 경기의 전반적인 통제를 위한 유무선 장비를 휴대 할 수 있으며 필요시 별도의 통제실을 두어 해당 장소에 위치 할 수 있다. 그러나 이때에도 주심의 위치는 모든 선수들을 확인 할 수 있어야 한다.

4 주심의 결정

㉮ 플레이와 관련된 득점 여부 그리고 경기의 결과를 포함한 사실에 대한 주심의 결정은 최종적인 것이다.

㉯ 주심이 경기를 재개하지 않았거나 경기를 종료시키지 않았을 경우에 한하여 결정의 잘못을 깨달았거나 부심의 조언에 따라 결정을 바꿀 수 있다.

㉰ 주심이 위반 신호를 하고 부심들 사이의 의견이 불일치 된다면 주심의 결정이 우선이다.

㉱ 지나친 간섭 또는 부적절한 행동의 경우에, 주심은 부심의 임무를 완화할 수 있고 그들의 임무를 재배치하고 해당 기관에 보고서를 작성하여 제출한다.

㉲ 필요시 주심은 영상을 기록 할 수 있는 경기장 시설을 이용하여 영상을 분석하고 이에 따라 결정을 번복 할 수 있다. 그러나 사적인 영상장치는 참고 할 수 없다. 21.10.1.수정

5 주심의 책임

주심(또는 관련된, 부심)은 다음 사항에 대하여 책임을 지지 않는다.

㉮ 선수, 임원, 관중이 당한 부상

㉯ 재산상 발생하는 손해

㉰ 경기 규칙의 의거한 결정사항 또는 경기진행 및 운영에 요구되는 정상적인 절차에 따라 결정된 사항이 개인, 클럽, 회사, 협회 또는 기타 단체에 끼치는 손상

㉱ 기타 경기 운영 도중 발생할 수 있는 각종 경기 외적인 사항 주심은 다음과 같은 결정을 포함할 수 있다.

㉲ 경기장 또는 그 주변의 조건, 기후 조건이 경기의 개최를 허용할지 아니면 하지 않을지 여부에 대한 결정

㉳ 어떤 이유 때문에 경기를 포기할 결정

㉴ 경기에 사용되는 부속 장비 및 드론볼의 적합성에 대한 결정

㉵ 관중의 방해 또는 관중석 지역의 어떤 문제 때문에 플레이를 중지할 것인지 안 할 것인지 에 대한 결정

㉶ 치료를 위해 부상 선수를 경기장 밖으로 나가도록 허락하기 위해 플레이를 중지할 것인지 안 할 것인지에 대한 결정

㉷ 부상 선수를 치료하기 위해 경기에서 제외시킬 수 있는 결정

㉸ 선수가 특정 복장 또는 장비를 착용하는 것을 허용할지 아니면 허용하지 않을지 여부에 대 한 결정

㉹ (팀 또는 경기장 임원, 안전 책임자, 사진사 또는 다른 미디어 관계자를 포함한) 모든 사람들 이 경기장 근처에 있을 수 있도록 하는 것에 대한 결정 (주심들이 권한을 갖고 있는 경우)

㉺ 주심들이 경기 규칙에 따라 또는 경기가 플레이 되는 협회 또는 리그 규칙 혹은 규정에 의해 주심들의 임무에 일치하여 취할 수 있는 기타 결정

6 주심의 자격

㉮ 심판(주심)의 자격에 관한 사항은 협회의 별도 규정으로 정한다.

㉯ 협회는 드론축구 규정의 통일되고 일관된 적용을 위해 심판연수 등을 실시 해야 한다.

7 주심의 신호

㉮ 주심은 호각 등을 이용하여 경기의 시작과 종료를 알려야 하며 양팀의 모든 선수가 볼 수 있는 자리에 위치해야 한다.

㉯ 주심은 아래와 같은 통일된 신호를 이용하여 누구나 쉽게 이해할 수 있도록 해야 하며 만일 다른 신호수단이나 방법을 사용할 시 사전에 공지되어야 한다.

구분	10초전	세트시작	골잡이 교체완료	세트종료
수신호				
음향신호	길게 1회	강하게 1회	짧게 2회	강하게 1회, 길게 1회

❖ 주심의 신호

부심

1 부심의 구분과 역할[*]

㉮ 부심은 2명이 임명되며 드론축구 경기 규칙에 따라 임무를 수행해야 한다.

㉯ 위의 규정에도 불구하고 득점과 패널티의 정확한 판정을 위해 부심의 수를 4명으로 증원 할 수 있다. 이때 부심은 득점심과 패널티심으로 명칭과 역할을 부여한다.[**]
  - 득점심 (Score Referee) : 득점의 여부와 공격자 반칙을 판정
  - 패널티심 (Penalty Referee) : 골 주변에서 수비의 반칙을 판정

㉰ 부심은 양팀의 조종석과 관중석 사이의 적절한 공간에 위치하여야 하며 골과 스코어 보드를 동시에 관찰 할 수 있어야 한다.

㉱ 부심은 필요시 주심의 지시에 의해 규칙5에서 정한 통제실 등에 위치하여 경기를 통제 할 수 있다.

2 권한과 임무

㉮ 주심을 도와 경기의 원활한 진행을 돕는다.

㉯ 경기에 참가한 선수들에 관한 사항들을 확인한다.

㉰ 선수의 장비와 복장, 번호를 경기장 입장 전에 확인한다.

㉱ 선수 명단과 출전 선수를 확인한다.

㉲ 양팀의 경기준비 사항을 주심에게 알린다.

㉳ 경기 중인 선수와 선수의 장비를 지속적으로 확인 한다.

㉴ 주심보다 골에 가까운 위치에서 득점, 오프사이드, 패널티를 판정하며 세트의 전체 스코어를 카운트 하여 세트종료 후 주심에게 알린다.

㉵ 기술 지역에 위치한 사람들의 행동을 감독하고 부적절한 행동을 하거나 출전선수 이외의 사람이 기술지역내로 들어가는 것을 감독한다.

---

[*] 부심의 권위를 부심의 구분과 역할로 변경(23. 10. 1.)
[**] 4인의 부심 시스템에서 역할을 구분하여 반영(23. 10. 1.)

㉠ 외부 방해에 의한 플레이 중단을 기록하고 그것에 대한 이유를 기록한다.
㉡ 주심이 특별한 사유로 인해 역할을 지속하지 못하는 경우 해당 경기에 한해 주심을 대신한다.
㉢ 경기장 및 기술지역, 관중석을 지속적으로 감독하고 경기의 원활한 운영을 위해 적절한 조치를 취한다.

3 부심의 자격

㉮ 심판(부심)의 자격에 관한 사항은 협회의 별도 규정으로 정한다.
㉯ 협회는 드론축구규정의 통일되고 일관된 적용을 위해 심판연수 등을 실시 해야 한다.

4 부심의 신호

㉮ 부심은 깃발, LED 등을 이용하여 득점, 오프사이드, 패널티 등을 알려야 하며 양 팀의 모든 선수가 볼 수 있는 자리에 위치해야 한다.
㉯ 부심은 패널티의 사유가 발생하면 발생하는 즉시 패널티임을 알려야 한다. 부심이 패널티를 알릴 때는 호각을 이용해 짧게 1회로 신호하거나 패널티 전용 신호기를 활용 할 수 있다.
㉰ 부심이 득점 및 오프사이드를 선언할 때는 아래와 같은 통일된 신호를 이용하여 누구나 쉽게 이해 할 수 있도록 해야 한다. 만약 경기운영상 다른 신호수단이나 방법을 사용할 시 사전에 공지되어야 한다.

구분	득점인정	득점불인정	복귀선언	복귀완료
깃발				
GOAL LED 색	붉은색 변경	흰색 유지	붉은색 유지	흰색 변경

경기의 시작과 종료

1 세트의 수와 시간

㉮ 경기는 한 세트에 3분씩 3세트로 진행된다.

㉯ 대회규정으로 세트의 수 또는 경기시간 등을 대회 시작 전에 변경 할 수 있다.

2 경기준비

㉮ 동전으로 토스해서 이긴 팀이 좌우 조종석의 선택권을 갖는다. 이때 한번 결정된 조종석은 3세트 동안 변경되지 않는다. 그러나 주심의 판단 하에 좌우 조종석의 위치가 불공정 하다고 생각 된 때는 변경 할 수 있다.

㉯ 양팀의 주장 및 선수는 한번 결정된 조종석의 위치에 대해 항의 하거나 변경 요청 할 수 없다.

㉰ 양팀의 조종석이 확정되면 양팀의 주장은 득점해야 할 골에 대해 확인 할 수 있다.

㉱ 위의 규정에도 불구하고 대회의 원활한 운영을 위해 사전에 조

종석의 위치를 지정해 놓을 수 있다. 그러나 이 경우 경기 시작 전에 참가팀의 요청이 있다면 '가'의 방법에 의해 조종석의 위치를 선택해야 한다.*

㉲ '나'의 규정에도 불구하고 주심에 의해 수정이 불가능한 조종석의 불공정이 있다고 판단되면 세트별로 조종석의 위치를 바꾸게 할 수 있다.**

3 세트의 시작과 종료

㉮ 주심 혹은 주심으로부터 위임받은 자는 음향 신호로 경기시간 3분의 시작과 종료를 알린다.

㉯ 시작신호는 최소 10초 전에 예비신호를 내보내야 한다. 다만 양팀의 준비상태를 모두 확인 한 후에는 예비신호에 이어 10초 이내에도 시작신호를 할 수 있다. 21.10.1.수정

㉰ 경기장 상황에 따라 예비신호의 횟수를 늘리거나 조정 할 수 있으나 반드시 1회 이상의 예비신호가 있어야 한다.

㉱ 경기시작 신호는 예비신호 후 별도의 음향 또는 수기 등을 사용해야 하며 예측 출발을 방지하기 위해 불시에 주어져야 한다.

㉲ 세트가 진행되는 도중 작전타임은 허용되지 않는다.

4 정비 및 중단

㉮ 세트 종료후 다음세트 시작 시까지 주심은 5분의 정비시간을 부여 할 수 있으며 5분 카운트가 시작되는 시점은 모든 선수가 각자의 드론볼을 수거하여 경기장에서 퇴장한 시점이다.

㉯ 각 팀은 세트와 세트사이 정비시간을 이용해 정비와 작전타임을 병행해야 한다.

㉰ 정비와 작전타임은 5분 이상 보장되는 것을 원칙으로 하며 주

---

* 조종석의 사전지정이 가능하도록 규정 반영(23. 10. 1.)
** 불공정한 조종석에 대비하여 세트별로 조종석을 바꿀수 있도록 규정 반영(23. 10. 1.)

심은 원할한 경기운영을 위해 정비시간을 연장 할 수 있다.
㉣ 그러나 양팀 중 어느 한 팀이 세트 시작 준비가 안 된 것은 정비 시간 연장의 사유가 될 수 없다.
㉤ 만약 어느 한 팀에게 3명 이상의 정비 지연으로 세트패가 선언 되었을 경우 주심은 다음 세트 시작까지 규정된 정비 시간 외에 3분의 추가 시간을 부여 할 수 있다.
㉥ 주심에 의해 경기시작 10초전이 선언된 때부터 세트 종료시까지 주심 이외에 누구도 경기를 방해하거나 멈출 수 없다.
㉦ 안전에 의한 문제, 또는 경기장 시스템으로 인한 문제로 주심에 의해 경기가 중단 된 때는 중단시점의 스코어와 잔여 시간이 기록되어 경기의 재개 시점에 동일하게 적용 되어져야 한다.
㉧ 상기의 규정에도 불구하고 아래와 같은 경우에는 즉시 경기가 중단되며 이때 해당 세트는 무효 처리 된다. 21.10.1.수정
- 경기장 시설의 심각한 손상으로 경기가 불가능 한 경우
- 기타 주심에 의해 중대하다고 판단되는 사항중 경기운영이 한 시간 이상 중단되어야 할 상황

5 다음 세트의 시작

㉮ 5분의 정비시간이 종료된 시점에서 모든 드론볼은 출발점에 정렬되어 있어야 하며 선수들은 조종석에 위치해야 한다.
㉯ 만약 정비시간이 지난 시점에 경기장 안에 머물러 있는 선수가 있다면 그 선수는 자신의 드론볼과 함께 21.10.1.수정 경기장 밖으로 나와야 한다.
㉰ 골잡이의 표식 및 팀표식 LED의 정정은 정비시간 5분 안에 포함되지 않으며 5분이 지났다고 하더라도 심판의 요구에 의해 수정할 수 있다. 이때 골잡이 표식 및 팀 LED외에 다른 부분을 정비하면 안 된다.
㉱ 골잡이가 경기시작 10초전 신호가 선언되기 이전에 심판에게

세트 포기를 고지했다면 별도의 교체절차 없이 길잡이가 골잡이를 대신 할 수 있다. 이때 심판은 이 사실을 상대팀에 알려야 한다. 21.10.1.수정

㉮ 주심은 정비시간 5분후에 양팀이 표식 및 LED등의 준비가 완료되었다고 판단되면 경기시작 10초전을 선언하고 다음세트를 시작한다.

6 경기의 포기

경기 전에 주심과 양팀 사이에 서로 동의되지 않는다면 경기의 포기 및 지연은 패배로 간주한다.

공격과 수비

1 득점

㉮ 상대팀의 골에 골잡이의 드론볼이 앞에서 뒤로 완전히 21.10.1.수정 통과 하면 이를 득점으로 인정한다.

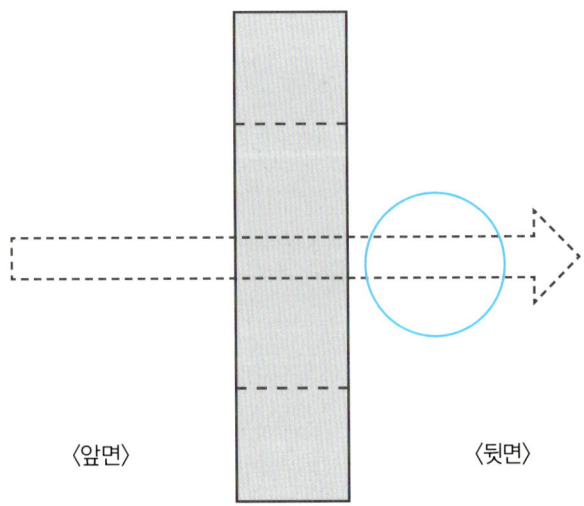

〈앞면〉　　　〈뒷면〉

㉯ 그러나 득점 당시 오프사이드 상태에 있거나 완전히 통과하지 못하고 다시 튕겨져 나오는 경우는 득점으로 인정하지 않는다.

㉰ 골잡이가 상대의 골을 뒤로 통과 할 경우 득점이 인정되지 않을 뿐더러 오프사이드 상태가 된다. 21.10.1.수정

2 오프사이드 21.10.1.수정

㉮ 골잡이가 어떤 방향으로든 상대의 골을 통과 하면 해당 팀은 자동으로 오프사이드 상황이 되며 오프사이드 상황에서는 득점을 시도 할 수 없다.
㉯ 오프사이드 상황을 해제 하기 위해서는 모든 선수가 하프 라인 후방의 자기 진영까지 되돌아 가야 한다.
㉰ 오프사이드 상황에서 상대진영에서 통제 불능이 되어 자기 진영으로 돌아오지 못하는 드론볼이 있을 경우 해당선수가 세트 포기를 선언하고 조종기를 내려놓기 전까지 오프사이드 상황은 해제되지 않는다.
㉱ 만일 ㉰의 상황에 있는 드론볼이 골잡이 일 경우 규정 3-❹에 의해 교체된 새로운 골잡이가 하프라인 뒤 자기진영으로 와야 오프사이드가 해제된다.

3 수비 21.10.1.수정

㉮ 수비란 상대 팀이 골잡이의 득점을 쉽게 하기 위해 취하는 모든 행위를 방해 하는 것이다.
㉯ 자기 골의 앞에서 수비하는 동안 자의든 타의든 관계없이 자기 골을 통과하는 것은 무방하다.
㉰ 그러나 수비는 자기골을 역방향으로 통과 하지 못한다.
• 수비할 때 드론볼이 골의 앞면을 기준으로 절반을 초과해서* 골 안으로 진입한 후 다시 나오는 행위는 역방향 통과로 간주 한다.

---

* '절반이상'으로 잘못 표기 된 것을 '절반초과'로 정정(23. 10. 1.)

- 수비가 자기팀 골의 뒷면에 위치해 있을 경우 조금이라도 골 안으로 진입하게 되면 역방향 통과로 간주한다.

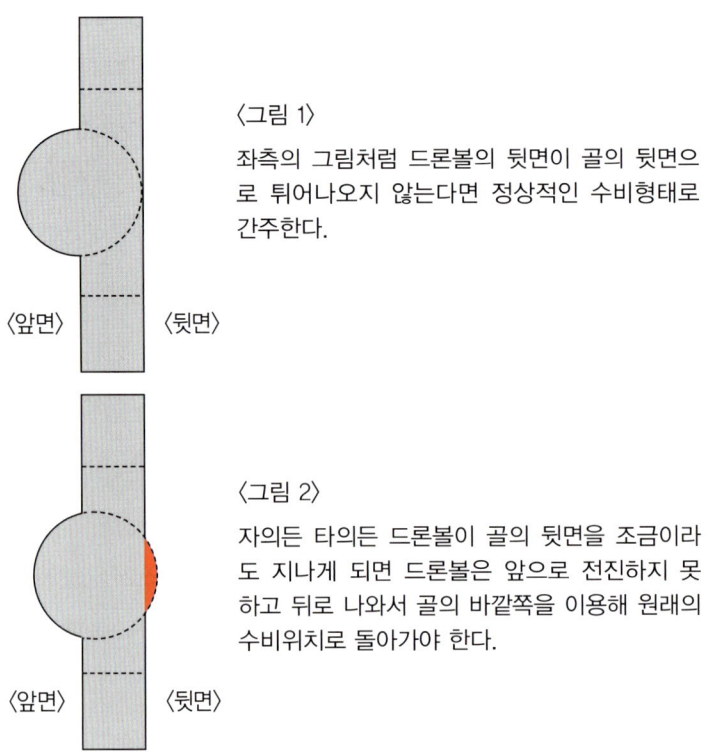

〈그림 1〉
좌측의 그림처럼 드론볼의 뒷면이 골의 뒷면으로 튀어나오지 않는다면 정상적인 수비형태로 간주한다.

〈그림 2〉
자의든 타의든 드론볼이 골의 뒷면을 조금이라도 지나게 되면 드론볼은 앞으로 전진하지 못하고 뒤로 나와서 골의 바깥쪽을 이용해 원래의 수비위치로 돌아가야 한다.

패널티킥

1 패널티 부여

㉮ 오프사이드 규정을 무시하고 연속득점 했을 경우(8-②-㉮ 위반)

㉯ 자기 진영 골을 역방향으로 통과했을 경우(8-③-㉯ 위반)

㉰ 11-❷를 포함한 심판의 경고를 2회 이상 받았을 경우. 21.10.1.수정
단, 경고는 해당 경기에서 누적되며 다음 경기에서는 초기화 된다.

2 패널티의 상계 21.10.1.수정

㉮ 한 세트에서 양 팀의 패널티 숫자를 상계하여 한 팀에게만 패널

티킥을 줄 수 있다.
㈐ 대회의 공식 기록에서 패널티의 숫자는 상계되지 않고 기록해야 한다.

3 패널티킥 방법

㉮ 시 기 : 매 세트 종료후
㉯ 방 법 : 골잡이와 골막이의 1:1 대결
㉰ 시 간 : 패널티 1회당 5초
㉱ 패널티킥은 1명의 골잡이와 1명의 골막이의 1:1 대결로 이루어지며 패널티킥의 시작점은 골잡이의 경우 하프라인, 골막이의 경우 출발점 이다.
㉲ 심판의 신호 이후 5초의 시간이 주어지며 득점방식은 플레이 도중 일 때와 같다.
㉳ 주어진 시간 안에 다득점이 가능하며 이경우도 8-❷의 규정이 적용된다.
㉴ 대회규정에 명시되어 있다면 패널티킥을 부여하지 않고 패널티킥 숫자만큼 점수로 환산하여 득점에 합산 할 수 있다. 21.10.1.수정
㉵ 패널티킥을 시행하지 않고 득점에 합산 했다면 대회의 공식 기록은 합산한 점수를 기록한다. 21.10.1.수정

4 패널티킥 절차 21.10.1.수정

㉮ 주심은 세트종료 후 선수들의 경기장 출입을 금지시킨 상태에서 양쪽 부심에게 패널티 숫자를 확인한다.
㉯ 주심은 양팀의 패널티 개수를 서로 상계하여 한 팀에게만 패널티킥을 부여한다.
㉰ 주심은 양쪽 부심과 양팀 각1명의 선수를 경기장 안으로 입장시킨다.
 – 부심 : 양팀 한 대씩의 드론을 제외하고 다른 드론들은 경기

장 출입구쪽에 몰아서 정리해두되 손대지 못하게 한다.
- 선수 : 패널티킥에 출전하는 한명의 공격수와 수비수는 배터리를 교체하고 패널티킥을 준비한다. 골막이는 골 아래에 위치하고 골잡이는 중앙선에 위치한다.

㉣ 주심은 패널티킥 시간과 시작 및 종료신호를 선수들에게 고지한 후 패널티킥을 시행한다.

㉤ 패널티킥이 종료되면 해당 세트를 종료하고 5분의 정비시간을 부여한다.

㉥ 만약 경기가 '리그방식'으로 진행될 경우 골득실 산정을 위해 무조건 패널티킥을 실시해야 한다. (단, 대회규정에 의거 패널티를 점수로 상계 할 때는 그러지 아니한다.) 그러나 '토너먼트'방식으로진행 될 경우 패널티킥 권한 을 갖은 팀은 패널티킥을 포기 할 수 있다.

승리팀의 결정

1 승리 팀

㉮ 한 세트 동안 더 많은 득점을 한 팀이 그 세트를 가져간다.

㉯ 양 팀이 같은 수의 득점 또는 무득점이라면, 해당 세트는 무승부 이다.

㉰ 3세트 까지 실시한 후 두 세트를 먼저 가져간 팀이 승리 팀이다.

2 무승부 21.10.1.수정

㉮ 3세트 종료 후에도 두 세트를 먼저 가져간 팀이 없다면 연장전을 실시 할 수 있다.

㉯ 연장전의 방식도 이전 세트의 방식과 동일하다.

㉰ 연장전 종료 후에도 두 세트를 먼저 가져간 팀이 없다면 승부

* '4세트'라는 단어와 '연장전'이라는 단어가 혼용되던 것을 연장전으로 통일(23. 10. 1.)

차기를 실시한다.

㉱ 다만 무승부가 인정되는 경기라면 연장전과 승부차기를 실시하지 않는다.

3 승부차기 21.10.1.수정

㉮ 승부차기의 방식은 패널티킥의 방식과 동일하되 양팀 각각 3명의 선수가 승부차기를 실시한다.

㉯ 골막이의 지정은 자유롭게 할 수 있으며 승부차기에 참여한 선수가 골막이를 병행 하는 것도 가능하다.

㉰ 승부차기가 무승부일 경우 승패가 결정 될 때까지 참여 선수를 한명씩 늘린다.

㉱ 참여선수를 한명씩 늘려 승부차기를 이어갈 경우 어느 두 팀중 한 팀만 득점에 성공한다면 그 팀이 경기에서 승리한 것으로 간주한다.[*]

㉲ 승부차기가 아무리 길어지더라도 처음 지정한 순서를 변경 할 수 없다.

반칙

1 반칙의 종류

㉮ 반칙에는 경고, 세트패, 경기패가 있다.

㉯ 경고의 경우 2회가 누적되면 패널티킥 1개가 부여되며 경고의 누적은 다음 세트에도 유지되지만 다음 경기에서는 초기화 된다.

㉰ 세트패는 해당 세트를 패한 것으로 간주하며 경기패는 해당경기를 패한 것으로 간주한다.

---

* ㉰를 보충설명 하기위한 ㉱항 추가(23. 10. 1.)

2 경고

㉮ 경기에 참여하는 선수가 아닌 사람이 조종석에 머물고 있을 때
㉯ 경기 중 심판, 상대선수 혹은 관중에게 경미한 비신사적인 행위를 했을 때
㉰ 심판의 허락 없이 경기장 시설물을 변경, 또는 이동시켜 자기 팀이 유리한 상황이 되도록 했을 때 21.10.1.수정
㉱ 경기시작 신호 이전에 드론볼을 움직였을 때
㉲ 심판의 정당한 지시를 이행하지 않았을 때 21.10.1.수정

3 세트 패

㉮ 해당세트에 참여중인 선수가 아닌 자에 의해 고의적으로 경기 중인 드론볼이 조작될 경우
㉯ 경기 중 심판, 상대선수 혹은 관중에게 중대한 비신사적인 행위를 했을 때
㉰ 팀을 구분하는 드론볼의 색상을 의도적으로 변경 했을 때 21.10.1.수정
㉱ 경기를 유리하게 할 목적으로 경기 중인 드론볼을 무선조종이 아닌 물리력을 이용해 움직였을 때(손, 발 또는 기구)
㉲ 의도적으로 경기를 지연 시키거나 심판의 판정에 항의할 목적으로 동일한 경고를 두 번 이상 받을 때 21.10.1.수정

4 경기 패

㉮ 고의적으로 드론볼을 이용해 타인을 위협하거나 하는 등의 안전에 위해한 행동을 했을 때
㉯ 경기 중 심판, 상대선수 혹은 관중에게 심각한 비신사적인 행위를 했을 때
㉰ 참가 명단에 없는 선수를 부정한 방법으로 경기에 참가 시켰을 때 21.10.1.수정

**대회규정 예문
(변경가능)**

○○○○ 대회 대회규정

1 적용

가. 아래의 대회규정은 '00. 00. 00. ~ '00. 00. 00. 까지 개최되는 ○○○○대회에서 드론축구 규정에 우선하여 적용한다.

2 대회 참가자격

가. 대회에 참가하는 모든 선수는 선수증을 반드시 소지하여야 한다.

나. 대회 접수시 양식에 의한 참가선수 명단이 제출되어야 한다.
- 출전선수의 변경이 있을시 대회시작 3일전까지 변경된 명단을 제출 해야 한다.
- 협회는 변경된 선수의 참가자격을 확인 후 참가선수 변경 처리가 완료되었음을 통보 한다.
- 변경처리 완료 통보가 없을 경우 변경처리가 되지 않은 것으로 간주 한다.

다. 선수 및 지도자가 두팀 이상의 명단에 동시에 포함되서는 안 된다.

3 참가가능 드론볼

가. 규정 2-❸-㉯ 과 관련하여 직접 제작한 드론볼 일지라도 협회에서 공인한 펜타가드를 사용하여 조립 되었다면 대회 전 참가 가능 여부의 검토를 생략 할 수 있다.

나. 그러나 펜타가드 외부에 추가적인 구조물을 덧대는 것은 인정하지 않는다.

다. 펜타가드 내부에 추가적인 구조물을 덧대는 것은 인정하지만 이 경우에도 구조물이 쉽게 떨어질 우려가 있으면 안 된다.

라. 드론볼의 배터리는 4셀 배터리 까지만 인정한다.

4 패널티와 점수환산(예선부터 8강까지 적용)

가. 예선부터 8강까지는 패널티킥을 실시하지 않고 점수로 환산하여 부여한다.

패널티 갯수	환산방법(점수)	반영점수
1개	1 × 0.8 = 0.8	1
2개	2 × 0.8 = 1.6	2
3개	3 × 0.8 = 2.4	2
4개	4 × 0.8 = 3.2	3
5개	5 × 0.8 = 4.0	4

나. 4강 이후 부터 규정에 의한 패널티킥을 정상적으로 실시한다.

5 경기장의 선택과 선수정렬

가. 규정 7-❷-㉮의 동전던지기 대신 본 대회에서 경기장의 선택은 사전에 대진표에 의해 짜여지며 조추첨이 완료되면 경기장의 선택이 완료된 것으로 간주한다.

나. 경기시작전 선수정렬시 스트라이커의 위치는 항상 중앙으로 하여 상대 선수로 하여금 스트라이커의 식별이 용이하게 해야 한다.

6 규정 2 - ❹ 팀구분 LED 관련 규정

가. 경기에 참여하는 모든 팀은 규정에 맞는 팀구분 LED를 장착해야 한다.

나. 경기중에 파손된 팀구분 LED는 경기시작전에 색테이프 등을 이용, 심판에 의한 조치가 가능하다.

다. 경기도중 팀구분 LED의 색이 상대팀의 색으로 변경된 경우에도 경기의 중단은 없으며 세트가 종료된 후 아래 두가지의 경우로 나누어 판단한다.
- 원격으로 LED색을 변경할수 있는 드론볼 : 세트패
- 수동으로 LED색을 변경할수 있는 드론볼 : 계속진행

7 규정 2 - ❹ 골잡이의 표식

가. 경기에 참여하는 모든 팀의 골잡이와 길잡이는 표식을 부착해야 한다.

나. 골잡이와 길잡이의 표식은 골잡이는 녹색, 길잡이는 분홍색 태그로 하며 사전에 제작되어 대회 시작전 또는 대회 중에 심판진에 의해 배부된다.

8 리그방식에서 골득실 산정

가. 리그방식에서 일방적인 경기력에 의해 골득실이 9점 이상 차이가 났다고 하여도 골득실은 최대 9점까지 만 인정한다.

나. 세트 포기 또는 반칙에 의한 세트패의 경우 득점의 기록은 9:0으로 처리한다.

다. 경기 포기 또는 반칙에 의한 경기패의 경우 1,2 세트를 각각 9:0으로 처리한다.

라. 경기중 9점 차이 이상으로 지고있는 팀이 더 이상 득점 할 수 없는 상황에서 심판은 경기를 종료 시킬 수 있다.

마. 어느 한팀이 리그를 마치지 않고 중간에 포기한 경우 해당 리그의 승점 및 골득실 산정시 포기한 팀은 제외하고 산정한다.

9 경기장 시설물의 파손

가. 7-❹-㉔ 의 규정에도 불구하고 본 대회에 있어 경기 도중 드론볼이 경기장 밖으로 나가는 경우 경기를 중단하지 않는다.
- 한번 경기장 밖으로 나간 드론볼은 해당 세트에 한해 다시 안으로 들어올 수 없다.
- 경기에 임하는 모든팀은 경기장의 시설물을 사전에 확인하여 불이익을 당하는 일이 없도록 해야 한다.

나. 골 또는 스코어 보드에 문제가 발생했거나 이와 유사한 더 이상 경기를 속행 하지 못하는 경우에 한하여만 7-❹-㉔에 의거하여 경기를 중단한다.

다. 특정선수의 드론볼이 구조물 사이에 끼거나 비행이 불가능한 상황은 경기중단 사유로 볼 수 없으며 이에 대해 항의할수 없다.

10 3부리그 예외 규정

가. 출전선수 이외에 정비를 위한 3명의 서포터 인정 출전선수 명단에 포함되지 않은 자의 정비 참여가 가능하다.
이때 정비에 참여하는 자는 해당 팀의 선수단장이 승인한 자로 다른 팀에 소속된 선수이거나 감독이어도 무방하다.

나. 경미한 위반시 경고대신 계도를 위한 "주의" 가능 심판은 경미한 경고의 사유가 발생 했을시 경고 대신 계도로 대체 할 수 있다.

다. 심판은 경기의 규정을 탄력적으로 적용 할수 있으나 이러한 이유로 불공정한 요소가 발생할 우려가 있는 경우 반드시 양팀의 동의를 구해야 한다.

용어의 설명

1 경기장 관련

단어		설명
국문	영문	
국제드론 축구협회	FIDA	• Federation of International DroneSoccer Association
드론축구	Dronesoccer*	• 양팀 각각 5명의 선수가 축구공 모양의 드론을 조종하여 원형의 상대팀 골에 득점하는 경기
드론축구 규정	Rule Book	• 드론축구 규정집
경기장	Skyfence*	• 드론볼이 밖으로 나가지 못하도록 옆면과 지붕이 철망 또는 그물 등으로 짜여진 Cage. • 조종석, 중계석, 관중석과 부대시설을 모두 포함한 것은 경기장 이라고 하지 않고 드론축구 ARENA 라고 한다.
장변	Long side	• 직사각형의 경기장에서 긴 부분
단변	Short side	• 직사각형의 경기장에서 짧은 부분
조종석	Pilot area	드론축구 선수가 드론을 조종하는 장소
중계석	Broadcasting Booth	• 경기장의 한쪽면에 위치해 있으며 경기의 해설과 중계를 담당하는 지역
중앙선	Half line	• 경기장의 중앙을 둘로 나눈선으로 양팀의 진영을 구분한다.
기술지역	Repair area	• 조종석 뒤쪽의 공간, 또는 따로 마련된 공간으로 선수들의 드론볼을 정비하거나 작전을 논의하는 장소
출발점	Takeoff point	• 경기시작 전에 드론볼이 이륙하기 위해 대기하는 곳. 점 또는 선으로 표시되며 골의 아래에 위치해 있다.
드론볼	Drone Ball	• 드론축구 경기에 사용되는 지름 40cm의 '구'형태의 드론
골	Goal	• 도우넛 모양으로 공중에 매달려 있고 이것을 통과해야 득점으로 인정된다.

* 표시는 수정된 단어임(23. 10. 1.)

2 선수 및 심판 관련

단어		설명
국문	영문	
선수	Player	• 드론축구 경기에서 드론볼을 조종하는 사람
골잡이	Striker	• 두명의 공격수중에 한명으로 득점을 할 수 있는 선수
길잡이	Guide	• 두명의 공격수중에 한명으로 골잡이의 득점을 쉽게 하기 위해 상대 수비수를 쳐내는 역할을 하는 선수
전방길막이	Libero	• 수비수 중에 한명으로 골앞의 수비를 보호하기위해 상대의 길잡이와 골잡이를 쳐내는 역할을 하는 선수
후방길막이	Sweeper	• 수비수 중에 한명으로 상대 공격수의 골접근을 막는 선수
골막이	Keeper	• 수비수 중에 한명으로 골문을 막고있는 선수
심판	Referee	• 드론축구에서 공정한 경기를 위해 협회에서 임명된 사람으로 주심 1명, 부심 4명으로 이루어 진다.
주심	Head Referee	• 협회에서 임명되어 규정에 따라 모든 권한과 책임을 갖고 경기의 진행을 담당하는 사람
부심	Assistant Referee	• 주심을 도와 경기의 진행을 담당하는 사람 (스코어와 패널티)
	Score Referee*	• 부심중에 스코어를 판정하는 부심
	Penalty Referee*	• 부심중에 패널티를 판정하는 부심

* 표시는 수정된 단어임(23. 10. 1.)

PART 03

훈련과 실전

기초비행훈련, 드론축구 팀훈련, 드론축구 플레이, 드론축구 전술을 함께 알아보자.

I 기초비행훈련

훈련과 실전

드론볼 기체의 조립과 소프트웨어 세팅이 끝나고 규정을 이해하였다면 다음은 본격적인 드론축구 훈련을 시작할 수 있다. 드론볼 기체도 하늘을 나는 드론이기 때문에 야외 비행 시 항공법을 준수해야 한다. 천장이 있는 경기장에서는 비행금지에 해당하지 않지만 안전을 위해 비행절차가 필요하다.

훈련장

드론축구는 여러 선수가 함께 하는 단체훈련이 많이 이루어지지만 개인기량을 높이기 위한 개인훈련도 가능하다. 드론축구 훈련장은 골대가 설치되어 있는 정규 드론축구장도 전국 지부단위로 많이 설치되어 있으므로 협회와 지부에 문의하면 훈련장을 쉽게 찾을 수 있다. 개인훈련의 경우 인적이 드문 농구코트 정도 크기의 공간이면 충분하다. 이 경우 사전에 비행금지구역 해당 여부와 비행허가 등을 받아야 한다. 실내체육관 사용이 가능하다면 비행허가와 관계없이 진행할 수 있다.

❖ 전주 월드컵 경기장 내 드론축구 체험장

❖ 경기남부지부 광주드론축구 연습장

안전 및 주의사항

간혹 드론볼의 외형이 펜타가드로 둘러싸여 있기 때문에 무조건 안전하다고 생각하는 사람들이 있으나 드론볼 역시 고성능의 드론이므로 항상 안전에 유의하여야 한다. 안전 및 주의사항 숙지 없이 기기를 조작하면 위험할 수 있다.

항상 조종기의 전원을 먼저 켜고(on) 조종기 스로틀이 가장 아래로 내려와 있는지 확인한 후에 드론볼의 배터리를 연결한다. 전원을 끌 때도(off) 드론볼의 배터리를 분리한 후 조종기의 전원을 끈다.

비행 전 기체 상태를 확인하는 과정이 **아밍 체크**Arming Check라 할 수 있다. 아밍은 시동을 걸어 드론볼의 모터가 회전하는 것을 확인하는 것이다. 배터리 연결 후 모터와 연결된 변속기 비프음이 끝까지 들리는지 확인한다. 정상적으로 신호음이 들리면 아밍을 하고 시동을 통해 모터와 프로펠러가 회전하는지 확인한다.

기본적인 조작방법을 반드시 숙지하도록 한다. 스로틀, 롤, 피치, 요가 어떤 스틱을 어떻게 움직여야 반응하는지 반드시 확인해야 한다. 드론축구는 육안비행(시계비행)을 기본으로 경기장 내에서 비행하는 것을 원칙으로 하기 때문에 경기장 내에 사람이 있는지 반드시 확인해야 한다. 경기장 내에 사람이 있다면 절대 비행하면 안 되고 비행 중이라 할지라도 주변에 사람이 접근하면 반드시 기체를 착륙시켜야 한다.

바닥쓸기와 상하기동

먼저 드론볼 기체의 후미가 조종자를 향하게 하고 드론의 뒤쪽에서 바닥쓸기 기동을 한다. '**바닥쓸기**'란 드론을 바닥에서 띄우지 않고 키 감을 연습하는 단계로 비록 기초교육이기는 하지만 바닥쓸기가 숙달되면 저고도 고속기동 등의 상급기술을 구사할 수 있게 되므로 결코 소홀히 다뤄서는 안 되는 과정이다. 숙달되지 않은 상태에서의 바닥쓸기는 이동범위를 크게 하지 않고 좁은 지역에서 하는 것이 효과적이다.

1 바닥쓸기

기체가 이륙하지 않도록 아주 천천히 스로틀을 올려야 한다. 이륙 직전까지 스로틀을 올린 상태에서 엘리베이터 혹은 에일러론을 조작하면 기체는 조작한 방향으로 이동하게 된다. 핵심은 시동이 걸린 상태에서 바닥으로부터 뜨지 않고 회전하면서 바닥을 마당 쓸 듯 이동하는 것이다. 비교적 좁은 구역에서 스로틀 감각과 키 조작을 익히기에 좋은 기동 방법이다.

❖ 바닥쓸기(모터 회전)

바닥쓸기

1. 바닥쓸기	2. 상하기동
• 1m 간격으로 선을 긋고 그 위를 정확히 왕복 • 1m 크기의 사각형 위를 정확히 주행 • 위의 목표를 수행함에 있어 세부사항 지시 　－ 일정하고 부드러운 속도 　－ 집중력 유지 　－ 포기하지 않는 정신력의 중요성 강조	• 목표고도 1m의 정확한 유지 • 지정한 착륙위치(점)의 정확한 착륙 • 기체에 무리가 없을만한 부드러운 착륙 • 2인 이상의 훈련생이라면 신호에 맞춘 동시 비행을 유도하여 흥미를 유발 　－ 상호 협동심 및 팀워크 강조

2 상하기동

바닥쓸기를 통해서 이륙직전까지 키 조작을 연습했다면 이제는 낮은 고도에서의 이륙 연습을 한다. 바닥쓸기에서 학습된 스로틀 키의 위치(포지션)가 도움이 될 것이다.

드론축구 '**상하기동**'은 바닥에서부터 1m의 낮은 고도로 이륙과 착륙을 반복하는(토끼뜀) 초보자 훈련방법이다. 드론축구 조종에서 초보자에게 가장 어려운 부분 중의 하나가 스로틀 조작이기 때문에 이 훈련은 매우 중요하다. 이러한 훈련이 충분히 되어 있지 않다면 부드러운 착륙이 불가능할 뿐만 아니라 비행 시 원하는 고도로 정확히 이륙시킬 수도 없다.

예를 들어 기체가 오른쪽으로 기울어지거나 이동하려고 하면 에일러론 키를 왼쪽으로 조작해(반대로) 움직이지 않도록 해야 한다.

주의할 점은 드론볼 기체가 바닥에 가깝게 비행하면 프로펠러에서 발생되는 바람에 의해 움직임에 방해가 된다. 조종을 잘하는 선수도 바닥쓸기 단계에서 기체를 정확하게 제어하기 힘들다. 이 경우 어느 정도 기체를 제어하다 통제를 벗어나면 바로 스로틀을 내리고 기체를 정위치시킨 후에 다시 연습한다.

바닥쓸기와 상하기동 훈련을 할 때 지도자의 역할 중 가장 중요한 부분은 **끊임없이 동기를 부여하고 단기목표를 설정**해 주는 것이다. 지도자는 가급적 훈련생의 주변을 떠나지 않고 원하는 수준에 도달할 때까지 지켜봐야 한다. 아래 표는 바닥쓸기와 상하기동에서 지도자가 설정해 줄 수 있는 몇 가지 단기목표를 예로 든 것이다.

❖ 드론볼 기체 상하기동

후면 호버링

후면 호버링

바닥쓸기와 토끼뜀 상하기동을 통해 기본적인 드론볼 제어가 가능해지면 본격적인 호버링 훈련에 들어간다.

호버링은 드론볼 기체를 눈높이 정도 높이로 띄워 제자리를 유지하는 비행이다. 호버링은 모든 드론 조종의 가장 기초가 되는 기본 연습이다. 일반적인 촬영드론의 경우 GPS및 기압계, 초음파 센서를 통해 고정된 자세를 유지하는 반면 드론볼 기체의 경우 자이로 및 가속도계만 사용해 조종자의 세밀한 키 조작으로 자세를 유지해야 한다.

자이로에 의지해 조종자의 조작으로 상하좌우 유지를 지속적으로 하다 보면 어느 순간 후면 호버링이 가능해지는 때가 온다. 자전거 배울 때와 마찬가지로 연습을 하다보면 어느 순간 손가락으로 균형을 잡는 타이밍이 올 때가 있다. 그 감각을 익혀 후면 호버링을 연습하도록 한다.

조종자의 눈높이에서 드론볼 기체의 후면 호버링 연습 시 포인트는 항상 꼬리가 조종자를 향하며 좌우 러더Rudder 키를 적절히 사용해 정면을 유지하는 것이다.

스로틀 조작을 같이 병행하면서 고도가 너무 낮아지거나 높아지지 않게 연습한다. 스로틀에 동일한 힘을 주더라도 기체가 기울어지면 양력이 떨어져서 고도가 낮아진다. 반대로 같은 스로틀이라도 기체가 기울어져 있는 상태에서 원상태(바닥에서 수평상태)로 돌아오면 양력이 증가하여 기체가 떠오르게 된다. 어떠한 기동 상태에서도 후면 호버링을 유지할 수 있으면 드론축구 경기가 가능한 최소한의 비행준비가 된 것이다.

❖ 후면 호버링(=호버링, 기체의 기수가 전방을 향함)

측면 호버링

측면 호버링

측면 호버링은 후면 호버링보다 한 단계 위의 기동 기법으로, 드론볼 기체가 좌 또는 우측으로 90도 회전 후 비행하는 형태이다. 드론축구 경기는 10대의 기체가 경기장에서 치열한 몸싸움을 벌이는 경기이다. 드론볼이 골대 또는 상대 기체와 추돌하게 되면 드론의 자세가 바뀌게 되는데 이때 어떠한 자세에서도 드론을 호버링 시키는 중요한 기술이다. 특히 골문 앞을 지키는 수비수의 경우 어떠한 상황에서도 호버링을 유지하며 지정된 자리를 고수한다면 팀의 수비력은 상승한다.

후면 호버링을 지속적으로 연습해 익숙한 단계라면 차츰 측면 호버링을 시도하도록 한다. 후면 호버링을 하다보면 이미 10~20도 가량 드론축구 후미가 양옆으로 돌아가는 경우가 생길 것이다.

처음에는 후면 호버링과 유사하게 10~20도 정도 돌린 상태에서 연습을 한다. 이내 익숙해지면 기수를 45도 정도 옆으로 돌려 연습한다. 자세제어가 위험한 상태가 되면 다시 후면 호버링으로 돌아오면 된다.

45도에서 익숙해지면 회전각을 크게 하여 90도가 되도록 연습하고, 드론볼 기체가 90도 돌아간 상태에서 전후좌우가 모두 제어될 수 있도록 한다. 이때 스로틀을 유지하여 기체의 고도가 고정되어야 한다.

연습을 지속적으로 하다보면 고정된 호버링 상태가 된다. 기체가 한곳에서 거의 움직이지 않도록 제어가 가능한 단계이다. 드론축구의 고정 호버링은 기체 자체가 안정적으로 머무는 것이 아니라 조종자가 계속적으로 미세한 수정타를 쳐서 한곳에 머무르게 하는 기술이다.

측면 호버링(기체의 기수가 우(좌)측으로 0~45도 향함)

고정 호버링 단계가 되면 기체의 움직임을 보고 키를 조작하는 것이 아니라 감각적으로 기체가 어느 방향으로 움직일 것 같다고 예측해 키를 치는 단계가 된다.

후면과 측면 호버링이 완료되면 어느 정도 드론볼 기체를 원하는 곳으로 움직일 수 있다. 좌로 보냈다가 다시 우로 보내는 등의 간단한 기동을 할 수 있다. 이 단계에 도달하면 드론축구 경기에 참가는 가능하지만 공격 및 수비력을 높이기 위해서는 대면 호버링과 정립 피루엣 턴까지 마스터 해야 한다.

대면 호버링

대면 호버링은 호버링의 마지막 단계라고 할 수 있다. 육안비행이 익숙한 드론축구 선수도 대면 호버링은 어려운 기동 중의 하나이다. 기체와 조종기의 조작 방향이 반대가 되어 키가 완전히 반대가 되기 때문이다. 드론볼 기체를 좌로 보내고 싶으면 우측으로 에일러론을 치고 뒤로 보내고 싶으면 엘리베이터를 앞으로 쳐야 하기 때문이다.

드론볼 기체의 정면이 자신을 향하게 되면 순간적으로 후면 호버링 키가 나와 기체의 움직임이 반대로 꼬이며 당황하게 된다. 많은 연습으로 대면 상태에서도 순간적인 기동을 할 수 있도록 키 감을 익히는 것만이 방법이다.

실제 드론축구에서 대면 호버링이 익숙하면 득점과 수비에 도움이 된다. 공격수의 경우 상대방 진영에서 수비로 기수 방향이 180도 틀어진 경우 대면 호버링이 안되면 자세를 잡는 별도의 조작이 들어가야 한다. 자세를 잡는 몇 초의 시간이 공격수에게는 치명적인 허점이며 상대방 수비수가 쳐낼 수 있기 때문이다. 대면 호버링 상태로 골을 넣을 수 있어야 득점력이 높아진다.

수비수의 경우 길잡이와 추돌 후 자세를 변경하기까지 지체

❖ 대면 호버링(기체의 기수가 조종자를 향함)

하는 시간 없이 골잡이를 막아낼 위치에 자리잡을 수 있다.

대면 호버링을 마스터 하게 되면 비로소 4면 호버링이 완성된다.

4면 호버링의 완성 기준은 4면에서 10초 이상 제자리 호버링이 가능해야 하며 각 호버링 단계에서는 생각을 하고 의도적으로 키를 조작하는 것이 아니라 단지 반사적으로 지극히 자연스럽게 키가 들어가야 한다. 옆 선수와 이야기를 나누면서 기체를 제어할 수 있을 정도라면 4면 호버링이 마스터된 것이다.

정립 피루엣

정립 피루엣

❖ 정립 피루엣

피루엣Pirouette은 제자리 회전을 말한다. 즉, 4면 호버링을 연속적으로 빠르게 제자리에서 실시하는 비행이다. 처음엔 후면 호버링 5초 → 우 측면 호버링 5초 → 대면 호버링 5초 → 좌측면 호버링 5초 → 다시 후면 호버링 5초 연습을 한다.

점차 익숙해지면 호버링 시간을 단축하며 비행 연습을 한다. 피루엣은 4면 호버링을 완성시켜 주며 모든 비행의 기초가 되는 아주 중요한 단계이다. **피루엣**Pirouette 연습을 할 때는 러더키를 한쪽 방향으로 사용하면서 연습하되 숙달이 되면 양쪽으로 다 사용할 수 있어야 한다.

피루엣은 특히 수비와 공격의 충돌이 많은 드론축구에서 공격수나 수비수 모두에게 매우 중요한 비행기술이다. 상급의 드론축구 선수는 피루엣을 계속하면서 자신이 원하는 방향으로 드론볼을 보낼 수 있다. 이 정도가 되면 경기 중 어떤 위치, 어떤 상황, 공의 자세와 관계없이 슛이 가능하며 수비의 경우 상대의 어떤 공격에도 크게 밀려나지 않고 자리를 지킬 수 있다.

전·후, 측면 직진비행

직진비행은 드론볼을 같은 속도, 같은 고도를 유지하며 일직선으로 비행하는 것이다. 드론축구 경기장의 규격을 생각하며 일직선으로 볼을 보내고 다시 돌아오게 하는 조종방법이다.

먼저 호버링으로 3m 높이로 드론볼을 띄운 다음 엘리베이터를 앞으로 밀어 기체를 앞쪽으로 10m 전진시킨다. 다시 엘리베이터를 당겨 조종자 쪽으로 5미터 후진하여 돌아오게 한다. 조종을 하면서 주의해야 할 것은 일정한 고도를 유지하며 앞뒤로 직진 및 후진을 하는 것이다.

키를 조작하며 스로틀 스틱과 다른 스틱이 간섭을 받기 때문에 일정한 고도를 유지하는 것이 가장 중요하며 반복된 훈련으로 공간감과 거리감을 익힐 수 있다.

직진비행은 드론축구에서 골잡이(스트라이커), 길잡이(가이드)의 기본 기동이다. 전·후 직진비행이 완성되면 측면 직진비행을 연습한다. 기체를 호버링 시킨 후 에일러론을 움직여 기체를 좌우로 직

진비행 한다. 경기장의 좌우공간을 충분히 활용하여 고도를 일정하게 유지한 상태에서 왕복으로 비행한다.

드론축구에서는 거리감각과 정확한 위치에 드론볼을 정지시키는 것이 중요하다. 드론축구 초기 길잡이의 경우 상대방 수비수들을 걷어내기 위해 고속으로 직진하여 충돌시키는 경우가 많았다. 이때 수비수가 길잡이를 피할 경우 상대방 벽면에 기체가 충돌하면서 바닥에 떨어지고 제자리로 위치하는 데 긴 시간이 걸린다. 따라서 상대방 수비수가 있는 정확한 위치에 드론볼을 보내 타격하고 멈추는 거리감각과 기술이 필요하다.

측면 직진비행은 수비수 기동의 기본이 된다. 상대방 길잡이가 왔을 경우 측면 비행으로 피하고 골잡이가 오기 전 원위치하는 기술이 측면 직진비행의 기본이다. 측면 직진비행의 경우 경기장 규격을 생각해 좌우 3m를 반복적으로 움직이는 연습을 한다.

고도 유지가 익숙해지면 점차 전·후진, 측면 등 이동속도를 높인다. 원하는 곳에 원하는 속도로 가서 멈출 수 있도록 속도와 위치를 제어하는 연습을 하는 것이 중요하다.

S자 비행 (드리블 비행)

S자 비행 즉, 드리블 비행은 드론축구에서 공격수의 기본적인 회피비행 방법이다. 먼저 3m 높이로 드론볼을 띄운 다음 스로틀과 엘리베이터 조작을 통해 등고도로 전진하며 에일러론 키를 이용해 좌우로 기체를 움직여 가상의 장애물을 회피하는 기동 방법이다. 3m 높이 2개의 깃발 장애물을 세워놓고 사이를 통과하는 방식으로 연습하면 된다.

고도를 유지한 채 장애물 사이를 빠르게 통과해 전진하는 비행 방법으로 처음에는 천천히 하지만 차츰 익숙해지면 S자 통과 속도를 빠르게 하고 진폭 S자의 크기를 작게 또는 크게 변화시키면서 비행에 다양성을 준다.

실제 드론축구 경기에서 상대방 수비를 피하거나 기체의 움직임을 눈속임하기 위해서는 빠르고 다양한 진폭의 S자 비행 기술이 필요하다. S자 비행이 완성되면 8자 비행으로 넘어갈 수 있다.

❖ S자 드리블 비행

8자 비행

4면 호버링, 직전비행, S자 비행을 마스터 했다면 8자 비행은 별다른 연습 없이도 잘 할 수 있다. 연습을 위해 포인트가 되는 3m 깃발 2개가 필요하다. 양쪽으로 2개의 깃발을 기준삼아 8자를 그리며 회전하는 비행방법이다.

4면 호버링 및 피루엣 턴에 익숙하지 않다면 후면 8자 비행만 가능할 것이다. 조종자가 드론볼의 후면을 바라보는 상태로 후면 호버링 상태의 8자 비행이다.

만약 이전의 모든 비행훈련에 숙달되어 있다면 후면 호버링 상태의 8자 비행이 아니라 항상 기수가 전진방향을 바라보는 8자 비행도 가능할 것이다. 항상 기수가 전진방향을 바라보는 **헤드퍼스트** Head First 8자 비행은 초급자에게는 쉬운 과정은 아니지만 이러한 8자 비행이 숙달된다면 어떠한 상태에서도 기체를 제어할 수 있게 된다.

8자 비행에 숙달되면 비행실력 향상뿐만 아니라 경기 중 급제동, 급선회를 보다 부드럽게 만들어 낼 수 있어 경기장 안에서 보다 빠른 속도로 이동할 수 있고 불필요한 배터리 소모도 줄일 수 있다.

드론축구를 위한 기본 연습은 위 4~10 항목의 비행 훈련을 지속적으로 해주는 것이 팀 실력향상을 위한 지름길이다.

❖ 8자 비행연습

10자(十) 비행

골대를 기준으로 하는 10자 비행은 8자 비행의 응용이며 드론축구에서 요하는 골대 주변에서의 정밀 비행기술이다. 방법은 후면 호버링 상태에서 연속으로 4득점을 하면 되지만 다음 득점을 위해 돌아 나올 때 돌아 나오는 방향을 각각 오른쪽, 왼쪽, 위, 아래로 하면 된다.

마치 드론볼이 10자(十) 모양을 그리며 연속해서 골을 넣는 연습이다. 정밀비행이 익숙하지 않은 선수는 처음에 골대를 멀리 돌아 나오게 되지만 숙달된 선수들은 거의 골대에 붙어 다니면서 연속 득점을 하게 된다. 후면이 익숙해지면 좌우 측면으로 기체를 돌려 상하 원, 좌우 원을 그리며 골을 넣는다.

다시 대면비행 상태에서 십자 기동으로 골인하는 훈련이다. 10자 비행은 상당히 정밀하고 집중력을 요하는 훈련 방법이다. 대부분의 선수들이 넓은 공간에서의 조종에는 익숙하지만 조그만 실수도 눈에 드러나는 **10자 비행**의 경우 자신의 한계를 금방 느끼게 된다.

STEP 1 골의 중앙을 통과한다.

STEP 2 우측으로 나와 골을 돌아 다시 골을 통과한다.

STEP 3 골을 통과하여 하단으로 골을 돌아 통과한다.

STEP 4 골을 통과하여 좌측으로 골을 돌아 통과한다.

❖ 10자(+) 비행

임의 추락 후 제자리 복귀

임의추락후 제자리

기체끼리의 격렬한 몸싸움이 많은 드론축구의 특성상 경기장 바닥에 기체가 추락하는 경우가 많다. 바닥에 오래 머물수록 수비와 공격 타이밍이 줄어들게 된다. 재빨리 이륙해 경기에 복귀하는 것이 중요하다.

골대 높이에서 스로틀을 내려 기체를 지면에 착륙(추락)시킨다. 떨어진 위치에서 스로틀을 올려 자세를 잡고 다시 골대 높이까지 정위치 하는 연습이다. 지면에 떨어진 후 정 위치까지 시간을 줄이는 노력이 필요하다. 연습 난이도를 높이기 위해 아밍을 끄고 추락시키거나 한명의 수비수를 둬서 이륙을 방해하는 방법도 있다.

이러한 방법을 이용해서 훈련의 효과를 높이고자 한다면 적당한 고도에서 추락시켜 만일의 기체파손을 예방하는 것도 방법이다. 추락 후 제자리 복귀는 위기상황에 선수들이 대처하는 능력을 키워준다.

❖ 추락 후 제자리 복귀

선취골 훈련

경기 시작 후 첫 골은 팀의 사기에 큰 영향을 미친다. 특히 비슷한 실력의 두 팀이 겨룰 때는 선취점을 득점하는 팀이 경기 운영에 유리한 고지를 점하게 된다. 골잡이의 선취점 연습은 이륙해서 바로 상대방 골에 골을 넣는 것이다.

이를 위해 각 진영에서 출발신호와 동시에 골인하는 연습을 한다. 실제 경기에서 신호와 동시에 골을 넣기 위해서는 상대팀의 수비진영이나 패턴을 예측하는 감독의 능력이 중요하다. 예를 들어 수비가 빨리 자리잡는 팀을 상대로 할 경우 직선비행으로 선취골의 득점은 상당히 힘들 것이다.

STEP 1 출발 후 직선으로 골을 향해 비행한다.

STEP 2 직선으로 골인한다.

❖ 출발 후 직선 골인

memo

II 드론축구 팀훈련
훈련과 실전

기본비행 훈련은 선수 개별적으로도 가능하다. 그러나 드론축구는 1대1로 겨루는 다른 드론 종목과 달리 한 팀 내에 여러 선수들이 승리를 위해 협력하고 경쟁하는 스포츠이다. 기본적인 비행기술을 익혀 왔다면 2명 이상의 선수가 조를 이루어 팀훈련이 가능하다.

드론축구는 각 구성원의 역할과 구성원 간 협력이 그 팀의 경기력을 좌우한다. 드론축구를 훈련하기 위해서는 전용 구장과 팀 선수들이 있어야 한다.

2인1조 팀훈련

1 자리 지키기

2인 1조의 훈련 방식으로, 공중에 특정한 영역에 자리하고, 먼저 자리잡은 상대의 볼을 밀어내는 훈련이다. 수비수가 드론볼을 공중에 띄운 후 공격수가 수비수의 드론볼을 밀어낸다. 공격수를 쳐내기 위해 오는 드론볼을 공중에서 저지할 수는 있지만 대부분 드론볼 충돌 시 반작용으로 원치 않는 방향으로 튕겨 나간다. 이 경우 빠르게 자세를 유지한 채 원위치로 기동해 밀어낸 드론볼을 쳐내고 자리를 지킨다.

공중에서 상대의 드론볼을 밀어내고 자리를 지키면서 자연스럽게 4면 호버링 및 피루엣 턴이 완성된다. 수비와 공격 응용이 가능한 훈련으로 자리 이탈 후 원위치로 복귀하는 능력과 비행을 유지하는 기술이 요구된다.

❖ 자리 지키기 대형 / 포지션(팀훈련 2인 1조)

2 1:1 공격 수비

드론축구 골대가 있는 경우 수비 1명, 공격 1명으로 진행하는 미니훈련이다. 수비선수가 골대 앞을 지키고, 공격선수는 골대를 향해 골을 넣는다. 수비선수는 공격선수의 기동을 방해하며 골문을 지킨다.

상대적으로 공격수가 유리한 드론축구 진행상 공격수의 골을 막기는 어렵다. 최대한 상대 선수의 기동에도 불구하고 골문 앞을 지키는 연습에 중점을 두어야 한다. 공격선수의 기동을 예측하며 수비에 임하도록 한다. 공격수의 경우 골문을 지키는 수비수를 쳐내면서 골을 넣는 기술을 익힌다. 골문 앞에 수비수의 드론볼이 없다면 손쉽게 골이 가능하겠지만 1:1 상황에서는 상대방을 기만하는 기동이 필요하므로 한층 골 넣기가 어려워진다. 선수가 부족한 경우 더미 수비수를 만들어 수비수의 역할을 맡길 수 있다.

❖ 1:1 공격수비 팀훈련(공격 1명 : 수비 1명)

팀훈련 작전도 (1vs2, 1vs4, 2vs3)

1vs2

1vs4

2vs3

수비 2명, 공격 1명으로 훈련을 하는 방식이다. 2:1 수비 공격의 경우 본격적인 드론축구 공격 수비가 가능하다. 공격수 1명 수비수 2명으로 포지션을 나눈다. 2명의 수비수는 전형적인 수비 전술로 자리를 지키며 대형을 유지한다. 공격수의 충격에 위치가 흐트러질 경우 다시 골문 앞 대형을 유지하며 빈틈을 보이지 않는다.

수비수의 경우 풀 포지션이 가능하다. 3인 밀집수비 또는 2인 밀집수비 1인 전진수비 등의 다양한 포지션 훈련이 가능하다.

공격수의 경우 2~3대의 드론볼이 수비하는 골문 앞을 헤집고 들어가 골인하는 연습을 할 수 있다. 드론축구 정규 경기에서는 길잡이의 도움을 받지만, 경우에 따라 길잡이 기체가 고장으로 추락한 경우 골잡이 혼자의 힘으로 골문을 타야 한다.

또한 4명으로 4Back 수비를 하는 팀도 있는 만큼 골잡이의 개인기량은 중요하다. 골잡이는 길잡이 역할도 함께 하며 수비수를 쳐내고 흩어진 수비수가 원래 위치로 돌아가기 전에 골로 연결시켜야 한다.

❖ 팀훈련(2vs3)

❖ 팀훈련(1vs2) / (1vs3)

반코트 공격 및 방어

드론축구는 5명의 선수로 한 팀을 이룬다. 5명의 선수가 공격조 2명, 수비조 3명으로 역할을 나눠 반코트만 사용하면 완벽한 공수 연습이 가능하다. 연습경기 시간은 배터리 런 타임을 고려해 통상 2~3분 미만으로 한다. 지정된 시간동안 골잡이와 길잡이 2명의 선수는 공격수로, 수비수 3명은 골문을 막는 연습을 한다.

수비조 3명의 경우 다양한 수비 포지션을 구사하며 길잡이의 예공을 피해 공격조 골잡이를 방어하는 데 주력한다. 길잡이의 경우 수비수들의 밀집 대형을 풀어 골잡이가 골을 수월하게 넣을 수 있도록 한다. 공격수 2, 수비수 3의 전통적인 대형 및 공격수 1, 수비수 4명의 형태의 연습도 가능하다.

memo

III 드론축구 플레이
훈련과 실전

드론축구의 개별 각개 훈련을 마스트했으면 이제 본격적으로 팀 훈련을 해보자. 우선 드론축구 선수의 포지션을 이해하고, 실전에서 사용하는 전술을 알아보자.

드론축구 포지션의 이해

1 골잡이(Strike, 스트라이커)

골잡이(스트라이커)는 득점을 할 수 있는 유일한 선수이다. 경기 시작과 함께 상대방 골문에 골잡이 기체를 통과시킴으로써 득점을 한다. 한 팀에 한 명의 선수가 스트라이커를 담당하며 경기 중 기체 이상으로 띄울 수 없을 경우 득점이 상대편에 비해 적으면 경기에 패배하게 된다. 따라서 드론 조종 기량은 물론 기체가 파손되지 않도록 최대한 견고하게 기체를 제작하는 능력도 필요하다. 또한 상대편 수비수의 기동을 피해 골을 넣어야 하고 경우에 따라서는 골문을 막고 있는 수비수들을 쳐내며 공중에서 기체 간 몸싸움을 해야 한다.

스트라이커는 팀원 중에 기체 조종 능력이 가장 필요한 포지션이다. 4면 호버링 피루엣 턴, 정면·측면·대면 십자비행을 완벽하게 구사할 수 있는 조종자라면 경기장의 어느 위치, 어떤 상태에서도 골로 연결 가능해 팀의 득점을 높일 수 있다.

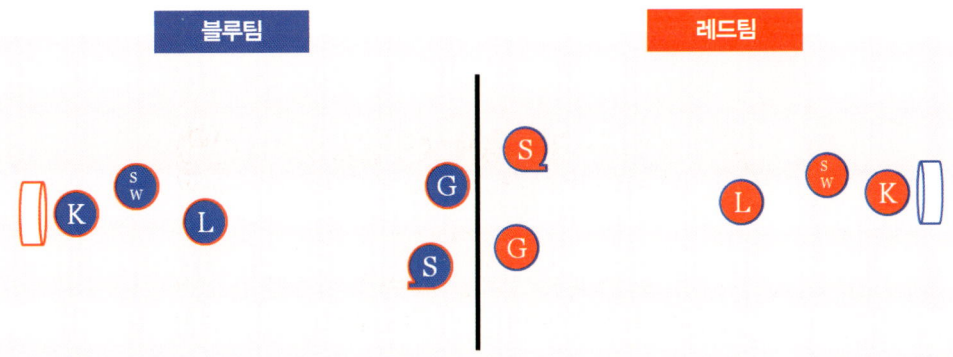

S(Striker, 골잡이) : 득점을 할 수 있는 선수(볼 아래쪽에 꼬리가 달려 있음)
G(Guide, 길잡이) : 상대 수비진영을 무너뜨리며 Striker를 도움. 상대 Striker 및 Guide 저격, 수비 보강 등
L(Libero, 전방길막이) : 최전방에서 상대의 스트라이커 및 가이드 진로를 차단. 아군의 가이드가 추락 시 가이드 역할, 수비 보강
SW(SWeeper, 후방길막이) : 아군의 리베로를 통과하여 들어오는 상대의 스트라이커 및 가이드 진로 차단. 골키퍼가 골 문을 비울시 Keeper 역할
K(Keeper, 골막이) : 골 문을 지키는 최종 수비수

❖ 드론축구 선수 명칭 및 포지션

2 길잡이(Guide, 가이드)

길잡이(가이드)는 공격조로서 스트라이커를 보호하며 상대진영의 수비기체를 타격하는 임무를 맡는다. 경기 시작과 동시에 상대진영의 골문으로 날아가 골문을 지키는 수비수들을 쳐내 제거함으로써 스트라이커가 쉽게 골을 넣을 수 있도록 돕는다. 경우에 따라서는 스트라이커와 같은 기동을 선보이며 상대방 수비수들을 교란하는 임무를 띤다. 가이드는 상대방 수비수와 몸싸움을 하는 기체이므로 더욱 견고하게 제작되어야 한다.

아군의 수비를 보강하기 위해 경우에 따라서는 가이드를 수비수로 돌릴 수도 있다. 득점이 앞선 경우 스트라이커 기체가 추락했거나 상대방과 점수 차이가 근소하다면 집중수비도 가능하다. 가이드의 경우 3명의 수비수 앞에서 전진수비를 하며 상대방 스트라이커 기체를 저격해 타격하는 역할을 수행할 수 있다.

3 전방길막이(Libero, 리베로)

전방길막이(리베로)는 수비의 최전방을 담당하며 팀의 특성에 따라 활용도 가장 큰 영역이다. 경기장 중앙선을 중심으로 상대방 진영 및 수비진영에 많은 영역을 담당한다. 상대편 가이드 및 스트라이커가 아군 수비수에게 접근하는 것을 막는 역할을 한다. 우선적으로 상대편 스트라이커 기체를 저격하는 임무이다. 저격은 상대 기체를 중앙선에서 타격하거나, 아군 수비수에 닿지 않도록 후방에서 차단할 수도 있다. 또, 수비진영에서 상대팀 스트라이커를 추격하며 진로를 방해하거나 다음 기동을 못하도록 훼방을 놓는 역할을 한다.

리베로의 역할을 다할수록 상대팀 스트라이커를 상대하는 수비수의 피로도는 감소한다. 고속돌진형으로 상대팀 수비수에 물리적 타격을 가하는 리베로를 운영하는 팀이 있다면, 스트라이커 대신 수비수를 지키기 위해 가이드만을 저격 및 타격하는 임무로 운영할 수도 있다. 리베로의 역할을 수비에만 국한하는 경우 스위퍼와 함께 골대 앞에서 문전 비비기 전술을 구사해도 된다. 수비진영에 스트라이커 기체가 추락했을 경우 리베로가 상대팀 스트라이커가 이륙하지 못하도록 내리 찍어 저지하는 하는 임무를 수행해야 한다.

4 후방길막이(Sweeper, 스위퍼)

후방길막이(스위퍼)는 리베로 방어선을 뚫고 들어온 스트라이커를 차단하는 임무를 한다. 활동영역은 골대 전방 1미터 범위 이내이다. 최종 수비수인 키퍼와의 호흡이 가장 중요하다. 스위퍼와 키퍼가 골대 앞에서 진영을 이루어 막아서서 스트라이커의 골대 돌진을 쳐내는 역할이다. 경우에 따라서는 상대편 가이드 기체의 키퍼 타격을 저격하는 임무를 맡기도 한다. 상하기동을 통해 골대 앞에서 상대편 스트라이커를 쳐내거나 아래로 찍어 내리는 기술을 구사한다. 상대방 스트라이커 기체 수비진영 추락 시 리베로와 함께 상대방 기체를 이륙하지 못하도록 블로킹 하는 역할도 함께 수행한다.

5 골막이(Keeper, 키퍼)

골막이(키퍼)는 팀 골대를 지키는 최종 수비수이다. 어떠한 경우라도 상대편 스트라이커로부터 골대를 지키는 역할이다. 스트라이커와 함께 중요한 포지션으로, 통상 스트라이커만큼 조종 실력이 뛰어난 선수가 맡는다. 골대 앞을 항상 고수해야 하는 위치이지만 가이드와 스트라이커의 방해로 쉽지만은 않다. 또한 기체 추락 또는 가이드에 의해 위치가 벗어날 경우 재빨리 골대 앞으로 원위치하는 기술이 필요하다.

하지만 단순히 위치만 지켜서는 훌륭한 골막이라고 할 수 없다. 공중에 정지(호버링)하고 있는 드론은 날아오는 드론을 절대 막지 못하고 밀려나고 만다. 그렇기 때문에 골막이는 골대에 기대고 있거나 상대방 골잡이가 날아오는 타이밍에 맞추어 골잡이를 쳐줘야 뒤로 밀리지 않는다. 드론축구 선수단 중에 강팀들은 대부분 이러한 훌륭한 골막이 선수를 보유하고 있다.

드론축구 실전전술

고속직선 슛

1 스트라이커 운용법

득점을 위한 스트라이커 기동에는 다양한 방법이 있다. 상대방 수비가 강한 경우 가이드와의 연계가 중요하다. 어떤 상황에서 틈이 생길 경우 골을 넣는 감각이 중요한 것이 스트라이커다.

1. 고속직선 슛

고속직선 슛은 경기시작 후 첫 골에서 많이 나온다. 상대편 골대를 향해 일직선으로(논스톱으로) 날려 득점하는 슛이다. 수비수의 빈틈을 이용하여 고속으로 직선 슛을 넣는 방법이다. 과거 드론축구 초창기에는 힘에 의한 고속직선 슛이 많았다. 하지만 수비수의 기술이 고도화된 요즘에는 수비수에 의해 차단, 저격당하기가 쉽다. 하지만 수비수의 틈이 많을 경우 짧은 시간 내에 득점을 올릴 수 있는 슛이기도 하다.

❖ 고속직선 슛

2. 드리블 기동 슛

직선으로 날아가는 스트라이커의 기체를 수비수를 속이기 위해 잠깐 멈추거나 방향을 전환하는 슛이다. 통상적으로 가장 많이 사용하는 슛이기도 하다. 수비수를 지나쳐 가기 위해 수비수 직전에서 방향을 전환하는 페이크 기동을 통해 수비수를 제친다(스트라이커는 예측하기 쉬운 정직한 기동을 하면 상대편 수비수에 의해 제지당한다. 급선회, 급정지 등 드리블 기동을 통해 상대편 수비수를 제치거나 경로를 예측하지 못하도록 해야 한다).

❖ 드리블 기동 슛

3. 클라이밍 슛

 클라이밍 슛은 힘에 의한 슛이 아니다. 상대방 진영까지 스트라이커가 천천히 날아간다. 수비수들의 틈을 비집고 들어가 상대방의 골대를 슬금슬금 타고 올라가 골인하는 방법이다. 스트라이커의 고도의 조종실력과 통제능력이 요구되는 슛이기도 하다. 상대방 수비수 입장에서는 가장 막기 어려운 슛 중 하나이다.

 날아오는 슛은 쳐내기 쉽지만 천천히 힘으로 밀고 들어오는 스트라이커를 막아내기는 쉽지 않다. 골대 앞에서 난전이 벌어져도 스트라이커는 골대를 아래에서부터 타고 올라가 골인할 수 있다. 클라이밍 슛은 고속직선 슛, 드리블 기동 슛과 달리 가이드의 도움이 필요치 않아 스트라이커 혼자라도 득점을 지속적으로 올릴 수 있다.

STEP 1 상대편 골대까지 수비수가 적은 지역으로 저고도로 침투한다.

STEP 2 상대편 골대 밑에서 급상승해 올라간다.

STEP 3 골대를 타고 올라가 수비수들을 밀쳐낸다.

STEP 4 수비수를 밀쳐내고 골문을 통과한다.

❖ 클라이밍 슛

2 가이드 운용법

 가이드는 스트라이커와 함께 호흡을 맞추는 것이 중요하다. 가이드와 스트라이커의 기체는 동등한 성능으로 구성하는 것이 좋다. 가이드의 기체가 월등히 빠를 경우 수비수를 걷어내고 스트라이커 기체가 오기 전에 수비수들이 원위치해서 가이드 효과를 감소시킬 수 있다. 스트라이커가 출발하기 직전에 가이드가 출발하여 목표한 수비수를 타격하고 재빨리 상대방 골 진영에서 빠져나와야 한다. 가이드가 수비진영에서 오래 머무를 경우 스트라이커의 진입을 방해하는 제4의 수비수가 될 우려가 있기 때문이다. 스트라이커의 호흡에 맞춰 먼저 치고 빠져나오는 연습이 필요하다. 스트라이커가 상대방 진영에 추락해 상대방 수비수의 방해로 이륙을 못할 경우 가장 먼저 스트라이커를 구원할 임무를 가진 것도 가이드이다. 스트라이커의 길을 열어주고 상대방 수비수로부터 보호하는 임무를 하는 것이다.

3 리베로/스위퍼, 키퍼 운용법

1. 3Back 수비

 3명의 수비수에 의한 수비방법이다. 리베로, 스위퍼와 키퍼가 유기적으로 수비를 하는 패턴이다. 적극적 수비와 소극적 수비방법이 있다.

 적극적인 수비방법은 리베로가 최대한 미드필더를 가동하여 상대팀의 스트라이커를 저격 또는 추격을 통해 괴롭히는 전략이다. 리베로의 조종기술이 뛰어나야 하며 기체 성능이 상대방 스트라이커를 따라잡을 수 있을 정도로 고출력 기체를 사용해야 가능한 전술이다. 최대한 상대방 스트라이커를 괴롭혀야 수비수가 안정적으로 막을 수 있다. 하지만 단점으로는 리베로의 기동으로 수비 간격이 벌어져 기습 슛에 당하거나 수비진영이 느슨해 질수 있다는 점이다.

소극적인 수비방법은 리베로, 스위퍼, 키퍼 3대가 일렬로 또는 삼각대형으로 골대 앞에 진영을 짜고 서로 비비기를 하며 골문을 막는 방법이다. 별다른 기동은 없다. 수비수들이 정해진 영역에서 벗어나지 않고 고수하는 전략이다. 상대편 가이드의 강력한 타격으로 한 순간에 흩어질 수는 있지만 가이드만 피한다면 상대적으로 강력한 수비 방법 중의 하나가 된다.

일열 수비 : 키퍼와 리베로, 스위퍼가 일직선으로 상대편 공격수를 치는 전법

비비기 전술 : 키퍼와 리베로, 스위퍼가 골대 앞에서 틈을 주지 않도록 비비는 전술이다.

리베로 전진수비 : 키퍼와 스위퍼가 비비기 전술로 골대를 사수하고, 리베로가 스트라이커를 저격하는 전진수비

키퍼의 골대 붙이기 : 키퍼를 골대 하단에 틈을 주지 않고 붙이면 상대방 스트라이커를 쳐내는 등 최종 수비가 수월하다.

❖ 다양한 3Back 수비 운영방법

2. 4Back 수비

가이드를 수비로 돌리는 4Back 수비는 루키 리그 팀들에게 일반적인 전술로 활용되고 있다. 상대방의 수비가 약하거나 공격력이 강할 경우 사용하는 전술이다. 통상 3명의 수비수 외에 가이드가 리베로 역할을 하는 것이다. 3명의 수비수는 소극적인 비비기 수비로 골문 앞을 방어하고 가이드가 상대방 스트라이커를 최대한 저격하는 임무를 맡는다. 상대방 수비가 약할 경우 스트라이커만 두고 가이드를 수비로 돌려 득점을 막는 전술이다. 상대방 가이드가 공격력이 매서운 경우에도 사용가능한 전술이다.

❖ 4Back 수비 : 가이드까지 수비에 가담하는 전술로 실점을 최소화 하는 전술

Ⅳ 드론축구 전술
훈련과 실전

드론축구 전술은 상대전력 분석, 기체 트러블, 개인 기량 향상이 있다.

상대전력 분석

드론축구는 5명의 선수가 맡은 역할이 있다. 장기판의 말과 같이 역할이 다른 만큼 상대방의 실력과 전술에 따라 역할분담을 달리한다면 좋은 결과를 낼 수 있다.

1 공격이 강한 경우

상대방 스트라이커가 강하다면, 힘이 강한 스트라이커인지, 인지 기술이 뛰어난 스트라이커인지 파악해야 한다. 힘이 강하다면 리베로를 통해 저격 전술로 대응한다. 고속으로 날아오는 스트라이커의 경로를 예상해 효과적으로 방어할 수 있다. 또, 상대편 가이드가 힘으로 때려 넣는 가이드일 경우 수비수의 피해를 줄이기 위해 리베로를 적극 활용해 가이드를 먼저 처리하는 방법도 사용할 수 있다.

기술이 뛰어난 스트라이커라면 리베로를 미드필드에 풀어 놓지 않고 후방진영을 짜는 것이 좋다. 수비수들의 틈을 파고들거나 골대 비비기로 침투하기 때문에 수비수들이 자리를 지키며 틈을 만들어 주지 말아야 한다.

스트라이커가 파고들기에 강하며 수비수가 무너지는 경우 가이드를 수비수로 돌려 4Back 수비로 재빨리 전향하는 것도 방법이다.

2 수비가 강한 경우

상대가 밀집수비를 할 경우 통상적인 스트라이커로는 경기가 안 풀릴 수 있다. 가이드를 적극 활용해야 한다. 가이드의 강력한 타격으로 상대편 밀집수비를 격파하는 데 중점을 둔다. 힘으로 밀 경우 제동이 안 걸려 오히려 상대방 수비수가 자리를 피하고 가이드가 골대에 추돌하며 제자리 복귀까지 시간이 오래 걸릴 수가 있다. 골대 직전에서 멈추는 가이드의 정밀한 타격방법이 필요하다.

오밀조밀 모여 있는 수비수들의 경우 강력한 가이드의 타격으로 볼링핀처럼 한 번에 제거할 수 있다. 가이드의 역할도 중요하지만 스트라이커의 기동이 중요하다. 수비력이 강한 팀에는 힘을 통한 직선 슛이 통하지 않는다. 상대방 진영에서 몸싸움을 통한 비비기 슛을 넣어야 한다. 골대 밑을 기어오르고, 골대 옆을 타고 수비수들 사이를 뚫고 들어가야 한다. 이는 평소 지속적인 훈련을 통해 스트라이커가 익숙해져야 하는 중요 스킬 중 하나이다.

기체 트러블

드론축구에서 실력과 관계없이 기체 트러블에 의해 승패가 갈리는 경우가 빈번하게 발생한다. 실력에서 앞서고 이기는 경기에서 스트라이커 기체에 이상이 발생해 경기에서 패하는 경우도 종종 발생한다. 기체 트러블을 제때 파악하고 재빨리 대처하는 것도 승률을 높이는 방법이다.

1 배터리

경기 중 배터리 이탈로 기체가 기동하지 못하더라도 경기 중 살릴 수는 없다. 바로 패배로 이어진다. 배터리 결착은 배터리 스트랩을 상하 좌우로 단단히 결착해 빠지지 않도록 한다. 배터리 스트랩만 단단히 결착해도 경기 중에 기체가 멈춰버리는 사고는 막을 수 있다. 배터리 연결 커넥터가 헐거운 경우 핀으로 늘리고 절연테이프로 보완하도록 한다.

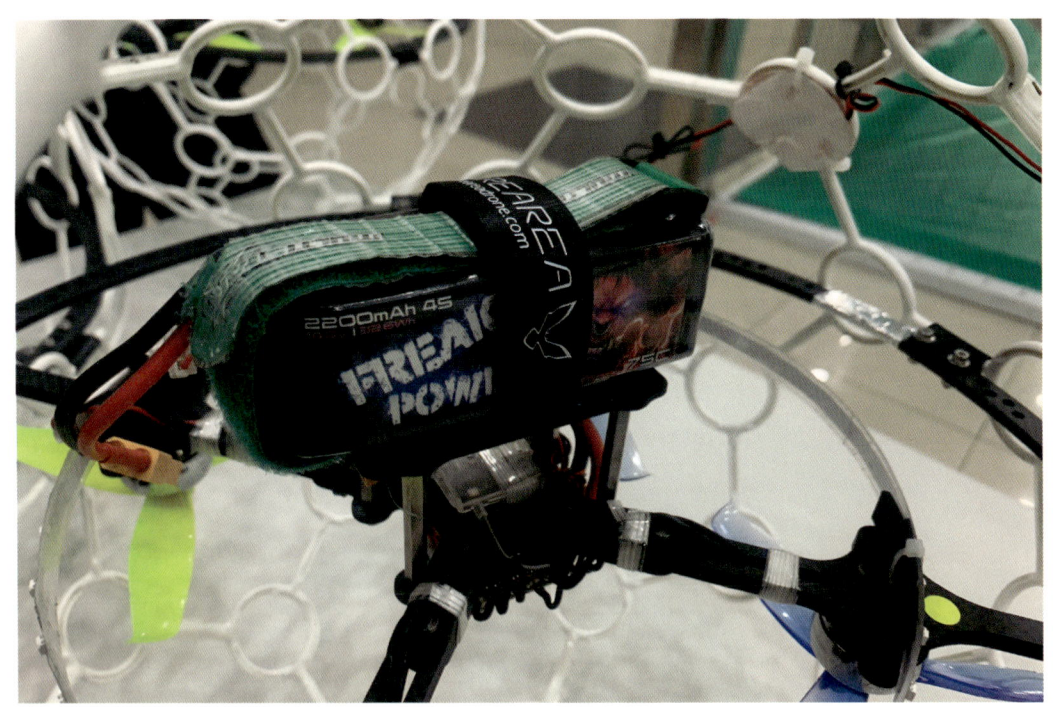

❖ 경기 중 배터리를 단단히 결착한 모습

2 프로펠러 파손

기체의 프로펠러가 빠지거나 파손될 경우 기체가 추락하여 패배로 이어진다. 매 경기 전 프로펠러 너트를 단단히 결착하고 프로펠러의 균열 또는 파손 여부를 확인하여 새 프로펠러로 교체한다. 케이블 타이로 펜타가드를 결합한 경우 타이가 떨어지며 프로펠러를 타격할 수도 있다. 케이블 타이 대신 테이프 등으로 결착하는 것이 좋다. 또한, 경기장의 철 기둥 등에 부딪쳐 프로펠러가 파손되는 경우도 종종 볼 수 있다. 대부분 운일 수도 있지만 충돌방지 기동을 통해 프로펠러 파손을 줄일 수 있다.

3 자이로 이상

경기 중 가장 빈번히 발생하는 이상증상 중 하나이다. 잦은 충돌이 많은 드론축구 경기 특성상 모든 기체들의 일시적으로 자이로 이상증상이 발생할 수 있다. 자이로가 틀어진 경우 조작한 대로 비행할 수 없고 다소 엉뚱한 방향으로 비행하게 된다. 이 경우 기체를 지면에 내려 자이로를 리셋해야 한다. 리셋해도 자이로가 계속 틀어진다면 다음 경기에는 반드시 여분의 기체로 교환한다. 자이로 이상이 발생한 드론볼은 경기에서 제외시켜야 한다.

개인 기량 향상

팀의 전략 전술을 시기적절하게 펼쳐 경기를 승리로 이끌 수 있다. 이때 전략 전술의 바탕이 되는 것이 선수 개개인의 기량이다. 경기 중에 상대편과 수시로 충돌하는 것을 피할 수는 없으며, 충돌 시 드론볼의 방향이 예측할 수 없는 상태로 시시각각 변한다. 기수방향이 측면인 상태에서 전진과 후진을 능숙하게 할 수 있으면, 드론볼이 대면 상태에서도 전후, 좌우 이동을 원활하게 할 수 있도록 훈련이 필요하다.

또한 기본 기량이 일정 궤도에 다다르면 기수방향을 수시로 바꾸면서 연속동작으로 전진·후진비행 훈련을 반복하는 것이 좋다. 전진·후진비행이 자유롭다면 기수 방향을 90도씩 변화를 주면서 기수를 전방으로 고정한 상태로 여러 패턴을 숙달한다면 더 좋은 결과를 기대할 수 있다. 개인훈련과 병행하여 수시로 실전경기처럼 훈련을 반복한다면, 참여한 대회에서 기대한 성과를 얻을 수 있게 된다.

memo

PART 04

유소년 드론축구

유소년 드론축구의 정의, 규정, 스카이킥을 함께 알아보자.

I 유소년 드론축구란?
유소년 드론축구

유소년 드론축구는 유소년들이 드론축구에 보다 더 쉽게 접근할 수 있도록 일반부 드론축구에 비해 경기장과 드론볼이 작고 쉽게 조종될 수 있도록 되어 있다. 경기진행 방법은 일반부와 유사하다.

유소년 드론축구

1 경기장의 개요

유소년 드론축구는 드론축구에 보다 더 쉽게 접근할 수 있게 하여 어린 선수들을 발굴·육성하기 위해 그 대상을 유소년에 한정하고 있는 드론축구이다. 유소년 드론축구는 일반부 드론축구에 비해 경기장과 드론볼이 작고 부담이 없어 쉽게 접근할 수 있다. 협회에서 주관하는 유소년 드론축구 대회에 출전할 수 있는 범위는 초등학생(학교연합 허용) 및 중학생(단일 학교만 허용)이다.

유소년 드론축구에서 활용하는 드론볼은 기존의 드론에 비해 안전하고 취급이 쉬워 많은 학교에서 이를 이용한 드론교육을 실시하고 있으며 그로 인해 많은 학교에서 유소년 드론축구선수단이 창단되고 있다.

최근에는 실력이 우수한 선수들이 유소년 드론축구대회를 통해 발굴되고 있다. 일반부 드론축구선수단 지도자들이 주목하고 있는 선수에 대해서는 스카웃 전쟁이 벌어지기도 한다.

2 유소년 드론축구란?

① 드론 골의 크기가 지름 30cm 원이다.
② 경기장은 길이, 넓이, 높이가 8m×4m×3m 크기이다.
③ 골의 설치 위치는 높이 2m(골의 중심), 단변으로부터 1.5m 이격되어 있다.
④ 경기시간은 1세트 3분, 3세트 세트 득실로 결정한다.
⑤ 선수구성은 한 팀 5명이며 공격수가 2명, 수비수가 3명이다.
⑥ 득점방법은 공격수가 상대팀의 골을 통과하면 1점이다.
⑦ 득점 후 모든 선수는 중앙선 뒤로 이동 후 재공격한다.

3 유소년 드론축구와 일반부 드론축구의 차이점

❖ 유소년과 성인 드론축구의 차이점

구 분	성인 드론축구	유소년 드론축구
선수 구성	골잡이 1명, 길잡이+길막이 4명	공격수 2명, 수비수 3명
득점 방법	골잡이 1명만 득점 가능	공격수 2명만 득점 가능
경기장 규격	16m×8m×4.5m	8m×4m×3m
골의 크기	60cm	30cm

선수 구성면에서 5명은 동일하나 골을 득점할 수 있는 골잡이가 1명과 2명의 차이다. 경기장 크기는 일반부 드론축구장 규격의 약 1/2 정도이다. 골의 크기도 1/2 규모이다. 그러나 진행방법 등은 대부분 일반부와 유사하게 진행된다.

II 유소년 드론축구 규정
유소년 드론축구

유소년 드론축구 규정은 크게 경기장, 드론볼, 선수의 수, 비행, 스카이킥 등이 있는데, 일반부 규정과 거의 동일하여 이곳에서는 상이한 부분만 다루기로 한다.

경기장

1 경기장 표면

㉮ 바닥은 평평해야 하며 장애물이 있어서는 안 된다.

㉯ 바닥은 가급적 딱딱한 표면을 피해야 한다.

㉰ 바닥의 모든 면에서 드론볼이 똑바로 서 있을 수 있어야 한다.

2 경기장의 표시

㉮ 경기장은 반드시 직사각형이어야 하고 장변을 기준으로 둘로 나누어진 곳에 중앙선을 표시한다.

㉯ 출발위치는 경기장의 단변에서 1.5m 떨어진 곳에 선 또는 5개의 점으로 표시한다.[*]

㉰ 조종석은 경기장 단변 쪽에 설치하되 조종석의 길이가 단변의 길이를 초과 할 수 없다.

㉱ 조종석의 폭은 2m 이며 기술지역과 명확히 구분되도록 조종석 뒤쪽에 경계표시를 해야한다.

---

[*] 드론볼의 출발위치는 통상 골의 하단부에 일렬로 배치된다.

3 경기장의 크기

㉮ 직사각형으로 이루어진 경기장 프레임의 크기는 단변은 4m, 장변은 8m, 높이는 3m 이어야 한다.

㉯ 경기장 프레임의 양쪽 단변에는 폭 2m 의 조종석이 설치되어야 한다.

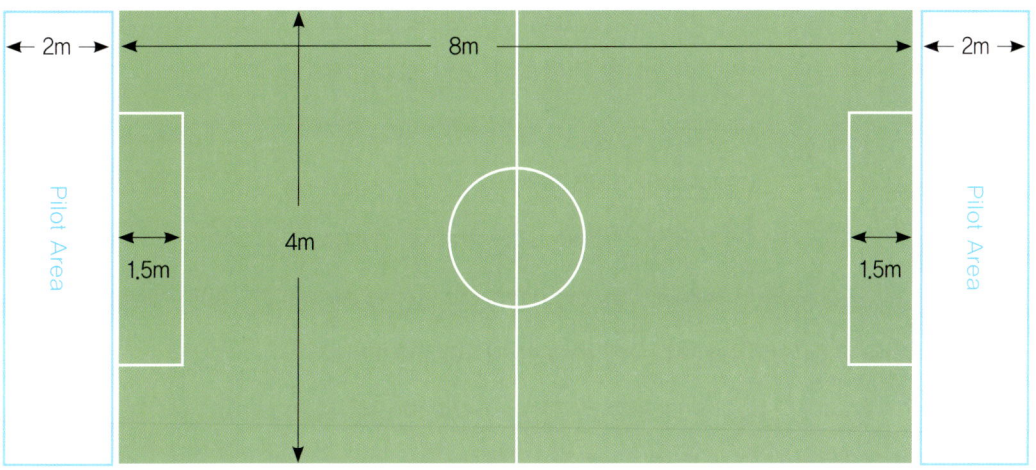

4 경기장의 벽면*

㉮ 경기장의 벽면은 외부에서 경기장 내부가 보이도록 그물 또는 와이어 등으로 되어 있어야 한다.

㉯ 경기장이 그물로 구성 되어 있는 경우 3m/s의 속력으로 드론볼이 그물에 부딪혔을 경우 그물이 뒤쪽으로 10cm 이상 밀려 나서는 안된다.

㉰ 경기장이 와이어로 되어 있는 경우 와이어는 수직으로 설치 되어야 하며 1mm ~ 2mm 두께의 와이어가 10cm 간격으로 설치 되어야 한다.

㉱ 어떤 경우에도 경기중에 드론볼이 경기장 밖으로 빠져나가게 해서는 안된다.

---

* 선수 보호를 위해 경기장의 벽면에 대한 규정 포함(23. 10. 1.)

5 골의 규격과 위치

㉮ 골의 형상은 원형이어야 하며 내경의 지름은 30cm±1cm 이어야 하고 외경의 지름은 50cm±1cm 이어야 한다. 그러나 두 골의 크기는 항상 같아야 한다.

㉯ 골의 두께는 10cm이어야 하며 두 골의 무게는 항상 같아야 한다.

㉰ 골은 그 중심을 경기장 단변의 중앙부에서 중앙선 방향으로 1.5m 이격된 거리에 위치 시켜야 한다.

㉱ 골의 높이는 골대의 중앙부가 경기장 표면에서 1.8m ~ 2.2m 사이에 위치해야 하며 골의 설치는 1점 또는 2점을 이용해 경기장 상부로부터 메달 거나 지주를 이용해 바닥으로부터 띄워 지탱해야 한다. 이때 골의 방향은 항상 중앙부를 향하고 있어야 하며 골의 방향이 좌우로 흔들려서는 안 된다.

㉲ 골의 설치는 항상 안정적이어야 하고 낙하의 우려가 있어서는 안된다. 골은 경기 중에 형상이 변하면 안 된다.

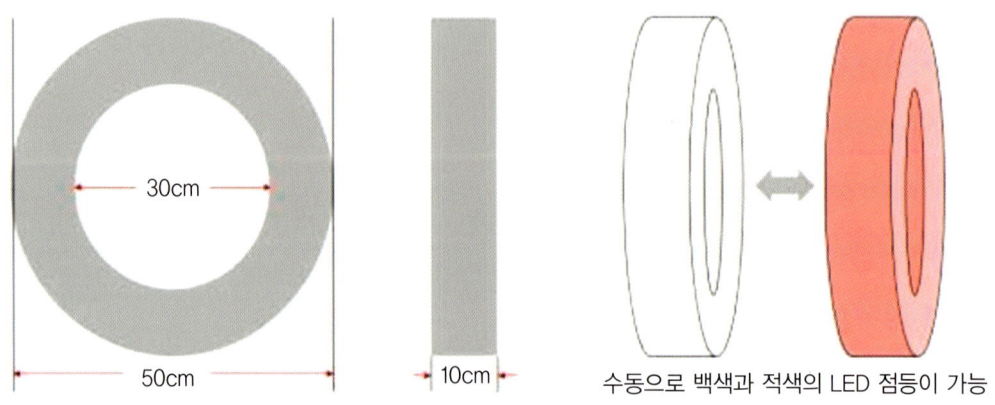

수동으로 백색과 적색의 LED 점등이 가능

❖ 유소년 드론축구 골 규격

6 골의 재질과 구성

㉮ 골은 경기 중 파손의 우려가 있어서는 안 된다.

㉯ 골은 내부 또는 경기에 방해가 되지 않는 외부에 백색과 적색의 LED 라이트가 있어야 하며 LED 라이트는 경기장 외부에서 수동으로 조작 할 수 있어야 한다.

㉰ 골의 외부에 광고를 삽입하는 경우 광고로 인해 골의 LED 라이트가 변경되는 것을 선수들이 인지하는데 있어 방해를 받아서는 안된다. 광고는 글자로 한정되어야 하며 이미지 또는 마크의 삽입 시 골의 표면을 1/4 이상 가려서는 안된다.[*]

7 광고

㉮ 협회가 주최하는 공식대회의 경기에서, 대회 조직위원회의 상징과 대회의 엠블럼을 제외하고, 임의적인 상업 광고를 허용하지 않는다. 단, 대회 조직위원회를 통한 대회 운영지원 등에 따른 상업광고는 제한적으로 허용 할 수 있으며 대회 규정으로 이런 마크의 크기와 수를 제한 할 수 있다.

㉯ 대회참가팀의 복장에 한하여 해당 팀의 상징 및 상업광고를 허용할 수 있다. 그러나 이 경우에도 정치 및 종교적이거나 미풍양속을 저해하는 내용은 허용대상에서 제외 한다.

㉰ 대회 참가팀 및 모든 선수는 심판으로부터 인정되지 않는 광고 문구 및 광고물에 대한 철회를 요청받았을 때는 이를 즉각 수용해야 한다.

㉱ 대회에 참가하는 모든 팀은 어떠한 형태의 광고물도 경기장 내에 비치 또는 세워 둘 수 없다.

---

[*] 광고가 골의 표면을 과도하게 가리지 못하도록 규정 수정(23. 10. 1.)

드론볼

1 품질과 규격

㉮ 둥근 모양의 외골격으로 둘러싸여져 있어야 한다.

㉯ 드론볼의 지름은 20cm±1cm 이여야 한다.

㉰ 플레이 도중 드론볼의 무게는 110g 이하 이어야 한다.

㉱ 외골격의 개방된 단일 면적이 $70cm^2$ 이하 이어야 한다.

㉲ 외골격이 경기 중 쉽게 파손되어 선수 또는 관중에 해를 끼칠 우려가 있어서는 안 된다.

㉳ 위의 규정을 모두 만족한다 하더라도 서로 다른 두 종류의 드론볼이 같은 대회에 참여하는 것을 허용하지 않는다.[*]

2 광고

㉮ 협회가 주최하는 공식대회의 경기에서, 대회 조직위원회의 상징과 대회의 엠블럼 그리고 볼 제조회사의 등록 상표를 제외하고, 볼에는 다른 모든 형태의 상업 광고를 허용하지 않는다.

㉯ 대회 규정으로 이런 마크의 크기와 수를 제한할 수 있다.

3 공인구

㉮ 협회로부터 공인받은 공인구는 협회가 주관하는 대회 전에 별도의 드론볼에 대한 규격을 검토 받지 않아도 무관하다.

㉯ 특별한 사전 공지가 없는 한 대회의 참여는 공인구로 제한한다.

4 볼에 표식

㉮ 경기에 참여하는 선수는 해당 팀의 드론볼이 다른 팀과 확연히 구분될 수 있게 적색과 청색의 LED를 점등 할 수 있어야 한다.

㉯ 공격수는 다른 선수와 확연히 구분 될 수 있도록 태그(tag)를 부착하여야 한다.

---

[*] 대회의 공정성을 위해 서로 다른 드론볼이 대회에 참여하지 못하도록 수정 (23. 10. 1.)

㉰ 공격수의 태그는 대회규정으로 정하며 태그의 부착 시 경기 중 파손되거나 이탈 되어서는 안 된다.

㉱ 플레이중 공격수의 태그가 이탈하여 상대팀에 의해 공격수 구분이 어려울 경우 이탈한 순간 부터의 득점은 인정하지 않는다.

5 볼의 색상

㉮ 드론볼에 도색을 허용하나 팀 구분에 방해를 줄 수 있는 적색과 청색 계열은 사용 할 수 없다.

㉯ 경기에 참여하는 같은 팀의 선수가 서로 다른 색으로 드론볼을 도색하는 것을 허용하지 않는다.

6 사용 주파수

㉮ 드론볼의 무선 컨트롤에 사용되는 주파수는 해당 국가 및 지역의 전파 관련 제반 법령을 준수하여 전파의 범위 및 세기를 결정 하여야 한다.

㉯ 그러나 상기 규정을 준수하였다 하더라도 조종자 이외 타인의 드론볼에 영향을 줄 수 있는 주파수 범위와 장비를 사용하는 것은 금지된다.

선수의 수

1 선수들

㉮ 대회에 출전하는 선수단의 수는 10인으로 제한한다. 이 경우 선수명단에 포함되는 지도자의 수는 3인 이하로 제한된다.

㉯ 경기는 양팀 각각 5명의 선수와 5개의 드론볼로 구성되어 플레이 된다. 이때 선수는 1인당 1개의 드론볼만 컨트롤 해야 한다.

㉰ 선수의 수가 부족하거나 드론볼에 문제가 발생한 경우 3인 이상이면 경기가 가능하다.

㉱ 한 팀의 출전 선수 중 득점이 가능한 공격수는 두명으로 제한한다.
㉮ 만약 사전에 경기 시작 시간이 충분히 고지 되었음에도 불구하고 경기 시작 전 공격수를 포함한 3인 이상의 선수가 조종석에 위치하지 않고 있을 경우 해당 경기는 기권패로 간주하게 된다.
㉯ 두 번째 혹은 세 번째 세트에서 세트 시작전 3인 이상의 선수가 조종석에 위치하고 있지 않을 경우 해당 세트는 패한 것으로 간주하고 다음 세트를 위한 정비시간 시작이 선언된다.

2 선수교체

㉮ 선수교체는 세트 시작 전 가능하며 세트가 시작되어 플레이 중일 때는 불가능 하다.
㉯ 선수명단 범위 내에서 선수교체 횟수와 인원의 제한이 없다.
㉰ 선수명단에 포함된 지도자가 선수로 출전하는 것은 불가능하다.

3 교체 절차

㉮ 선수교체시 선수교체 사실과 교체 대상 선수를 심판에게 알려야 한다.
㉯ 심판에게 ㉮의 내용을 고지 할 때는 반드시 드론볼이 경기장에 입장하기 전이어야 한다.
㉰ 선수교체시 선수가 사용하던 드론볼은 교체되거나 그렇지 않아도 무방하다.

4 위반과 처벌

㉮ 해당 세트에 참여하는 선수 또는 출전명단에 기재된 지도자가 아닌 사람이 조종석에 머물고 있을 경우 1회의 경고가 주어진

다. 1회의 경고에도 불구하고 조종석에 계속해서 머물 경우 해당 세트는 패한 것으로 간주 된다.
㉯ 경기 중에 출전선수가 아닌 사람이 드론볼에 바인딩 되어있는 조종기를 조작할 경우 해당 팀의 경기는 패한 것으로 간주 된다.

선수의 장비

1 기본 장비

㉮ 복 장 – 플레이에 영향을 주지 않는 자유 복장 혹은 단체복, 다만 자유복일 경우 팀 구분이 가능한 모자, 조끼 혹은 A4사이즈 이상의 표식등을 패용하여야 한다.
㉯ 드론볼 – 규정에 맞는 드론볼
㉰ 조종기 – 해당 선수의 드론볼과 바인딩 되어 있는 조종기 1대
㉱ 배터리 – 경기에 필요한 여분의 배터리

2 부가 장비

㉮ 1인칭시점 영상장비
 · 선택사항으로 1인칭 시점 영상장비의 착용 또는 휴대 가능
㉯ 여분의 드론볼
 · 드론볼의 파손에 대비한 여분의 드론볼 휴대가 가능하며 배터리는 분리되어 있어야 함.
㉰ 기타 악세사리
 · 경기운영에 필요한 배터리 체커기 및 응급수리에 필요한 부품 및 공구

3 금지 장비

㉮ 상대의 플레이를 방해 할 수 있는 발광 기능이 있는 장비
㉯ 상대의 플레이를 방해 할 수 있는 전파 발신 장비

㉓ 경기의 진행을 방해 할 수 있는 음향 관련 장비
㉔ 기타 성능개선을 목적으로 개조 또는 변조된 장비[*]

4 위반과 처벌

㉠ 상대팀은 경기 시작 전 서로의 장비를 확인할 의무가 있으며 이 때 오해의 소지가 있는 자신의 장비는 상대팀에게 공지되어야 한다.
㉡ 경기 시작 전 위반사항에 해당하는 장비의 착용 및 휴대를 포기할 경우 경기는 정상적으로 시작된다.
㉢ 금지장비 위반에도 불구하고 경기 시작 전 상대팀의 용인 사항에 대하여는 처벌하지 않는다.
㉣ 그러나 위반의 시작 또는 인지가 플레이 중에 발생하여 경기에 영향을 미쳤다고 심판에 의해 판단될 경우 해당 세트는 패한 것으로 간주 된다.

5 장비에 광고

㉠ 기본 및 부가 장비에 정치적, 종교적인 문구를 삽입하거나 표현할 수 없다. 다만 문구의 내용이 관용적인 표현일 경우 심판의 판단하에 용인 될 수 있다.
㉡ 이 조항의 위반은 경기 전에 정정되어야 하며 정정되지 않은 사항은 경기 후에 발견 되었더라도 승패에 영향을 주는 판단을 할 수 없다.

---

[*] Class20 에서는 선수들이 장비를 개조하지 못하게 수정(23. 10. 1.)

주심

1 주심의 권위

드론축구 경기 규칙 시행과 관련된 모든 권위를 가지고 있는 주심에 의해 매 경기가 관리 되도록 모든 경기에 주심이 임명 되어야 한다.

2 권한과 임무

주심은 모든 경기를 원활하고 부드러우며 공정하게 이끌어갈 책임이 있으며 이를 위한 권한을 갖는다.

㉮ 드론축구 경기 규칙을 시행한다.
㉯ 부심들과 협조하여 경기를 관리한다.
㉰ 사용되는 볼이 '규정 2. 드론볼'의 요구조건에 적합한지 확인 한다.
㉱ 선수의 장비가 '규정 4. 선수의 장비'의 요구조건에 적합한지 확인 한다.
㉲ 경기의 사고를 기록 한다.
㉳ 경기 규칙의 어떤 위반이 있을 경우, 주심의 재량권으로 경기를 중지할 수 있다.
㉴ 어떤 종류의 외부 방해로 인해 경기를 중지 시킬 수 있다.
㉵ 주심은 선수의 건강과 안전을 위해 문제가 있다고 판단되는 선수를 경기에서 제외시킬 수 있다.
㉶ 스스로 책임 있는 태도로 행동하지 않는 팀 임원들에게 대해 조치를 취한 다음 주심의 재량으로, 팀 임원을 기술 지역 또는 경기장 주변에서 추방시킬 수 있다.
㉷ 허가를 받지 않은 사람의 경기장 입장을 불허 한다.
㉸ 경기가 중단된 후 경기의 재개를 알린다.
㉹ 세트중간 휴식시간을 탄력적으로 조정할 수 있다 그러나 이 경우 반드시 5분 이상의 휴식과 작전타임을 보장해야 한다.
㉺ 모든 형태의 외부 방해로 인해 경기를 중지, 일시 중단, 종료 시킬 수 있다.

3 주심의 위치

㉮ 주심은 주심의 책임을 다하기 위한 적절한 장소에 위치해야 하며 주심의 위치는 경기의 즉각적인 통제가 가능하도록 경기 중인 모든 선수가 관측 가능해야 한다.

㉯ 주심은 경기의 전반적인 통제를 위한 유무선 장비를 휴대 할 수 있으며 필요시 별도의 통제실을 두어 해당 장소에 위치 할 수 있다. 그러나 이때에도 주심의 위치는 모든 선수들을 확인 할 수 있어야 한다.

4 주심의 결정

㉮ 플레이와 관련된 득점 여부 그리고 경기의 결과를 포함한 사실에 대한 주심의 결정은 최종적인 것이다.

㉯ 주심이 경기를 재개하지 않았거나 경기를 종료시키지 않았을 경우에 한하여 결정의 잘못을 깨달았거나 부심의 조언에 따라 결정을 바꿀 수 있다.

㉰ 주심이 위반 신호를 하고 부심들 사이의 의견이 불일치 된다면 주심의 결정이 우선이다.

㉱ 지나친 간섭 또는 부적절한 행동의 경우에, 주심은 부심의 임무를 완화할 수 있고 그들의 임무를 재배치하고 해당 기관에 보고서를 작성하여 제출한다.

㉲ 필요시 주심은 영상을 기록 할 수 있는 경기장 시설을 이용하여 영상을 분석하고 이에 따라 결정을 번복 할 수 있다. 그러나 사적인 영상장치는 참고 할 수 없다.

5 주심의 책임

주심(또는 관련된, 부심)은 다음 사항에 대하여 책임을 지지 않는다.

㉮ 선수, 임원, 관중이 당한 부상

㉯ 재산상 발생하는 손해

㉰ 경기 규칙의 의거한 결정사항 또는 경기진행 및 운영에 요구되는 정상적인 절차에 따라 결정된 사항이 개인, 클럽, 회사, 협회 또는 기타 단체에 끼치는 손상

㉱ 기타 경기 운영 도중 발생할 수 있는 각종 경기 외적인 사항 주심은 다음과 같은 결정을 포함할 수 있다.

㉲ 경기장 또는 그 주변의 조건, 기후 조건이 경기의 개최를 허용할지 아니면 하지 않을지 여부에 대한 결정

㉳ 어떤 이유 때문에 경기를 포기할 결정

㉴ 경기에 사용되는 부속 장비 및 드론볼의 적합성에 대한 결정

㉵ 관중의 방해 또는 관중석 지역의 어떤 문제 때문에 플레이를 중지할 것인지 안 할 것인지 에 대한 결정

㉶ 치료를 위해 부상 선수를 경기장 밖으로 나가도록 허락하기 위해 플레이를 중지할 것인지 안 할 것인지에 대한 결정

㉷ 부상 선수를 치료하기 위해 경기에서 제외시킬 수 있는 결정

㉸ 선수가 특정 복장 또는 장비를 착용하는 것을 허용할지 아니면 허용하지 않을지 여부에 대 한 결정

㉹ (팀 또는 경기장 임원, 안전 책임자, 사진사 또는 다른 미디어 관계자를 포함한) 모든 사람들 이 경기장 근처에 있을 수 있도록 하는 것에 대한 결정 (주심들이 권한을 갖고 있는 경우)

㉺ 주심들이 경기 규칙에 따라 또는 경기가 플레이 되는 협회 또는 리그 규칙 혹은 규정에 의해 주심들의 임무에 일치하여 취할 수있는 기타 결정

6 주심의 자격

㉮ 심판(주심)의 자격에 관한 사항은 협회의 별도 규정으로 정한다.

㉯ 협회는 드론축구 규정의 통일되고 일관된 적용을 위해 심판연수 등을 실시 해야 한다.

7 주심의 신호

㉮ 주심은 호각 등을 이용하여 경기의 시작과 종료를 알려야 하며 양팀의 모든 선수가 볼 수 있는 자리에 위치해야 한다.

㉯ 주심은 아래와 같은 통일된 신호를 이용하여 누구나 쉽게 이해할 수 있도록 해야 하며 만일 다른 신호수단이나 방법을 사용할 시 사전에 공지되어야 한다.

구분	10초전	세트시작	세트종료
수신호			
음향신호	길게 1회	강하게 1회	강하게 1회, 길게 1회

❖ 주심의 신호

부심

1 부심의 구분과 역할*

㉮ 부심은 2명이 임명되며 드론축구 경기 규칙에 따라 임무를 수행해야 한다.

㉯ 위의 규정에도 불구하고 득점과 패널티의 정확한 판정을 위해 부심의 수를 4명으로 증원 할 수 있다. 이때 부심은 득점심과 패널 티심으로 명칭과 역할을 부여한다.**
  · 득점심 (Score Referee) : 득점의 여부와 공격자 반칙을 판정
  · 패널티심 (Penalty Referee) : 골 주변에서 수비의 반칙을 판정

㉰ 부심은 양팀의 조종석과 관중석 사이의 적절한 공간에 위치하여야 하며 골과 스코 어 보드를 동시에 관찰 할 수 있어야 한다.

㉱ 부심은 필요시 주심의 지시에 의해 규칙5에서 정한 통제실 등에 위치하여 경기를 통제 할 수 있다.

2 권한과 임무

㉮ 주심을 도와 경기의 원활한 진행을 돕는다.

㉯ 경기에 참가한 선수들에 관한 사항들을 확인한다.

㉰ 선수의 장비와 복장, 번호를 경기장 입장 전에 확인한다.

㉱ 선수 명단과 출전 선수를 확인한다.

㉲ 양팀의 경기준비 사항을 주심에게 알린다.

㉳ 경기 중인 선수와 선수의 장비를 지속적으로 확인 한다.

㉴ 주심보다 골에 가까운 위치에서 득점, 오프사이드, 패널티를 판정하며 세트의 전체 스코어를 카운트 하여 세트종료 후 주심에게 알린다.

㉵ 기술 지역에 위치한 사람들의 행동을 감독하고 부적절한 행동을 하거나 출전선수 이외의 사람이 기술지역내로 들어가는 것을 감독한다.

---

* 부심의 권위를 부심의 구분과 역할로 변경(23. 10. 1.)
** 4인의 부심 시스템에서 역할을 구분하여 반영(23. 10. 1.)

㉔ 외부 방해에 의한 플레이 중단을 기록하고 그것에 대한 이유를 기록한다.
㉕ 주심이 특별한 사유로 인해 역할을 지속하지 못하는 경우 해당 경기에 한해 주심을 대신한다.
㉑ 경기장 및 기술지역, 관중석을 지속적으로 감독하고 경기의 원활한 운영을 위해 적절한 조치를 취한다.

3 부심의 자격

㉮ 심판(부심)의 자격에 관한 사항은 협회의 별도 규정으로 정한다.
㉯ 협회는 드론축구규정의 통일되고 일관된 적용을 위해 심판연수 등을 실시 해야 한다.

4 부심의 신호

㉮ 부심은 깃발, LED 등을 이용하여 득점, 오프사이드, 패널티 등을 알려야 하며 양 팀의 모든 선수가 볼 수 있는 자리에 위치해야 한다.
㉯ 부심은 패널티의 사유가 발생하면 발생하는 즉시 패널티임을 알려야 한다. 부심이 패널티를 알릴 때는 호각을 이용해 짧게 1회로 신호하거나 패널티 전용 신호기를 활용 할 수 있다.
㉰ 부심이 득점 및 오프사이드를 선언할 때는 아래와 같은 통일된 신호를 이용하여 누구나 쉽게 이해 할 수 있도록 해야 한다. 만약 경기운영상 다른 신호수단이나 방법을 사용할 시 사전에 공지되어야 한다.

구분	득점인정	득점불인정	복귀선언	복귀완료
깃발				
GOAL LED 색	붉은색 변경	흰색 유지	붉은색 유지	흰색 변경

경기의 시작과 종료

1 세트의 수와 시간

㉮ 경기는 한 세트에 3분씩 3세트로 진행된다.

㉯ 대회규정으로 세트의 수 또는 경기시간 등을 대회 시작 전에 변경 할 수 있다.

2 경기준비

㉮ 동전으로 토스해서 이긴 팀이 좌우 조종석의 선택권을 갖는다. 이때 한번 결정된 조종석은 3세트 동안 변경되지 않는다. 그러나 주심의 판단 하에 좌우 조종석의 위치가 불공정 하다고 생각 된 때는 변경 할 수 있다.

㉯ 양팀의 주장 및 선수는 한번 결정된 조종석의 위치에 대해 항의 하거나 변경 요청 할 수 없다.

㉰ 양팀의 조종석이 확정되면 양팀의 주장은 득점해야 할 골에 대해 확인 할 수 있다.

㉱ 위의 규정에도 불구하고 대회의 원활한 운영을 위해 사전에 조종석의 위치를 지정해 놓을 수 있다. 그러나 이 경우 경기 시작

전에 참가팀의 요청이 있다면 '가'의 방법에 의해 조종석의 위치를 선택해야 한다.*
- ㉲ '나'의 규정에도 불구하고 주심에 의해 수정이 불가능한 조종석의 불공정이 있다고 판단되면 세트별로 조종석의 위치를 바꾸게 할 수 있다.**

3 세트의 시작과 종료

- ㉮ 주심 혹은 주심으로부터 위임받은 자는 음향 신호로 경기시간 3분의 시작과 종료를 알린다.
- ㉯ 시작신호는 최소 10초 전에 예비신호를 내보내야 한다. 다만 양팀의 준비상태를 모두 확인 한 후에는 예비신호에 이어 10초 이내에도 시작신호를 할 수 있다.
- ㉰ 경기장 상황에 따라 예비신호의 횟수를 늘리거나 조정 할 수 있으나 반드시 1회 이상의 예비신호가 있어야 한다.
- ㉱ 경기시작 신호는 예비신호 후 별도의 음향 또는 수기 등을 사용해야 하며 예측 출발을 방지하기 위해 불시에 주어져야 한다.
- ㉲ 세트가 진행되는 도중 작전타임은 허용되지 않는다.

4 정비 및 중단

- ㉮ 세트 종료후 다음세트 시작 시까지 주심은 5분의 정비시간을 부여 할 수 있으며 5분 카운트가 시작되는 시점은 모든 선수가 각자의 드론볼을 수거하여 경기장에서 퇴장한 시점이다.
- ㉯ 각 팀은 세트와 세트사이 정비시간을 이용해 정비와 작전타임을 병행해야 한다.
- ㉰ 정비와 작전타임은 5분 이상 보장되는 것을 원칙으로 하며 주심은 원활한 경기운영을 위해 정비시간을 연장 할 수 있다.

---

* 조종석의 사전지정이 가능하도록 규정 반영(23. 10. 1.)
** 불공정한 조종석에 대비하여 세트별로 조종석을 바꿀수 있도록 규정 반영(23. 10. 1.)

㉱ 그러나 양팀 중 어느 한 팀이 세트 시작 준비가 안 된 것은 정비 시간 연장의 사유가 될 수 없다.

㉲ 만약 어느 한 팀에게 3명 이상의 정비 지연으로 세트패가 선언되었을 경우 주심은 다음 세트 시작까지 규정된 정비 시간 외에 3분의 추가 시간을 부여 할 수 있다.

㉳ 주심에 의해 경기시작 10초전이 선언된 때부터 세트 종료시까지 주심 이외에 누구도 경기를 방해하거나 멈출 수 없다.

㉴ 안전에 의한 문제, 또는 경기장 시스템으로 인한 문제로 주심에 의해 경기가 중단 된 때는 중단시점의 스코어와 잔여 시간이 기록되어 경기의 재개 시점에 동일하게 적용 되어져야 한다.

㉵ 상기의 규정에도 불구하고 아래와 같은 경우에는 즉시 경기가 중단되며 이때 해당 세트는 무효 처리 된다.
- 경기장 시설의 심각한 손상으로 경기가 불가능 한 경우
- 기타 주심에 의해 중대하다고 판단되는 사항중 경기운영이 한 시간이상 중단되어야 할 상황

5 다음 세트의 시작

㉮ 5분의 정비시간이 종료된 시점에서 모든 드론볼은 출발점에 정렬되어 있어야 하며 선수들은 조종석에 위치해야 한다.

㉯ 만약 정비시간이 지난 시점에 경기장 안에 머물러 있는 선수가 있다면 그 선수는 자신의 드론볼과 함께 경기장 밖으로 나와야 한다.

㉰ 공격수의 표식 및 팀표식 LED의 정정은 정비시간 5분 안에 포함되지 않으며 5분이 지났다고 하더라도 심판의 요구에 의해 수정할 수 있다. 이때 공격수 표식 및 팀 LED외에 다른 부분을 정비하면 안 된다.

㉱ 주심은 정비시간 5분후에 양팀이 표식 및 LED등의 준비가 완료되었다고 판단되면 경기시작 10초전을 선언하고 다음세트를 시작한다.

6 경기의 포기

경기 전에 주심과 양팀 사이에 서로 동의되지 않는다면 경기의 포기 및 지연은 패배로 간주한다.

공격과 수비

1 득점

㉮ 상대팀의 골에 공격수의 드론볼이 앞에서 뒤로 완전히 통과 하면 이를 득점으로 인정한다.

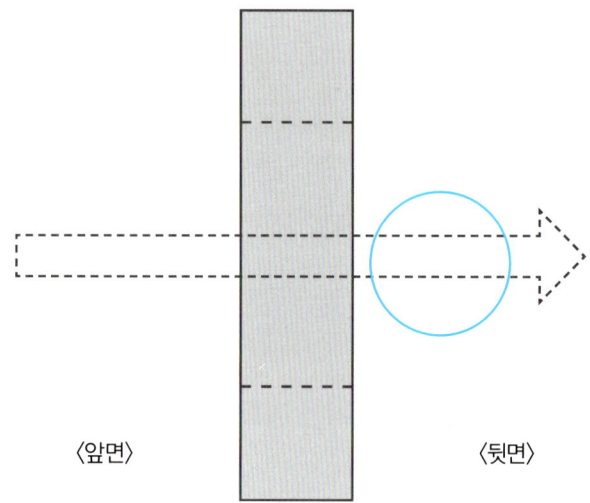

〈앞면〉　　　〈뒷면〉

㉯ 그러나 득점 당시 오프사이드 상태에 있거나 완전히 통과하지 못하고 다시 튕겨져 나오는 경우는 득점으로 인정하지 않는다.
㉰ 공격수가 상대의 골을 뒤로 통과 할 경우 득점이 인정되지 않을 뿐더러 오프사이드 상태가 된다.

2 오프사이드

㉮ 공격수가 어떤 방향으로든 상대의 골을 통과 하면 해당 팀은 자동으로 오프사이드 상황이 되며 오프사이드 상황에서는 득점을 시도 할 수 없다.

㈏ 오프사이드 상황을 해제 하기 위해서는 모든 선수가 하프 라인 후방의 자기 진영까지 되돌아 가야 한다.
㈐ 오프사이드 상황에서 상대진영에서 통제 불능이 되어 자기 진영으로 돌아오지 못하는 드론볼이 있을 경우 해당선수가 세트 포기를 선언하고 조종기를 내려놓기 전까지 오프사이드 상황은 해제되지 않는다.

3 수비

㈎ 수비란 상대 팀이 공격수의 득점을 쉽게 하기 위해 취하는 모든 행위를 방해 하는 것이다.
㈏ 자기 골의 앞에서 수비하는 동안 자의든 타의든 관계없이 자기 골을 통과하는 것은 무방하다.
㈐ 그러나 수비는 자기골을 역방향으로 통과 하지 못한다.
- 수비할 때 드론볼이 골의 앞면을 기준으로 절반을 초과해서* 골 안으로 진입한 후 다시 나오는 행위는 역방향 통과로 간주한다.
- 수비가 자기팀 골의 뒷면에 위치해 있을 경우 조금이라도 골 안으로 진입하게 되면 역방향 통과로 간주한다.

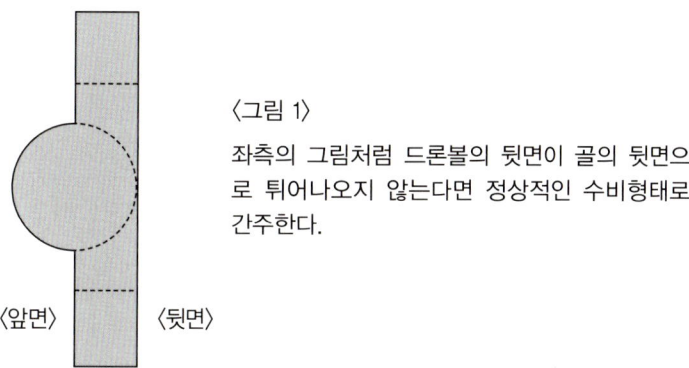

〈그림 1〉
좌측의 그림처럼 드론볼의 뒷면이 골의 뒷면으로 튀어나오지 않는다면 정상적인 수비형태로 간주한다.

〈앞면〉 〈뒷면〉

* '절반이상'으로 잘못 표기 된 것을 '절반초과'로 정정(23. 10. 1.)

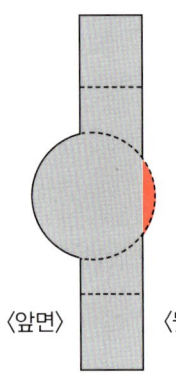

〈그림 2〉
자의든 타의든 드론볼이 골의 뒷면을 조금이라도 지나게 되면 드론볼은 앞으로 전진하지 못하고 뒤로 나와서 골의 바깥쪽을 이용해 원래의 수비위치로 돌아가야 한다.

〈앞면〉　〈뒷면〉

패널티킥

1 패널티 부여

㉮ 오프사이드 규정을 무시하고 연속득점 했을 경우(8-②-㉮ 위반)

㉯ 자기 진영 골을 역방향으로 통과했을 경우(8-③-㉰ 위반)

㉰ 11-❷를 포함한 심판의 경고를 2회 이상 받았을 경우.
단, 경고는 해당 경기에서 누적되며 다음 경기에서는 초기화된다.

2 패널티의 상계

㉮ 한 세트에서 양 팀의 패널티 숫자를 상계하여 한 팀에게만 패널티킥을 줄 수 있다.

㉯ 대회의 공식 기록에서 패널티의 숫자는 상계되지 않고 기록해야 한다.

3 패널티킥 방법

㉮ 시 기 : 매 세트 종료후

㉯ 방 법 : 공격수와 수비수의 1:1 대결

㉰ 시 간 : 패널티 1회당 5초

㉱ 패널티킥은 1명의 공격수와 1명의 수비수의 1:1 대결로 이루어지

며 패널티킥의 시작점은 공격수의 경우 하프라인, 수비수의 경우 출발점 이다.
㉤ 심판의 신호 이후 5초의 시간이 주어지며 득점방식은 플레이 도중 일 때와 같다.
㉥ 주어진 시간 안에 다득점이 가능하며 이경우도 8-❷의 규정이 적용된다.
㉦ 대회규정에 명시되어 있다면 패널티킥을 부여하지 않고 패널티킥 숫자만큼 점수로 환산하여 득점에 합산 할 수 있다.
㉧ 패널티킥을 시행하지 않고 득점에 합산 했다면 대회의 공식 기록은 합산한 점수를 기록한다.

4 패널티킥 절차

㉮ 주심은 세트종료후 선수들의 경기장 출입을 금지시킨 상태에서 양쪽 부심에게 패널티 숫자를 확인한다.
㉯ 주심은 양팀의 패널티 개수를 서로 상계하여 한 팀에게만 패널티킥을 부여한다.
㉰ 주심은 양쪽 부심과 양팀 각1명의 선수를 경기장 안으로 입장시킨다.
  － 부심 : 양팀 한 대씩의 드론을 제외하고 다른 드론들은 경기장출입구쪽에 몰아서 정리해두되 손대지 못하게 한다.
  － 선수 : 패널티킥에 출전하는 한명의 공격수와 수비수는 배터리를 교체하고 패널티킥을 준비한다. 수비수는 골 아래에 위치하고 공격수는 중앙선에 위치한다.
㉱ 주심은 패널티킥 시간과 시작 및 종료신호를 선수들에게 고지한 후 패널티킥을 시행한다.
㉲ 패널티킥이 종료되면 해당 세트를 종료하고 5분의 정비시간을 부여한다.
㉳ 만약 경기가 '리그방식'으로 진행될 경우 골득실 산정을 위해 무

조건 패널티킥을 실시해야 한다. (단, 대회규정에 의거 패널티를 점수로 상계 할 때는 그러지 아니한다.) 그러나 '토너먼트'방식으로 진행 될 경우 패널티킥 권한을 갖은 팀은 패널티킥을 포기 할 수 있다.

승리팀의 결정

1 승리 팀

㉮ 한 세트 동안 더 많은 득점을 한 팀이 그 세트를 가져간다.
㉯ 양 팀이 같은 수의 득점 또는 무득점이라면, 해당 세트는 무승부 이다.
㉰ 3세트 까지 실시한 후 두 세트를 먼저 가져간 팀이 승리 팀이다.

2 무승부 21.10.1.수정

㉮ 3세트 종료 후에도 두 세트를 먼저 가져간 팀이 없다면 연장전*을 실시 할 수 있다.
㉯ 연장전*의 방식도 이전 세트의 방식과 동일하다.
㉰ 연장전 종료 후에도 두 세트를 먼저 가져간 팀이 없다면 승부차기를 실시한다.
㉱ 다만 무승부가 인정되는 경기라면 연장전과 승부차기를 실시하지 않는다.

3 승부차기 21.10.1.수정

㉮ 승부차기의 방식은 패널티킥의 방식과 동일하되 양팀 각각 3명의 선수가 승부차기를 실시한다.
㉯ 골막이의 지정은 자유롭게 할 수 있으며 승부차기에 참여한 선수가 골막이를 병행 하는 것도 가능하다.

---

* '4세트'라는 단어와 '연장전'이라는 단어가 혼용되던 것을 연장전으로 통일(23. 10. 1.)

㉰ 승부차기가 무승부일 경우 승패가 결정 될 때까지 참여 선수를 한명씩 늘린다.

㉱ 참여선수를 한명씩 늘려 승부차기를 이어갈 경우 어느 두 팀중 한 팀만 득점에 성공한다면 그 팀이 경기에서 승리한 것으로 간주한다.*

㉲ 승부차기가 아무리 길어지더라도 처음 지정한 순서를 변경 할 수 없다.

반칙

1 반칙의 종류

㉮ 반칙에는 경고, 세트패, 경기패가 있다.

㉯ 경고의 경우 2회가 누적되면 패널티킥 1개가 부여되며 경고의 누적은 다음 세트에도 유지되지만 다음 경기에서는 초기화 된다.

㉰ 세트패는 해당 세트를 패한 것으로 간주하며 경기패는 해당경기를 패한 것으로 간주한다.

2 경고

㉮ 경기에 참여하는 선수가 아닌 사람이 조종석에 머물고 있을 때

㉯ 경기 중 심판, 상대선수 혹은 관중에게 경미한 비신사적인 행위를 했을 때

㉰ 심판의 허락 없이 경기장 시설물을 변경, 또는 이동시켜 자기 팀이 유리한 상황이 되도록 했을 때

㉱ 경기시작 신호 이전에 드론볼을 움직였을 때

㉲ 심판의 정당한 지시를 이행하지 않았을 때

---

* ㉰를 보충설명 하기위한 ㉱항 추가(23. 10. 1.)

3 세트 패

㉮ 해당세트에 참여중인 선수가 아닌 자에 의해 고의적으로 경기 중인 드론볼이 조작될 경우
㉯ 경기 중 심판, 상대선수 혹은 관중에게 중대한 비신사적인 행위를 했을 때
㉰ 팀을 구분하는 드론볼의 색상을 의도적으로 변경 했을 때
㉱ 경기를 유리하게 할 목적으로 경기 중인 드론볼을 무선조종이 아닌 물리력을 이용해 움직였을 때(손, 발 또는 기구)
㉲ 의도적으로 경기를 지연 시키거나 심판의 판정에 항의할 목적으로 동일한 경고를 두 번 이상 받을때

4 경기 패

㉮ 고의적으로 드론볼을 이용해 타인을 위협하거나 하는 등의 안전에 위해한 행동을 했을 때
㉯ 경기 중 심판, 상대선수 혹은 관중에게 심각한 비신사적인 행위를 했을 때
㉰ 참가 명단에 없는 선수를 부정한 방법으로 경기에 참가 시켰을 때

memo

Ⅲ 스카이킥
유소년 드론축구

스카이킥은 드론축구의 대중화를 위해 캠틱종합기술원에서 개발한 유소년/청소년의 초급자용 드론볼을 말한다.

스카이킥 드론볼

1 개요

스카이킥은 드론축구의 대중화를 위해 캠틱종합기술원에서 개발한 유소년/청소년의 초급자용 드론볼이다. 20cm의 크기로 완구 드론에 사용되는 블러시드 모터와 2셀 7.4V 전압 사용으로 훨씬 안전하게 사용할 수 있다. 스카이킥 1과 보다 개선된 스카이킥 2가 있다. 스카이킥 2는 모드-Ⅰ, Ⅱ 겸용으로 사용할 수 있다.

❖ 스카이킥

2 구성품

스카이킥의 주요 구성품은 아래와 같다.

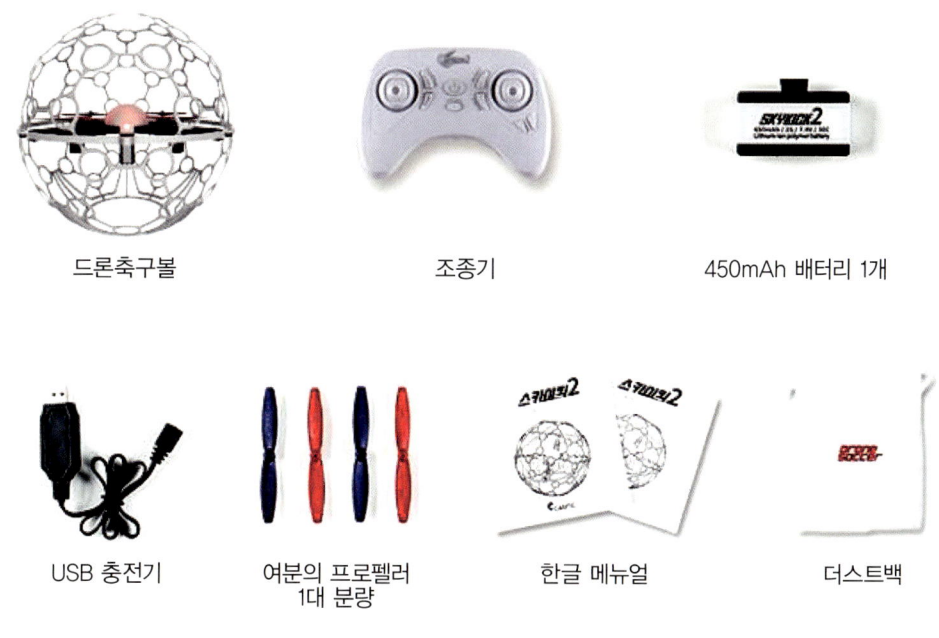

❖ 스카이킥 주요 구성품

3 스카이킥의 세부 제원과 배터리 충전방법

1. 세부제원

길이는 200mm, 높이는 180mm, 무게는 약 100g(배터리 포함), 비행시간은 약 6분(비행환경에 따라 다를 수 있음), 배터리는 450mAh/2S/7.4v/30C를 사용한다.

2. 배터리 충전방법

배터리 충전은 제품 포장에 동봉된 USB 케이블로 충전하며 충전이 완료되면 스카이킥 하단의 배터리 트레이에 끼우면 된다. 동시에 여러 개의 배터리를 충전할 경우는 시중에서 판매하는 4구 혹은 그 이상의 멀티 USB 충전기를 사용하면 된다.

스카이킥 배터리는 2셀의 리튬폴리머 배터리이므로 반드시 동봉된 밸런싱 충전기를 사용해서 충전해야 한다. 절차는 아래 그림과 같다.

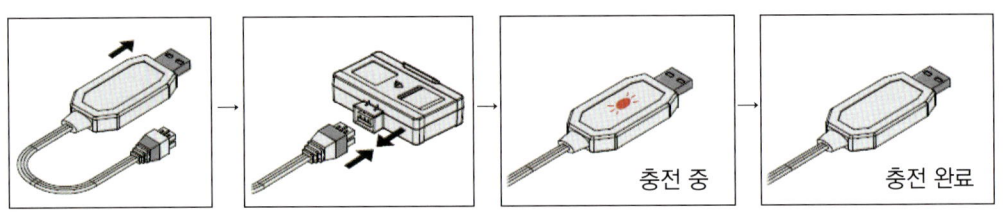

❖ 배터리 충전 방법

4 비행

1. 조종 방법(모드-II)

전원이 들어오면 스로틀을 상하로 조작하며 바인딩 한다. 점등이 멈추면 바인딩이 완료된 것이다. 중앙 전원 버튼 아래 자동 이륙키를 누르면 드론볼이 이륙한다.

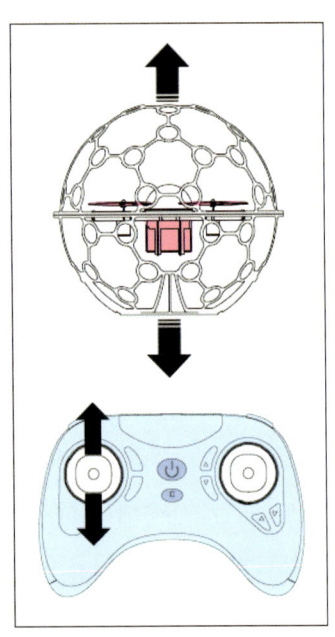 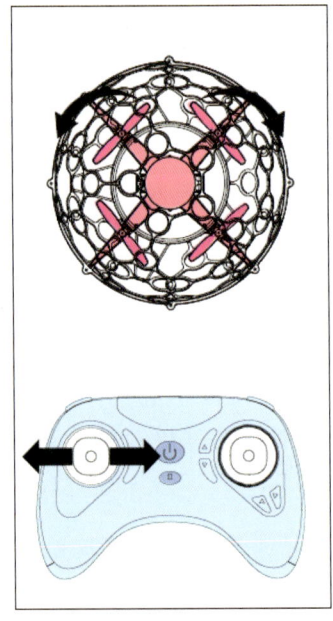 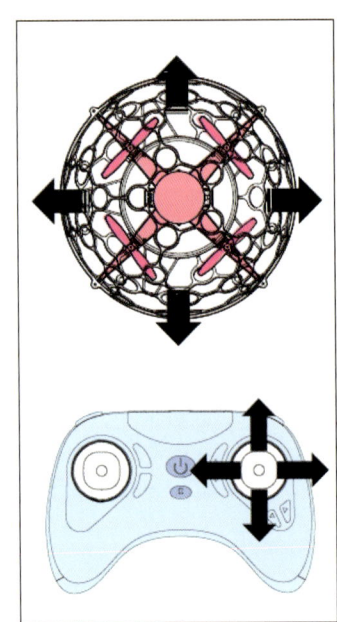

2. 자동 이륙 & 착륙

자동 이륙키를 3초 이상 누르면 자동이륙 한다.

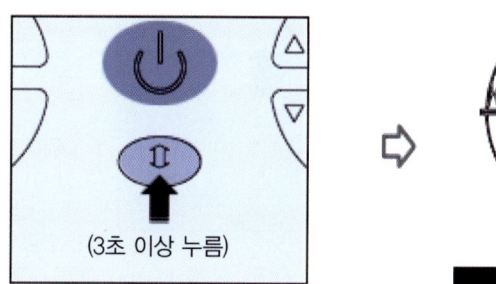 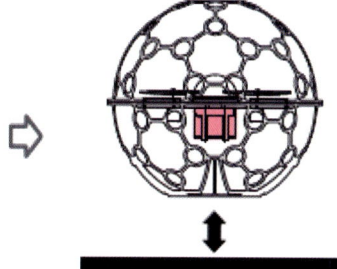

3. 비상정지

왼쪽 모퉁이 스위치와 스로틀 하단으로 내리면 비상정지 한다.

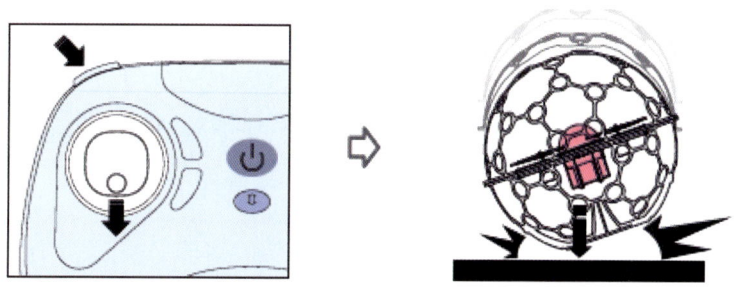

4. 모터 시동 & 정지(착륙상태에서 동작)

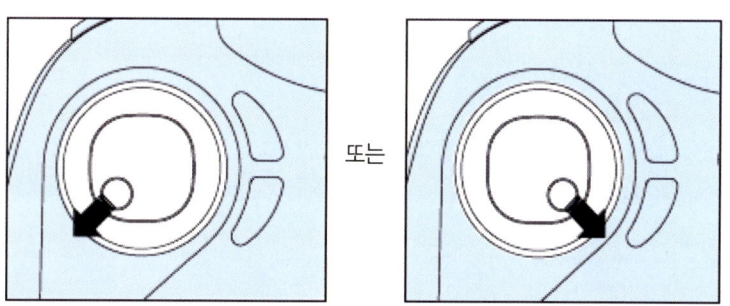

5. 헤드리스(착륙상태에서 설정 가능)

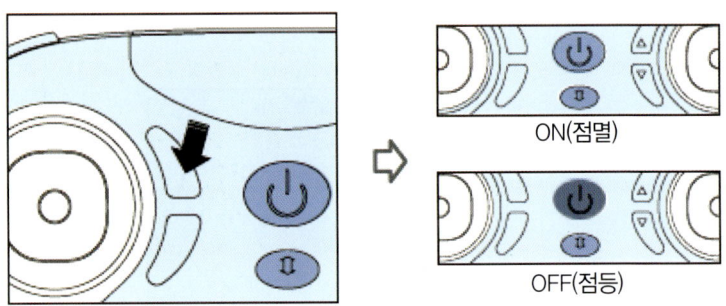

6. 모드-I/모드-II 변경(착륙상태에서 변경 가능)

스로틀 쪽 트림 상단/하단 스위치를 3초 이상 누른다.

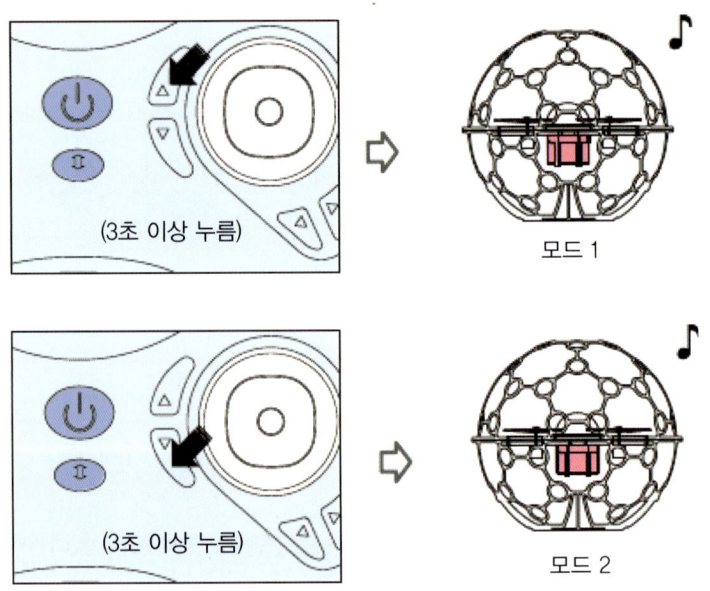

7. 트림 설정

스틱이 정중앙 상태 또는 방향지정 시 특정방향으로 흐른다면 트림 스위치를 통해 트림조정 한다.

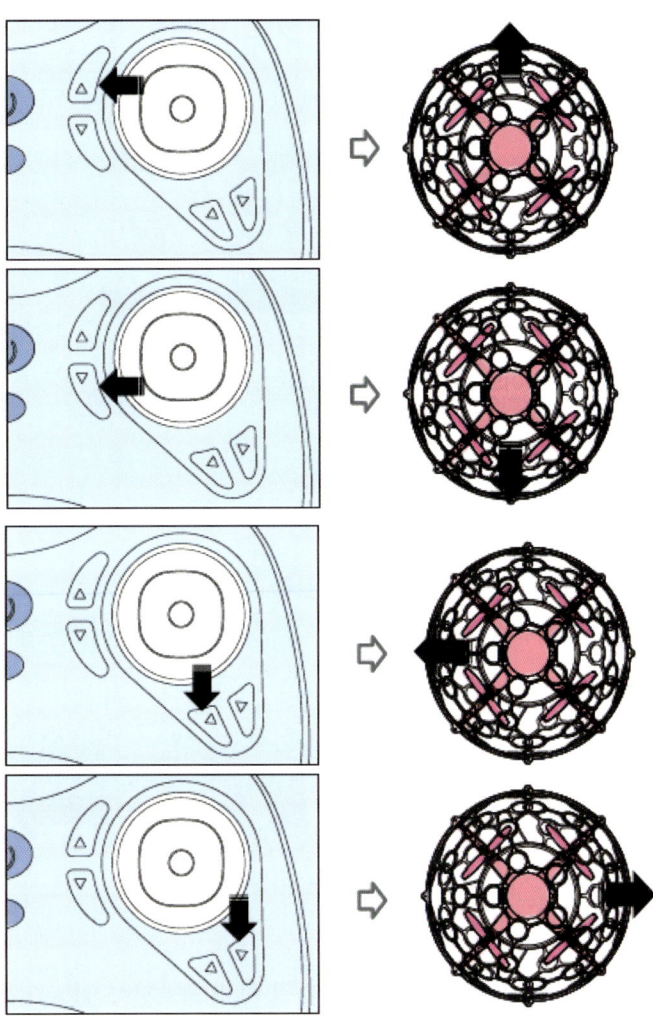

8. 드론 LED 색상 변경

LED 색상으로 팀을 구분한다. 오른쪽 검지 방향 버튼을 누르면 순서대로 LED 색상을 바꿀 수 있다.

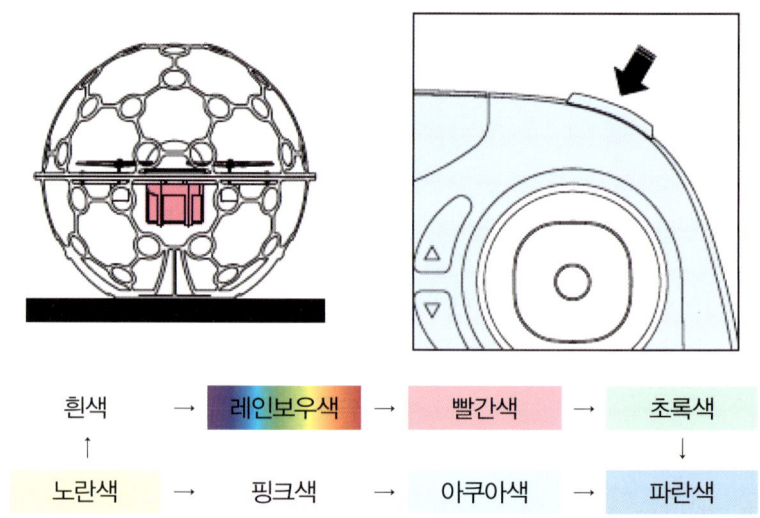

9. 속도 조절

왼쪽 검지방향 버튼을 누르면 3단계로 속도 조정이 가능하다.

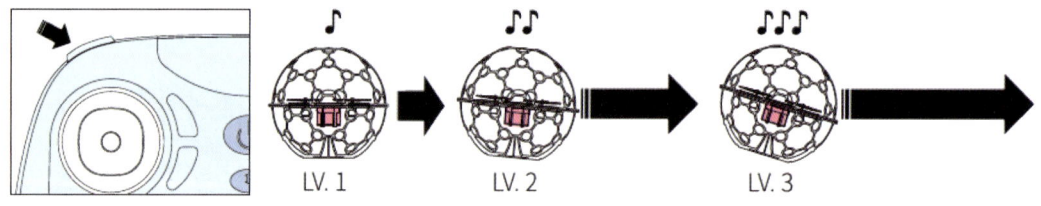

10. 360도 플립(배터리 잔량 50% 이하에서 동작)

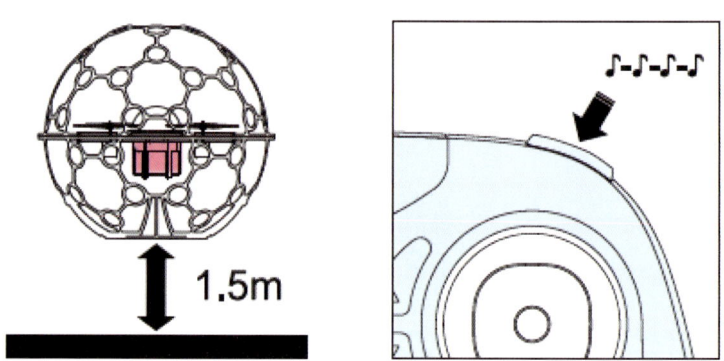

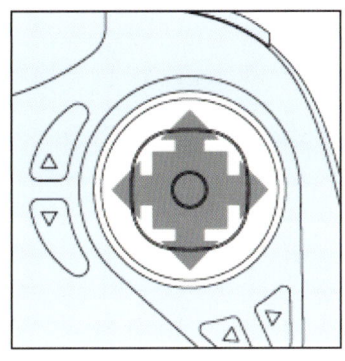 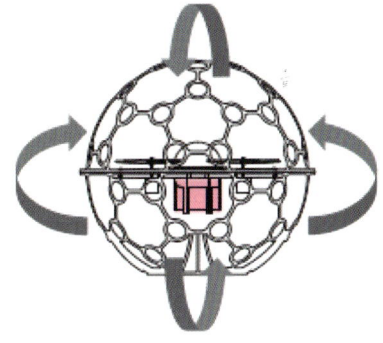

11. 리셋 & 페어링(드론의 배터리 연결 후 30초 이내 작동)

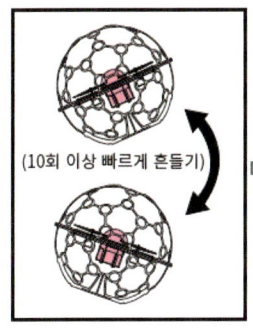 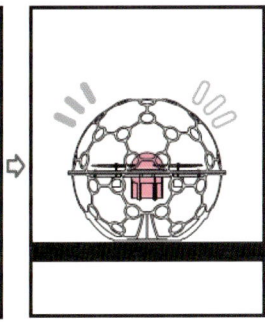 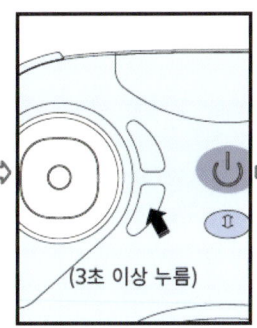 

5 스카이킥을 사용한 유소년 드론축구대회

PART 05

(사)대한드론축구협회의 드론축구 (민간)자격제도

자격제도, 자격별 실기 훈련 및 평가방법,
지도자와 심판의 자질향상교육을
함께 알아보자.

I 자격제도

(사)대한드론축구협회의 드론축구 (민간)자격제도

드론축구에 대한 올바른 지식의 전달과 통일된 경기방식의 보급 및 경기력 향상을 위해 드론축구 심판 및 지도자 자격제도를 구축하고 있다.

자격제도 개요

(사)대한드론축구협회는 드론축구에 대한 올바른 지식의 전달과 통일된 경기방식의 보급 및 경기력 향상을 위해 드론축구 심판 및 지도자 자격제도를 통해 드론축구 자격 요원을 양성하고 있다. 협회에서 양성된 드론축구 자격요원은 심판 및 지도자도 활동하며 드론축구 발전에 기여함은 물론이고 4차 산업의 선두로 떠오르고 있는 드론산업의 발전과 가치의 확산에 중추적인 역할을 하고 있다. 이에 협회는 드론축구 및 드론산업과 관련된 표준교재 및 인터넷 강의 등을 제작하여 적극 활용토록 하고 있으며 협회의 전국적인 지회 및 지부가 앞장서 드론산업 발전에 이바지하고 있다.

자격의 종류와 취득방법

1 드론축구 지도자 자격

1. 개요

드론축구 지도자자격은 초등학교 방과 후 교육(강사), 중학교 자율학기제(강사), 드론관련 학원(강사), 드론축구단(감독, 코치) 등 드론축구를 지도하려는 사람(강사, 감독, 코치 등)이 취득하는 자격을 말한다(*2020년 3월 이후 드론볼로 드론축구를 지도하고자 하는 사람은 (사)대한드론축구협회의 지도자 자격을 갖추어야 한다).

2. 자격의 구분

드론축구 지도자 자격은 **1급부터 3급까지** 3단계로 구분된다. 최초 학과교육(인터넷 강의 수료 및 평가 합격)과 실기 교육(실기 평가 합격) 후 자격을 취득한 사람은 3급 자격을 취득하게 되며, 그로부터 1년 경과 후 활동증명(지부 발행)과 보수교육(협회주관)으로 지도자 2급 자격을 취득하게 된다. 이후 2년이 경과한 후에 활동증명(지부 발행)과 보수교육(협회 주관)으로 지도자 1급 자격을 취득할 수 있다. 위의 내용을 정리하면 아래 표와 같다.

❖ 드론축구 지도자 자격별 취득 방법

취득 자격구분	시기	취득 방법
지도자 3급(협회발행)	최초 자격취득	학과 이수(인터넷 강의 및 평가) 실기 교육(지부 주관) 학과/실기시험(지회 주관)
지도자 2급(협회발행)	1년 이상 경과 후	활동증명(지부 발행) 및 보수교육(협회 주관)
지도자 1급(협회발행)	2년 이상 경과 후	활동증명(지부 발행) 및 보수교육(협회 주관)

3. 자격의 취득방법

(1) 학과 교육 및 평가 : 인터넷 강의 및 평가

1) 지도자 3급(최초 자격취득자)

❖ 지도자 3급의 학과교육 세부 과목과 내용

주요 과목	세부 내용
드론 및 드론축구의 이해	– 드론의 정의(PART 7), 비행원리(PART 7) – 드론축구란(PART 1)
드론볼 조립 및 세팅	– 일반부 드론볼의 조립 및 세팅 – 유소년부 드론볼의 조립 및 세팅
드론축구 규정	– 드론축구 규정의 이해와 적용(PART 2)
자질 향상교육	– 경기운영 능력 향상교육(PART 5) – 교수법 및 인성교육(PART 5) – 안전관리
관련 법규	– 항공안전법(PART 7) – 전파법(PART 7), 사생활 침해죄(PART 7) 등
평가	– 위의 내용 40문항 70%이상 득점 시 합격

2) 지도자 1, 2급 및 기타

지도자 1, 2급은 별도의 시험 없이 보수교육과 활동증명으로 취득할 수 있다. 활동증명이란 (사)대한드론축구협회에서 발행하는 것으로 자격취득 후 심판 및 지도자로서 지속적인 활동이 있었음을 협회에서 인정하는 것이다. 이외에 심판자격 보유자는 드론축구 규정부분을 면제받는다.

(2) 실기시험(지부 주관) 및 평가(지회 주관)

❖ 실기시험 평가 방법

주요 과목	세부 내용
실기비행훈련 및 코스	① 코스비행(지정코스) ② 득점비행(직진비행, 2분 10득점)
드론축구 정비 및 세팅	① 드론볼 조립(도해실기*) 및 FC세팅(실기) ② 배터리의 이해(필기시험)
평가	타 지회 소속의 평가관을 선임하여 지회주관 평가

> **도해실기**
> 여기에서는 직접 납땜 등을 하지 않고 도면, 사진 등을 이용하여 연결부에 대한 방법 및 이해가 깊은지의 여부를 평가하는 것임

2 드론축구 심판 자격

1. 개요

드론축구 심판자격은 연간 실시되는 드론축구 대회와 각종 행사의 운영 등을 위하여 드론축구 규정에 대해 보다 전문적인 지식을 습득한 사람에게 부여된다.

❖ 드론축구 심판로고

2. 자격의 구분

드론축구 심판자격은 1급~3급 그리고 국제심판으로 구분된다. 최초 학과교육(인터넷 강의 수료 및 평가 합격)과 실기 교육(실기 평가-비디오시험-합격) 후 자격을 취득한 사람은 심판 3급 자격을 취득하게 되며, 이후 1년 경과 후 공식대회 활동증명 3회 및 보수교육(협회주관)으로 심판 2급 자격을 취득하게 된다. 이후 2년 경과 후 공식대회 활동증명 5회 및 보수교육(협회주관)으로 심판 1급 자격을 취득할 수 있다. 또한 심판 1급 자격취득 후 국제 활동증명과 언어구사 능력시험(협회주관)에 합격하면 국제심판 자격을 취득할 수 있다. 위의 내용을 정리하면 아래 표와 같다.

❖ 드론축구 심판 자격별 취득 방법

취득자격 구분	시기	취득 방법
심판 3급(협회발행)	최초 자격취득	학과 이수(인터넷 강의 및 평가) 비디오 실기시험 합격 학과/실기시험(지회 주관)
심판 2급(협회발행)	3급 취득 후 1년 이상 경과	활동증명(지부 발행) 및 보수교육(협회 주관)
심판 1급(협회발행)	2급 취득 후 2년 이상 경과	활동증명(지부 발행) 및 보수교육(협회 주관)
국제 심판(협회 발행)	1급 취득 후	국제 활동증명 및 언어구사능력(협회 주관)

2. 자격의 취득방법

(1) 학과 교육 및 평가 : 인터넷 강의 및 평가

1) 심판 3급(최초 자격취득자)

❖ 심판 3급의 학과교육 세부 과목과 내용

주요 과목	세부 내용
드론 및 드론축구의 이해	- 드론의 정의(PART 7), 비행원리(PART 7) - 드론축구란(PART 1)
드론축구 규정과 대회운영	- 규정(PART 2) - 대회 기획 및 운영능력
자질 향상교육	- 경기운영 능력 향상교육(PART 5) - 교수법 및 인성교육(PART 5), - 안전관리
평가	- 위의 내용 40문항 70%이상 득점 시 합격

(2) 실기교육(지부 주관) 및 평가(지회 주관)

❖ 실기시험 및 평가방법

주요 과목	세부 내용
실기 훈련	– 골인(Goal in) 판정 방법 – 반칙 판정(골대 안 수비, 경기포기자 조치) – 오프사이드(Off side) 판정 방법
평가	– 비디오 실기시험 진행 – 상급 심판자격시험 시 최근 1년간 3회 이상 심판 경력(공식대회)이 있는 경우 면제 ※ 실기 평가 주관은 지회(교관 상호 지원 평가) * 동일 지회요원 평가 불가

1) 골인(Goal in) 판정 방법

공격 측 스트라이커 기체가 골대 중앙에 들어가 기체 후미까지 골을 완전히 통과하면, 골인을 선언한다. 기체가 반 또는 일부 들어가다 나온 경우에는 골인으로 판정할 수 없다.

2) 반칙 판정(골대 안 수비, 경기 포기자 조치 등)

심판은 드론축구 규정에 의거 반칙을 판정해야 한다. 특히 심판으로서 가장 중요한 사항 중 하나가 득점에 대한 판정이며 득점 및 수비와 관련한 주요한 반칙사항을 확실히 숙지하여야 한다.

첫째, **골대를 기준으로 골대 뒤에서 수비를 인정하지 않는다.** 수비수가 골대의 뒤에 있다가 앞으로 통과하면 반칙 상황이 되므로 본의 아니게 상대 선수에게 밀려 골대를 통과 하였더라도 반드시 골의 바깥을 지나서 골대 앞으로 자리 잡아야 한다.

둘째, 골대 뒤쪽 또는 골대 안에서 상대 공격과 무관하게 잠시 머무르는 것은 허용되나, **상대 공격수와 경합하는 상황에서 골대 뒤나 안쪽에 머무를 수는 없다.** 만약 이러한 상황에서 상대가 득점한다면 득점이 인정됨과 동시에 추가 패널티를 줄 수 있다. 때문에 만약 상대 스트라이커에 밀려서 골대 안으로 들어갔을 경우 골대 안쪽에서 경합하여 상대 공격수를 다시 밀어내려는 시도를 해서는 안 된다.

셋째, **세트 포기자의 기체는 반드시 시동이 꺼져 있어야 한다.** 이를 어기고 실수 또는 고의에 의해 세트 포기자의 기체가 기동을 하는 경우 세트 몰수패를 선언한다.

넷째, **경기장 내의 기체와는 어떤 형태로든 고의에 의한 물리적 접촉을 해서는 안 된다.** 만약 누군가 고의로 경기장 안의 드론볼을 접촉하였을 경우 즉시 경기를 중단시키고 해당 팀에 세트패를 선언한다. 그러나 이때 드론볼을 움직인 사람이 해당 팀과 전혀 관련성이 없는 사람이라면 재경기를 실시할 수 있다.

3) 오프사이드(Off side) 판정 방법

스트라이커는 득점 이후 반드시 하프라인 자기진영으로 후퇴한 후 다시 공격을 시도해야 한다. 그러나 이때 상대진영에 같은 편의 드론볼이 하나라도 있을 경우 득점을 시도하지 못하고 하프라인 후방에서 대기하여야 한다. 만약 이를 어기고 득점을 시도하여 골인한다 하더라도 득점으로 인정하지 않는다.

3 드론축구 선수의 조종 레벨 인증

1. 개요

드론축구 선수의 레벨 인증은 드론축구 조종 실력과 드론 정비 능력 등을 단계화하여 협회로부터 공인받는 제도이다. 이는 실력을 보다 객관적으로 입증 받고자 하는 개인 및 선수가 취득하는 일종의 자격 레벨이다. 레벨 인증을 통해 선수 개인의 실력을 보다 과학적으로 수치화할 수 있음은 물론 향후 드론의 개발 및 산업분야에서 높은 수준의 테스트 비행사가 필요할 경우 객관적으로 입증된 드론조종사를 공급할 수 있다.

2. 레벨 인증의 구분

레벨 인증은 크게 훈련과정과 선수과정으로 구분된다.

훈련과정은 드론에 대한 기본적 이해가 부족한 학생 또는 초보자가 드론축구를 익히고 배워가는 과정이며 **예비선수**Reserve player **레벨**, **후보선수**Substitute player **레벨** 그리고 **주전선수**Main player **레벨** 등 3개의 레벨로 나누어진다.

각 레벨은 수준(취득 점수)에 따라 다시 10급에서 1급까지로 나누어진다. 최초 예비선수 레벨 테스트를 받은 후 후보선수 레벨, 그리고 주전선수 레벨 순으로 상향할 수 있으며, 각 레벨별 수준에 맞는 훈련을 실시한 후 기초이론시험과 코스 비행시험에 합격하여야 한다.

선수과정은 드론축구에 대한 이해가 깊고 이미 상당한 조종 능력을 갖춘 사람을 대상으로 하는 레벨 테스트이며 루키, 아마, 프로 단계로 구분된다. 각 단계별로 지정된 코스가 있으며 이 코스를 얼마나 빠르게 완주하느냐에 따라 급수가 부여되기 때문에 평소 연습량과 조종 실력에 따라 지속적인 실력향상을 공인받을 수 있게 된다.

❖ 드론축구 레벨 인증 자격 및 취득 방법

구분(연차)	시기	취득 방법
훈련과정 (유소년, 일반)	1주 – 비행원리 2주 – 기초비행 3주 – 팀 훈련, 드론축구 규정교육 4주 – 예비선수(Reserve player) 레벨 테스트 ＊ L1 ~ L10(기초이론시험 + 초급코스 비행시험)	지도자가 신청 지부에서 발행
	5주 – 거리비행, 팀 훈련 6주 – 전술비행, 팀 훈련 7주 – 실전연습게임 8주 – 후보 선수(Substitute player) 레벨 테스트 ＊ L 1 ~ L 10(기초이론시험 + 중급코스 비행시험)	
	9주 – 고장진단 10주 – 조립 및 정비 11주 – 기체 및 조종기 세팅 12주 – 주전선수(Main player) 레벨 테스트 ＊ L 1 ~ L 10(기초이론시험 + 상급코스 비행시험)	
선수과정 (레벨 테스트)	– 루키, 아마, 프로 단계 구분 – 단계별 난이도가 다른 비행코스 지정 – 각 단계별 점수에 따른 10급~1급, 탈락기준 산정 – 하위단계 8~10급 취득 시 상위단계 도전	평가 : 지회 자격 : 협회 발행

3. 자격 취득 방법

(1) 훈련과정 취득 방법

훈련과정의 자격취득은 드론축구 지도자에게 위임되어 있으며 드론축구 지도자는 훈련생을 지도하고 훈련생의 훈련성과에 따라 레벨 테스트를 통해 자격을 부여할 수 있다. 지도자의 지도방법 및 내용은 각기 다를 수 있으므로 협회에서는 표준 지도방법에 대해 지속적으로 개발하고 드론축구 지도자에 대한 직무연수를 실시한다. 다만 지도자는 실력이 아무리 출중한 선수라 하더라도 체계적인 교육을 위한 12주간의 기본교육을 실시해야 한다.

(2) 선수과정 취득 방법

선수과정 레벨 인증은 선수들의 훈련성과를 객관적으로 입증하고 선수 각자가 개인의 실력이 어느 정도인지 가늠할 수 있게 하는 객관적인 척도를 제공하여 훈련의지를 고양시키기 위해 개발되었다.

선수과정 레벨 인증은 지회단위로 협회의 공인된 경기장에서 진행된다. 드론축구 선수는 협회(지회)에서 공지된 레벨 테스트에 참가함으로써 레벨을 인증 받을 수 있다. 레벨 인증에 있어 불합격은 없으며 선수개인의 실력을 인증할 뿐이다. 레벨 인증의 결과는 선수단의 실력과 무관하며 참고사항으로만 활용된다.

(사)대한드론축구협회는 향후 홈페이지 개정 등을 통해 드론축구 선수의 개인 프로필을 전산화할 계획이며 선수 레벨은 자동으로 개인 프로필에 포함되게 된다. 아래의 선수레벨 테스트 방법은 국제드론축구협회(FIDA)의 공식 테스트 방법이며 전 세계 공통이므로 세계 각국의 선수들과 실력을 비교해 볼 수도 있게 될 것이다.

선수과정의 레벨 인증 시 단계별 코스는 다음과 같다.

1) 루키 레벨 인증

루키 레벨은 ×표시에서 시작하여 지정된 코스를 완주하여 10득점을 완료하는 기준으로 시간을 측정한다.

- 총 2번의 시도를 할 수 있으며 이 중 짧은 시간을 기록으로 인정한다.
- 골대를 포함한 경기장 외벽, 바닥 등에 드론볼이 닿아도 무방하나, 출발선의 기물은 반드시 통과하여야 한다.
- 3분 내에 완주하지 못하면 시간을 기록하지 않고 득점수를 기록한다.
- 2분 이내의 기록을 달성하면 아마 레벨에 도전할 수 있다. (도전 수준은 드론축구 선수의 평균 기량에 따라 협회에서 조정할 수 있다.)

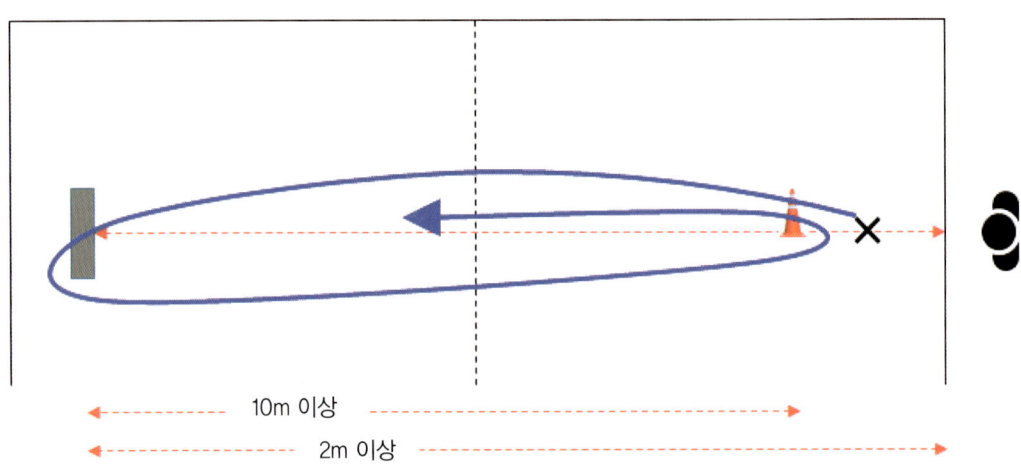

❖ 루키 레벨 인증 비행방법

2) 아마 레벨 인증

아마 레벨은 ×표시에서 시작하여 지정된 코스를 완주하여 10득점을 완료하는 기준으로 시간을 측정한다.

- 총 2번의 시도를 할 수 있으며 이 중 짧은 시간을 기록으로 인정한다.
- 골대를 포함한 경기장 외벽, 바닥, 기물 등에 드론볼이 닿아도 무방하나, 출발선의 기물은 반드시 통과하여야 한다.
- 2분 이내의 기록을 달성하면 프로레벨에 도전할 수 있다. (도전 수준은 드론축구 선수의 평균 기량에 따라 협회에서 조정할 수 있다.)

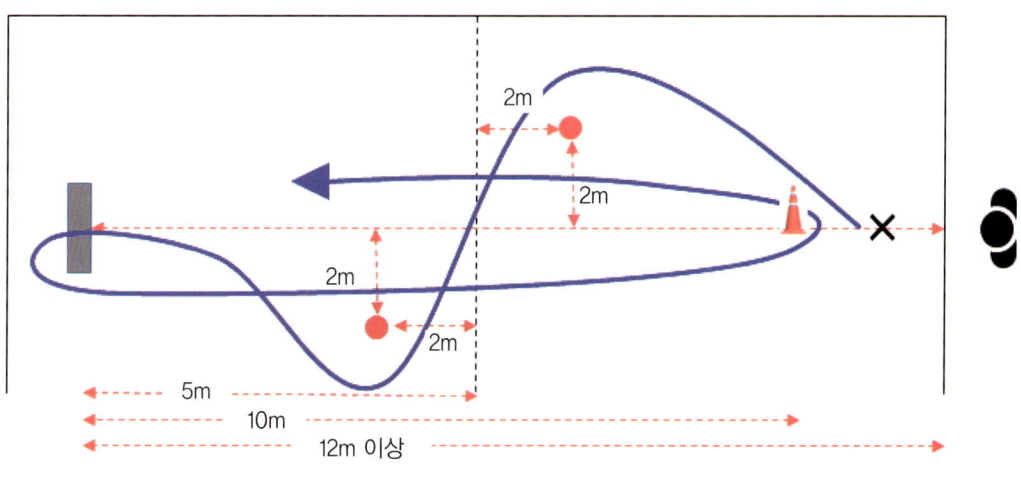

❖ 아마 레벨 인증 비행방법

3) 프로 레벨 인증

프로 레벨은 ×표시에서 시작하여 지정된 코스를 완주하여 10득점을 완료하는 기준으로 시간을 측정한다.

- 최초 5회는 후면비행, 다음 5회는 정면비행으로 10회를 완주해야 한다.
- 골대를 포함한 경기장 외벽, 바닥, 기물 등에 드론볼이 닿아도 무방하나, 출발선의 기물은 반드시 통과하여야 한다.
- 총 2번의 시도를 할 수 있으며 이 중 가장 짧은 시간을 기록으로 인정한다.
- 프로 레벨 1~4급은 반드시 동영상으로 촬영해야 하며 동영상으로 촬영된 기록만 인정한다.

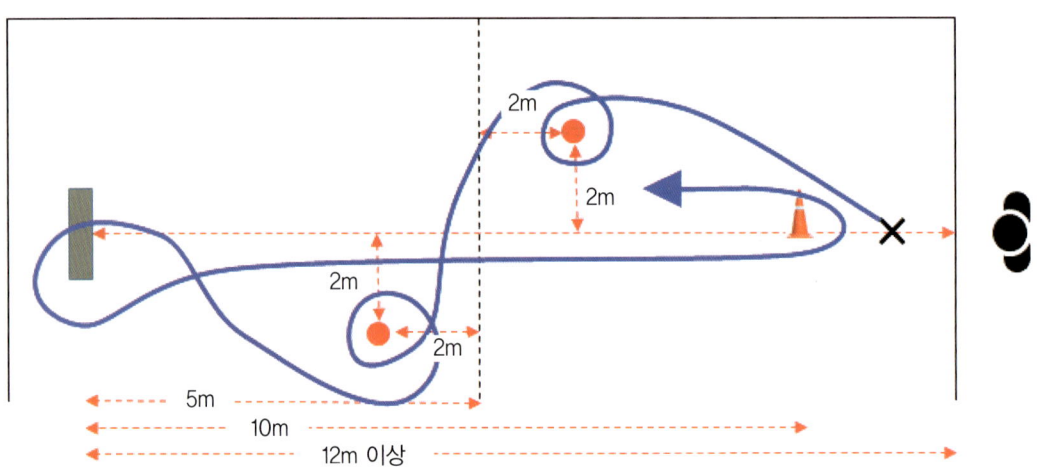

❖ 프로 레벨 인증 비행방법

❖ 레벨 테스트 결과에 따른 급수 부여

구분	루키 레벨	아마 레벨	프로 레벨
레벨 승급	2:00:00 이내	2:00:00 이내	−
1급	2:00:01 ~ 2:06:00	2:00:01 ~ 2:06:00	2:00:01 ~ 2:06:00
2급	2:06:01 ~ 2:12:00	2:06:01 ~ 2:12:00	2:06:01 ~ 2:12:00
3급	2:12:01 ~ 2:18:00	2:12:01 ~ 2:18:00	2:12:01 ~ 2:18:00
4급	2:18:01 ~ 2:24:00	2:18:01 ~ 2:24:00	2:18:01 ~ 2:24:00
5급	2:24:01 ~ 2:30:00	2:24:01 ~ 2:30:00	2:24:01 ~ 2:30:00
6급	2:30:01 ~ 2:36:00	2:30:01 ~ 2:36:00	2:30:01 ~ 2:36:00
7급	2:36:01 ~ 2:42:00	2:36:01 ~ 2:42:00	2:36:01 ~ 2:42:00
8급	2:42:01 ~ 2:48:00	2:42:01 ~ 2:48:00	2:42:01 ~ 2:48:00
9급	2:48:01 ~ 2:54:00	2:48:01 ~ 2:54:00	2:48:01 ~ 2:54:00
10급	2:54:01 ~ 3:00:00	2:54:01 ~ 3:00:00	2:54:01 ~ 3:00:00
11급	9득점		
12급	8득점		
13급	7득점		
14급	6득점		
15급	5득점		
16급	4득점		
17급	3득점		
18급	2득점		
19급	1득점		
20급	0득점		

II. 자격별 실기 훈련 및 평가방법

(사)대한드론축구협회의 드론축구 (민간)자격제도

다음은 자격별로 실기 훈련 및 평가 방법을 알아볼 것이다.

드론축구 지도자

1 실기비행훈련 및 평가

1. 코스 비행

(1) 실기평가 코스

실기평가장은 3m의 정방형으로 이루어지며 중앙부에 드론볼이 이·착륙할 수 있는 Takeoff & Landing 포인트가 위치한다.

조종자의 위치는 이와 3m 이격된 곳에 위치하며 위치를 바꿀 수는 없다.

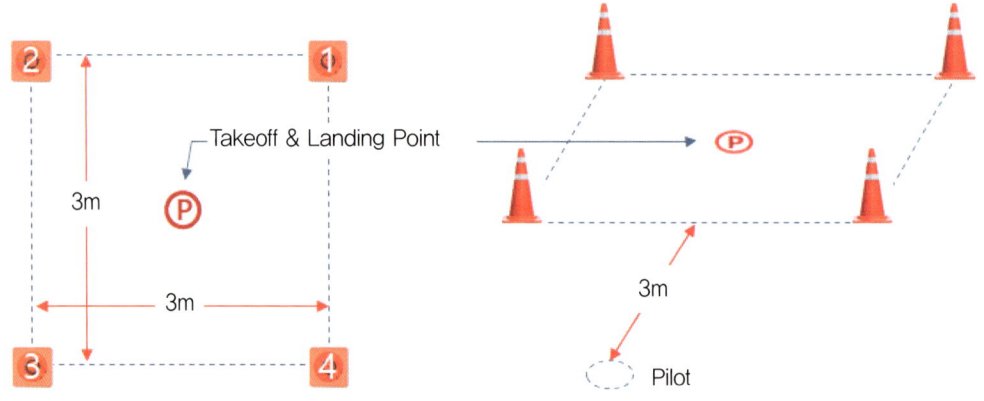

❖ 실기비행 평가 코스

(2) 실기평가 실시요령

1) **실기비행 평가 시에는 아래 사항에 유의하여야 한다.**

① 드론볼의 비행은 2m 높이에서 실시하며 조종자의 눈높이 이하로 내려와서는 안 된다.

② 시험코스의 모서리를 통과할 때는 완전히 정지하여 직각으로 돌아야 하며 원을 그리면서 통과해서는 안 된다.

③ 매 단계마다 이·착륙을 해야 하며 착륙은 부드럽게 해야 한다.

④ 모든 단계는 3분 내에 이루어져야 한다.

2) **실기평가 방법 및 순서**

① 1단계(후면비행) : 2m높이 이륙 후에 1~4번 포인트를 거쳐 다시 착륙한다. 이때 조종자는 항상 드론볼의 뒷면을 바라보고 있어야 한다.

② 2단계(정면비행) : 2m높이 이륙 후에 1~4번 포인트를 거쳐 다시 착륙한다. 이때 조종자는 항상 드론볼의 정면을 바라보고 있어야 한다.

③ 3단계(경로비행) : 2m높이 이륙 후에 1~4번 포인트를 거쳐 다시 착륙한다. 이때 기체의 정면은 항상 움직이는 방향을 향하고 있어야 한다.

2. 득점 비행

(1) 실기평가 코스

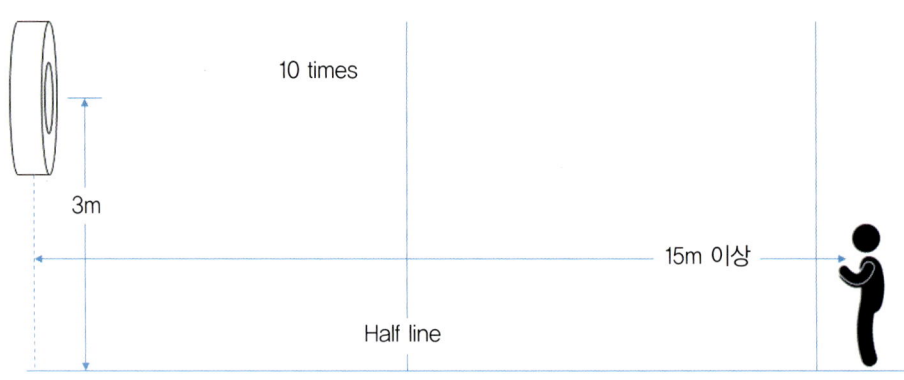

❖ 실기비행 평가 코스

위의 규정에 맞는 실기시험 전용 코스이거나 협회에서 인정한 공식 경기장에서 실기시험이 가능하다. 이때 골의 크기와 형상이 협회가 정한 기준에 맞아야 한다.

(2) 실기평가 실시요령

1) 득점비행 평가 시에는 아래의 사항을 유의하여야 한다.

① 조종자는 headless 모드를 사용해서는 안 된다.
② 드론볼은 협회 규격에 맞아야 하며 스트라이커 표식을 부착해야 한다.

2) 실기평가 방법 및 순서

① 드론볼은 이륙지점에 대기하며 시동이 걸려있어도 무방하다.
② 평가관의 신호와 함께 드론볼을 이륙시켜 10회 연속으로 득점하되, 득점 후에는 반드시 하프라인을 넘어온 후 재득점을 시도해야 한다.
③ 2분 이내에 10득점을 완료해야 한다.

2 드론축구 정비 및 세팅

1. 드론볼의 조립

드론볼 조립 평가는 실제 납땜을 하지 않는 도해실기로 이루어진다.

평가관이 일반적으로 통용되는 FC, ESC, 수신기, 모터 등의 사진이 담긴 출제지를 수험자에게 제시하면 수험자는 연결해야 할 부위를 따라 선을 긋는 방식이다. 협회에서는 통용되는 각 부품의 제조사를 사전에 제시하며 수험자는 모든 부품의 연결도를 파악하고 있어야 한다.

2. FC 및 조종기의 세팅

조립 및 세팅의 평가를 위해 수험자는 드론볼, 조종기, 노트북을 휴대하여야 한다. 노트북에는 베타플라이트 등 FC를 세팅할 수 있는 프리웨어 소프트웨어가 설치되어 있어야 한다. 평가의 순서는 아래와 같다.

첫 번째 단계로 각 수험자는 본인의 FC와 조종기를 초기화시킨다. 두 번째 단계로 평가관은 수험자의 드론과 조종기를 랜덤하게 교체한 후 세팅해야 할 FC의 수치와 조종기에 할당해야 할 각 키 값과 키의 위치를 지정하여 공지한다. 수험자에게는 20분의 시간이 주어지며 제시된 수치에 의거 FC와 조종기를 세팅하여야 한다.

3. 배터리의 이해

드론축구 지도자로서 중요한 소양의 하나가 바로 배터리에 대한 이해이다. 배터리의 올바른 사용과 관리를 통해 안전사고를 미연에 방지하고 배터리의 수명 또한 연장할 수 있다.

시험은 필기로 이루어지며 총 10문항이 출제된다. 출제되는 시험의 영역은 아래와 같다.

- 배터리 표기사항의 이해
- 배터리의 종류와 특성
- 배터리 사용법(충전 및 방전)
- 안전한 배터리 폐기 및 화재 시 조치사항

드론축구 심판

1 실기비행훈련 및 코스

첫째, 실제 경기하는 비디오를 통한 경기판독능력을 평가한다.

둘째, 1세트 경기 비디오를 판독해 득점 및 오프사이드 선언, 경기 포기자에 대한 평가를 한다.

셋째, 해당 비디오는 사전에 득점과 오프사이드, 경기 포기자에 대한 사전 점수와 기준을 마련한다.

넷째, 채점표는 아래와 같다.

구분		횟수	합격여부
골인 득점 판정			
반칙 판정	골대 안 수비		
	경기 포기자 기동		
Off side 판정			

* 득점, Off side, 경기 포기자 기동의 경우 100% 판정을 해야 합격한다.
* 골문수비의 경우 80% 이상 판정이 정확해야 항목 합격이다.

III. 지도자, 심판의 자질향상교육

(사)대한드론축구협회의 드론축구 (민간)자격제도

다음은 드론축구 지도자와 심판의 자질향상교육을 알아볼 것이다.

경기운영 능력향상 교육

1 경기운영 주요 용어의 이해

1. 경기의 시작과 종료 알림

시작과 종료를 알리는 음향신호는 최소 10초 전에 예비신호를 보낸다. 경기 시작신호는 예비신호 10초 후 별도의 음향 또는 수기를 통해 불시에 주어짐으로써 예측 출발을 방지한다.

2. 주·부심의 신호

경기 운영 간 주·부심의 수기 및 LED 신호는 대한드론축구협회 규정집 및 이 교재의 제4장을 참조하기 바란다.

3. 위치별 선수명칭

(1) **골잡이** Striker : 공격수로서 득점이 가능한 선수
(2) **길잡이** Guide : 공격수로서 스트라이커의 득점을 돕는 선수
(3) **전방 길막이** Libero : 수비를 맡으면서 공격에도 일부 가담하는 선수
(4) **후방 길막이** Sweeper : 수비의 최후방을 전문적으로 지키는 선수
(5) **골막이** Keeper : 골문의 바로 앞에서 상대 득점을 막아내는 선수

4. 득점

득점은 상대팀의 골에 골잡이의 드론볼이 통과하면 득점으로 인정한다. 그러나 득점 당시 오프사이드에 걸려 있거나 완전히 통과하지 못하고 다시 튕겨져 나오는 경우는 득점으로 인정하지 않는다.

5. 오프사이드(Off side)

축구 경기 등에서 공격팀 선수가 상대편 진영에서 공보다 앞쪽에 있을 때 오프사이드 반칙이라고 한다. 드론축구에서 득점에 성공한 팀은 반드시 모든 선수가 하프 라인 후방의 자기 진영까지 되돌아간 후에 다음 득점을 시도해야 한다. 만약 골잡이가 득점 후 자기진영으로 돌아와 다음 득점을 시도하려할 때 자기 팀의 어느 한 선수가 하프라인 뒤로 돌아오지 못했다면 이를 오프사이드 상황으로 간주하며 골잡이는 해당 선수가 하프라인 뒤로 나오거나 해당 세트를 포기하기 전까지 하프라인을 넘어 득점을 시도할 수 없다.

6. 골잡이 이외의 선수 득점

골잡이 이외의 선수가 상대골을 통과하여 득점을 했을 때는 득점으로 인정하지 않으며 패틸티도 없다. 그러나 골잡이 이외의 선수가 자기 골을 통과하거나 골대 안에 머물러서는 안 된다.

7. 페널티킥(Penalty kick)

페널티킥이란 통상 스포츠 경기에서 페널티 에어리어 안에서 수비팀 선수가 반칙을 범했을 경우, 공격팀이 페널티마크 위에 볼을 올려놓고 골키퍼Goal keeper와 일대일 상황에서 차는 킥으로, 승부차기라고도 한다.

드론축구에서는 다음과 같은 경우 패널티킥이 부여된다. 첫째, 경기 시작 신호보다 먼저 볼을 이륙시켜 플레이 했을 경우 둘째, 연속득점 제한규정을 어겨 연속득점 했을 경우 셋째, 자기진영 골의 안쪽에서 수비를 할 경우이다.

드론축구의 패널티킥 방법으로 매 세트 종료 후에 1명의 골잡이와 1명의 골막이의 1:1 대결로 이루어지며, 패널티 1회당 5초의 시간을 준다. 패널티킥의 시작점은 골잡이의 경우 하프라인, 골막이의 경우 골의 하단부이다. 심판의 신호 이후 5초의 시간이 주어지며 득점방식은 플레이 도중일 때와 같다. 주어진 시간 안에 다 득점이 가능하다.

예를 들어 A팀이 3회의 패널티를 받고, B팀이 1회의 패널티를 받았다면 패널티킥 숫자를 상계하여 A팀이 2회의 패널티킥 권한을 갖는다. 이때는 A팀의 골잡이와 B팀의 골막이의 대결로 10초간 이루어진다.

8. 세트패

드론축구에서 세트패는 첫째, 해당 세트에 참여 중인 선수가 아닌 자에 의해 고의적으로 경기 중인 드론볼이 조작될 경우 둘째, 경기 중 심판, 상대선수 혹은 관중에게 중대한 비신사적인 행위를 했을 경우 셋째, 경기를 유리하게 할 목적으로 경기 중인 드론볼을 무선조종이 아닌 물리력을 이용해 움직였을 경우(손, 발 또는 기구) 등이다.

9. 경기패

드론축구에서 경기패는 첫째, 고의적으로 드론볼을 이용해 타인을 위협하거나 하는 등의 안전에 위해한 행동을 했을 경우 둘째, 경기 중 심판, 상대선수 혹은 관중에게 심각한 비신사적인 행위를 했을 경우이다.

10. 경기장 관련 용어

(1) 골

골의 형상은 원형이며, 내경의 지름은 60cm, 외경의 지금은 100cm이다. 골은 그 중심을 경기장 단변의 중앙부에서 중앙선 방향으로 이격된 거리에 위치시킨다. 높이는 경기장 표면으로부터 3~3.5m 사이에 매달거나 지주를 이용하여 바닥으로부터 띄워 지탱한다. 수동으로 백색과 적색 LED 점등이 가능하도록 한다.

(2) 드론볼

둥근 모양의 외골격으로 둘러싸여 있어야 하며, 드론볼의 지름은 40cm±2cm이다. 플레이 도중 무게는 1,100g 이하이어야 하며, 외골격의 개방된 단일 면적이 150㎠ 이하이어야 한다.

11. 주심과 부심

주·부심의 권위, 권한과 임무, 위치, 결정, 책임, 자격, 신호 등에 관한 사항은 대한 드론축구협회 규정집 및 이 교재의 Part 2를 참조하기 바란다.

2 경기 운영 방법

1. 토너먼트(Tournament) 방식

스포츠 경기에서 횟수를 거듭할 때마다 패자는 탈락해 나가고, 최후에 남는 두 사람 또는 두 팀으로 하여금 우승을 결정하게 하는 방법이다.

토너먼트 방식은 시합을 거듭할수록 시합 수가 적어지므로 참가자가 많은 게임에서도 비교적 단시간에 성적을 결정할 수 있는 장점이 있는 반면, 승자만을 뽑는 방법이므로 패자는 패전 후 다른 사람(팀)과의 대전 기회를 상실하게 된다는 단점이 있다. 즉, 실력을 골고루 발휘해 볼 기회가 주어지지 않는 것이다. 이를 보완하기 위해 강자가 최초부터 서로 대전하는 일이 없도록 시드제를 적용하기도 한다.

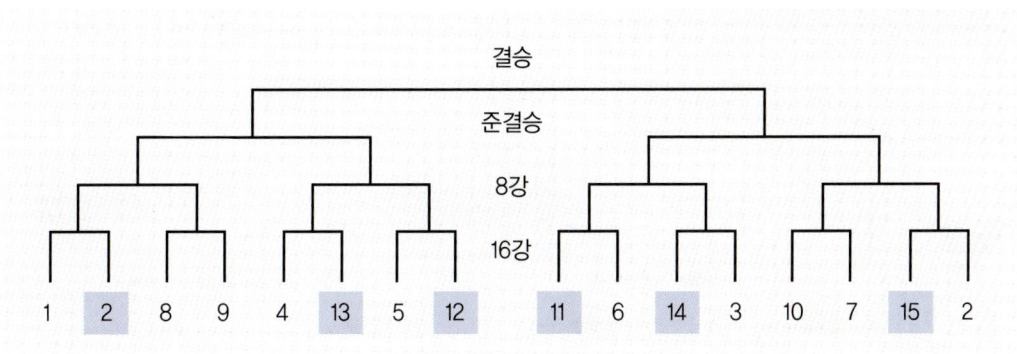

❖ 토너먼트 예

2. 리그(League)

일정기간 여러 팀이 같은 시합수로 서로 대전하여 그 성적에 따라 순위를 결정하는 경기방식이다. 이러한 방식으로 시합을 하는 팀의 모임을 리그League라 한다. 리그전 방식은 참가 팀에게 평등하게 시합할 수 있는 기회가 주어진다는 장점이 있는 반면, 토너먼트 방식에 비해서 순위를 결정하기까지 장시간이 걸린다는 단점이 있다.

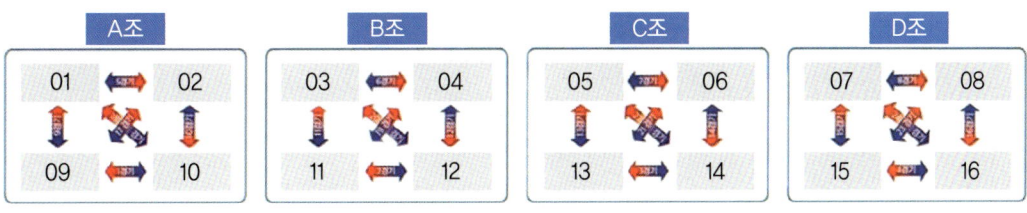

❖ 드론축구의 리그전 사진

3. 리그와 토너먼트의 혼합

리그전 방식과 토너먼트 방식의 장점을 절충하여 예선은 토너먼트 방식으로 하고, 결승전은 리그전을 실시하는 방식과 반대로 참가 팀을 몇 개의 조(組)로 나누어 리그전을 하여 좋은 성적을 거둔 팀끼리 토너먼트전을 실시하는 방식이 있다.

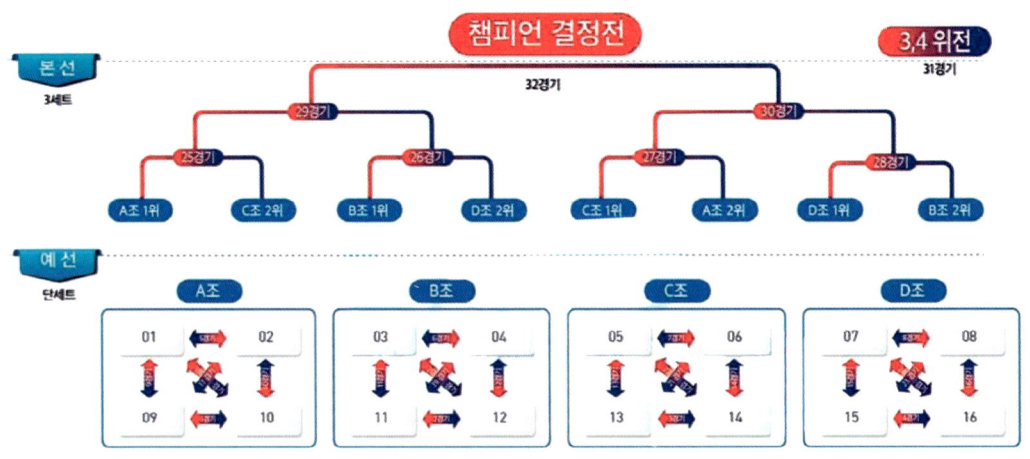

❖ 드론축구의 리그와 토너먼트 혼합방식

3 승자 결정 방법

1. 한 게임 내 다득점 승자 결정

드론축구의 토너먼트 경기방식에서 한 게임 경기를 치른 경우 득점을 많이 한 팀이 승리한다. 정규 세트가 끝났을 때 동점인 경우는 연장전을 할 수 있고 연장전 결과도 동점일 경우는 승부차기를 하여 결정한다. 승부차기는 3명이 실시하고 이후 승부가 결정되지 않을 경우 양 팀에서 1명씩 승부가 결정될 때까지 실시한다.

2. 리그 경기의 순위 결정방법

(1) 승점 우선

리그 경기에서 각 경기당 승리 시 3점, 무승부 시 1점, 패할 시 0점 등을 부여하여 승점이 가장 앞선 팀이 우승 또는 1위 팀이 된다.

(2) 골득실차

　승점이 동일할 경우에는 각 팀의 득점과 실점을 계산하여 +, 0, -로 하여 결정한다. 다만 한 세트에서 골득실은 최대 +9점/-9점까지만 인정하다. 이렇게 하는 이유는 정상적인 경기에서 최대한 나올 수 있는 골 득실차가 9점정도 된다는 통계에 근거하여 드론볼이 추락했다던가 하는 비정상적인 상황하에서의 대량 득점이 대회전체에 미치는 영향을 최소화 하고자 하는 것이다.

(3) 다득점

　승점과 골득실 차가 같을 경우 무조건 득점을 많이 한 팀이 승자가 되는 것이다.

(4) 승자 승우선

　승점, 골득실차 그리고 다득점도 같을 경우 양 팀 간의 승부에서 승자가 승리한다.

　위의 4가지 방법은 주최 측에서 어떤 방법을 우선순위로 결정하는지에 따라서 결정된다.

3. 드론축구의 승리팀 결정방법

(1) 승리팀

　첫째, 한 세트 동안 더 많은 득점을 한 팀이 그 세트를 가져간다. 둘째, 양 팀이 같은 수의 득점 또는 무득점이라면, 해당 세트는 무승부이다. 셋째, 3세트 동안 더 많은 세트를 가져간 팀이 승리팀이다.

(2) 무승부

　첫째, 경기에서 세트 득실 결과 무승부라면 1회 3분의 연장전 또는 승부차기를 실시할 수 있다. 둘째, 연장전의 방식은 이전 세트의 방식과 동일하다. 셋째, 다만 대회규정에 무승부가 인정된다면 연장전과 승부차기를 실시하지 않는다.

지도자 및 심판의 자질함양

1 자격

1. 지도자

드론축구 지도자는 선수(교육생) 각 개인이 가지고 있는 잠재능력과 경기력을 이끌어낼 수 있는 탁월한 지도력이 필요하며 드론축구의 전문지식, 개별 이론 및 비행 교수능력, 원활한 의사전달 등의 다양한 능력을 갖추어야 한다. 따라서 드론축구 지도자는 대한 드론축구협회 지도자 과정을 이수하고 이론시험 및 비행훈련 평가에 합격한 사람이어야 한다.

2. 심판

드론축구 심판자격은 연간 실시되는 드론축구 대회와 각종 행사의 운영 등을 위하여 드론축구 규정의 이해와 탁월한 지도력, 드론축구의 전문지식, 원활한 의사전달 등의 다양한 능력을 갖추어야 한다. 따라서 드론축구 심판은 드론축구협회 심판과정을 이수하고 이론시험 및 대회운영능력 평가에 합격한 사람이어야 한다.

2 일반적인 자질 조건

1. 지도자

(1) 성의(Sincerity)

지도자는 **솔직하고 정직**해야 한다. 교육내용과 관련 없는 지시 또는 부적절한 시도를 한다면, 교육생(학생)은 드론 훈련에 집중할 수 없고 흥미를 잃을 수 밖에 없다. 교육생(학생)의 교육(훈련)은 지도자의 성의에 따라 그 결과가 달라짐을 명심해야 한다.

(2) **교육생(학생)에 대한 수용자세**

지도자는 교육생(학생)의 잘못과 그들의 문제점 모든 것을 받아들여야 한다. 교육생(학생)은 비행방법(훈련)을 배우기 원하는 사람이고, 지도자는 그 과정에서 도움을 줄 수 있는 사람이다. 이러한 이해를 바탕으로 지도자와 교육생(학생)은 믿음과 신뢰의 관계를 형성해야 하며 동일 목적을 향해 가고 있다는 상호이해에 중점을 두어야 한다. 어떤 경우라도 지도자는 교육생(학생)을 무시하는 행동을 해서는 안 되며, 비웃거나 비난하기보다는 긍정적 격려로 교육생(학생)의 학습 의욕을 증진시키는 것이 중요하다. 진도가 빠르지 못한 교육생(학생)을 비난하는 것은 원하는 데로 빨리 회복되지 않는 환자를 경계하는 의사와 같을 수 있다.

(3) 외모와 습관

외모는 지도자의 전문적인 이미지를 나타내는 중요한 요소이다. 드론축구 인구가 급속도로 증가하고 있는 이 시점에서 지도자가 비행훈련 시 단정하고 청결하고 알맞은 복장을 착용하고 교육하면 교육생(학생)들 역시 단정한 복장으로 임할 것이다. **호흡과 몸의 청결은 지도자에게 특히 중요**하다. 어린 교육생(학생)이나 여성 교육생(학생)을 교육(훈련) 시 지도자가 흡연 후 담배 냄새를 풍긴다면 교육생(학생)은 불쾌할 수밖에 없고 지도자에 대한 믿음이나 존중도 없어질 수 있다. 특히, 초경량 **비행장치 드론 조종자도 음주비행이 금지**되어 있다. 그럼에도 불구하고 드론 지도자가 술에 취한, 심지어 술에서 덜 깬 모습으로 훈련(교육)에 임한다면 어떻겠는가? 지도자와 교육생(학생)의 관계는 상호 신뢰와 존중, 긍정과 격려의 관계임을 명심하고 지도자로서의 위엄을 잃지 말아야 한다.

(4) 태도

지도자의 행동과 자세는 많은 전문가의 이미지를 창출해 낸다. 지도자는 주의를 산만하게 하는 언어습관이나 변덕스런 분위기의 변화를 피해야만 한다. 전문가의 이미지는 **우울하지 않은, 조용하고, 사려 깊고, 세련된 태도**가 요구된다.

지도자는 상이한 재연이나 정반대로 지시하는 일이 일어나지 않도록 주의하고, 이유 없이 칭찬하거나 정중하지 못하게 교육생(학생)을 비평하는 일은 피해야 한다. 또한 무례하거나 무조건 어떻게 하지 말라는 식의 일방적인 부정적 태도만 보여서도 안 된다. 영향력 있는 지도자는 조용하고 유쾌하며 사려 깊은 행동으로 교육생(학생)을 편안하게 대하며 배움에 대한 순수한 흥미를 존중하는 유능한 지도자로서의 이미지를 유지하도록 해야 한다.

(5) 안전관리 전문가

지도자는 안전 활동과 사고예방에 만전을 기울여야 한다. 배우는 교육생(학생)은 조종술 연마에 급급하여 안전을 도외시한 채 조종훈련에만 집중할 수 있다. 지도자는 비행 중은 물론 비행 전·후에도 주변 환경과 상황을 잘 살피고 불안전 요소가 무엇인지 판단하여 신속한 조치를 취해야 한다. 즉, 지도자는 안전관리 전문가가 되어 안전에 총 책임을 져야 한다.

(6) 화술능력

화술이란 대화, 강의, 발표, 토의 등 제반 언어활동의 표현기술을 의미하며 또한 아이디어를 전달할 목적으로 신체상의 많은 근육과 신경조직을 이용한 청각적이고 시각적인 체계라고 할 수 있다. 이러한 정의에 기초한 화술의 목적은 상대방에게 간단하고 명확하게 의사를 전달하고 이해시키는 의사소통에 있다.

성공적인 화술의 비결은 첫째, 사전에 철저한 준비를 하고, 둘째, 멋진 서두로 주위를 끌어야 하며, 셋째, 예증으로 확신을 주고, 넷째, 열정적으로 생기 있게 말해야 한다. 다섯째, 함축성 있는 말로 짧게 하고, 여섯째, 제스처를 적절히 사용하며, 일곱째, 강렬한 말로 여운을 남겨야 한다.

2. 심판

(1) 심판은 공정하고 정직해야 한다. 심판은 어느 팀에라도 치우치는 경기 진행을 해서는 안 된다. 최선을 다하는 치열한 경기에서 심판의 편향된 경기 진행은 양 팀 선수들의 사기에 결정적인 영향을 미친다. 따라서 심판은 자신의 양심에 따라 공정하게, 정직하게 경기를 진행하여야 한다.

(2) 사전 준비를 철저히 해야 한다. 심판으로서 운영에 필요한 지식을 겸비하고 게임 진행 간 필요한 장비, 도구를 갖추어야 한다. 즉 복장, 수기, 호각, 메모지, 페널티 부여 카드 등을 구비하여야 한다.

(3) 모든 팀의 감독, 코치, 선수들로부터 존경받을 수 있는 행동을 해야 한다. 심판은 경기를 진행하여 결과를 두 팀에게 공정하게 부여되도록 하기 위해 복장, 언행 등 모든 면에서 위엄을 갖추어야 한다.

(4) 원활한 의사소통 능력을 갖추어야 한다. 원활한 의사소통은 언어 및 상황에 대한 이해도가 높을 때 가능하다. 경기규칙은 물론 양 팀의 전력이나 특징 그리고 경기가 열리는 지역의 문화적 이해 등 폭넓은 지식을 갖추어야 한다. 그리고 드론축구가 해외로 그 범위가 넓어짐에 따라 경기에 참가하는 선수들의 국가와 지역의 특성에 대해 파악하고 외국 선수들의 신체조건, 체력, 언어 등을 이해할 수 있도록 하여야 한다.

(5) 심판은 경기 중 안전관리 전문가로서 활동해야 한다. 드론축구의 특성상 심판은 경기 중 드론볼로 인하여 발생하는 사고를 미연에 방지하기 위한 활동을 겸하여야 한다. 경기가 진행되는 경기장 내부를 포함하여 휴식시간이나 정비시간 등 경기장 외부에서 진행되는 모든 활동에 대해서도 심판(특히 부심, 대기심판 등)은 안전을 위해 통제하여야 한다.

3 자질과 역할

1. 지도자

(1) 지도자의 중요성

"**교육의 질은 교사의 질을 능가하지 못한다** As is the teacher so is the school"는 말은 교육에 종사하고 있는 대부분의 사람들이 이구동성으로 주장해 왔다. 이는 교육에 있어서 핵심은 교사임을 단적으로 나타내는 것이다. 아무리 훌륭한 건물과 최신식 교육 기자재를 갖추어 놓은 학교라도 그것을 교육적으로 의미 있게 활용할 수 있는 유능한 교사가 없다면 좋은 교육이 이루어질 수 없다. 따라서 교사는 교육에서 가장 중심적인 위치를 차지하고 있으며 또 실제에 있어서 중요한 영향을 미치고 있는 사람이다.

오늘날은 교육환경이 크게 개선되고 교육이론도 많이 발전하였으며, 교육공학의 발전으로 교수, 학습기자재도 매우 편리해졌다. 그러나 교육이 지식이나 기술을 가르치는 것만을 목적으로 하지 않고, **전인교육** 全人敎育을 목적으로 하는 이상 가장 중요한 교육의 요건은 역시 교사의 사람됨이라고 할 수 있다.

옛말에 "스승의 그림자도 밟지 않는다"라는 말이 있다. 지도자는 교육생(학생)으로부터 존경을 받는 언행을 하고 그를 보고 본받을 수 있도록 해야 한다. 지도자는 누구나 할 수 있는 일을 하는 사람이 아니다. 사람의 심성을 올바르게 키우고, 사회와 국가를 번영으로 이끌며 인류를 구원할 수 있는 길이 교육의 길임을 깨닫는 자만이 지도자의 길을 걸을 수 있다.

최근 드론 관련한 지도자들이 양성되고 있기는 하지만 지도자로서의 임무에 충실하지 못한 경우를 종종 볼 수 있다. 드론 지도자란 그저 손가락 기술이 뛰어나다고 해서 그 기술을 가르칠 수 있는 것이 아니다. 그 기술에 지도자의 인품과 기법 등을 가미하여 교육생(학생)들에게 전수해야 한다. 손가락 기

전인교육

인간이 지니고 있는 모든 자질을 전면적·조화적으로 육성하려는 교육을 말한다.

술만 가지고서는 "쟁이"밖에 될 수 없다. 손이나 발 기술로 싸워 이기는 것보다 머리로서 싸워 이기는 것이 더 효과적이고 쉽게 이길 수 있는 방법이라는 이치와도 상통한다. 교육생(학생)들은 늘 왜? 라는 의문점을 가지고 있기에 이를 잘 해소시킬 수 있는 자기만의 능력을 키워야 진정한 가르침을 할 수 있는 것이다. 자기의 능력이 되지 않는데도 불구하고 자만으로 가득 차 있다면, 그 가르침을 받아들이는 교육생(학생)은 같은 실수를 반복하게 되고 따라서 실력 향상도 더딜 수밖에 없다.

(2) 지도자의 자질과 역할

올바른 교육이 이루어지기 위해서는 훌륭한 지도자가 필요하다. 가령 지도자는 훌륭한데 시설이 보잘것없는 교육(훈련)원, 시설은 좋은데 지도자가 그렇지 못한 곳 중 하나를 선택하라면 훌륭한 교육을 위해서 전자를 택할 수밖에 없다. 왜냐하면 교육(훈련)의 성패는 지도자의 질에 달려있기 때문이다. 지도자에 의해서 교수·학습지도의 방법과 능률이 결정될 뿐만 아니라 교육(훈련)원의 풍토와 교육생(학생)들의 인지적, 정의적 발달 등이 좌우된다.

1) 지도자의 자질

지도자는 지식이나 기능만을 가르치는 것이 아니라 향후 교육생(학생)들의 배운 것을 가지고 안전하고 효율적으로 잘 운용할 수 있는 능력과 인간다움을 지닐 수 있도록 하는 것이 중요하다.

따라서 첫째, **지도자로서의 소명의식을 가져야 한다.** 지도자는 단순한 직업이나 노동이 아니라 그에게 소명감을 주는 비전과 헌신적인 태도로 임무를 수행해야 한다. 비전과 헌신을 속성으로 하는 소명감에서 비롯되지 않은 교육(훈련)은 산교육(훈련)이라 할 수 없다. 지도자에게 요청되는 것은 소명의

식이며, 그 소명감이란 내일의 생명을 키운다는 비전, 정열, 충성을 다하는 헌신에 의해서 가능한 것이다.

둘째, **지도자는 깊은 이해심과 사랑과 봉사의 정신을 가져야 한다.** 지도자는 필연적으로 어떤 복잡한 인간관계의 망(網) 속에 들어가게 된다. 지도자는 교육생(학생)들을 사랑과 이해와 친절과 따뜻함으로 대해야 한다. 교육생(학생)이 잘 못하고 잘 이해하지 못하는 것은 당연하다. 그런데 하나만 가르쳐주고 열을 이해하라고 하면 이해하는 교육생(학생)이 있을 수 있지만 당연히 그렇지 못한 교육생(학생)도 있는 것이 당연하다. 이를 지도자는 본인의 부족으로 여기고 정성을 다하여 교육생(학생)을 지도하고 가르쳐야 한다.

셋째, **지도자는 사람을 존중하는 태도를 지녀야 한다.** 교육(훈련)이란 인간을 존중하고 그 존엄성을 믿는 것으로부터 시작되어야 하다. 교육생(학생)이 어리거나 나이가 많거나 할 때 경솔한 판단과 결정을 해서는 절대 안 된다. 인간은 인간이기 때문에 절대 존중하고 사랑해야 한다.

넷째, **지도자는 넓고 신성한 교육관을 가져야 한다.** 직업을 생계의 수단으로 생각하는 사람도 있고, 자신의 직업을 즐기는 사람도 많이 있다. 그러나 가르침을 인간의 바른 성장과 존엄성 실현을 위한 것으로 여길 때 올바른 교육관이 확립될 수 있다. 올바른 교육관은 윤리로부터 출발한다. 본래 사람은 자기에게 주어진 환경과 직업에 헌신함으로써 인생의 즐거움을 얻고 인생의 참뜻을 발견하게 된다. 지도자는 교육생(학생)을 가르치는 일에서 헌신의 기쁨과 만족을 얻을 수 있어야 한다.

다섯째, **지도자는 행동으로 옮기는 사람이 되어야 한다.** 학행일치學行一致란 말이 있듯이 소양과 인간애를 갖추고 그것을 실제로 실천해야 한다. 다른 사람을 움직이려면 내가 먼저

> **학행일치**
> 배움과 실천이 하나로 들어맞음. 또는 배운 대로 실행함을 말한다.

움직여야 하고 남을 감동시키려면 내가 먼저 감격해야 한다. 나의 정성은 교육생(학생)들의 정성을 불러일으키고, 나의 정열은 교육생(학생)들의 정열에 의해 전파된다. 가르침의 목적은 현재 모르고 있는 것을 가르치는 것만이 아니라, 현재 행할 수 없는 것을 행할 수 있도록 지도하는 데 있다.

여섯째, **지도자는 교육생(학생)들에게 희망을 주는 사람이어야 한다.** 지도자의 얼굴에는 어두운 그림자나 실망이 없고 언제나 미래를 내다보는 희망이 깃들어 있어야 한다. 교육생(학생)이 잘못을 했을 때 비관하는 얼굴이 아니라 바른 길을 가도록 격려하는 얼굴이어야 한다.

2) 드론축구 지도자의 자질

드론축구 지도자는 선수(교육생) 각 개인이 가지고 있는 잠재능력과 경기력을 이끌어낼 수 있는 탁월한 지도력이 필요하며 드론축구의 전문지식, 개별 이론 및 비행 교수능력, 원활한 의사전달 등의 다양한 능력을 갖추어야 한다. 따라서 드론축구 지도자가 갖추어야 할 자질은 다음과 같다.

첫째, **드론축구의 전문지식을 습득할 수 있는 능력이 있어야 한다.** 드론축구의 기술적 요소, 훈련방법, 경기운영은 물론 선수(교육생)들의 건강, 사생활, 인간관계관리 등 다양한 분야에 이르기까지 전문적인 지식을 갖추어야 한다.

둘째, **선수(교육생)의 개성을 파악하는 능력을 지녀야 한다.** 즉, 모든 선수(교육생)는 체력, 정신력, 기술 등에 있어서 저마다의 특이사항과 장·단점을 가지고 있다. 교육과 비행훈련에 있어서 각 선수 개개인의 개별성을 고려하여 선수(교육생)가 가진 장·단점을 살려주고, 결점은 지속적으로 보완하여 보다 낳은 결과를 얻을 수 있도록 하여야 한다.

셋째, **책임감과 공정성 능력을 갖추어야 한다.** 지도자는 선수(교육생)의 성별, 연령, 사회계층에서의 직위, 교육수준 등에 관계없이 모든 편견에서 벗어나서 동등하게 대우하고 책임감 있게 지도해야 한다.

넷째, **정확한 의사전달 능력을 갖추어야 한다.** 선수(교육생)와 지도자 간의 의사소통은 의사전달 내용에 대한 자세한 설명과 성실한 청취자세, 분위기 조성 등에 따른다.

다섯째, **진정한 도덕성과 사명감을 가져야 한다.** 지도자는 주도적인 의지와 자발적으로 모든 역량을 발휘하여 책임을 완수해야 하며, 선수(교육생)의 드론축구 활동에 인성 함양을 위해 노력하고, 진정하고 도덕적인 윤리 준수를 강조하며 지도하여야 한다.

3) 지도자의 역할

가르침이 성립되기 위해서는 반드시 가르치는 사람과 배우는 사람이 있어야 한다. 이때 교수, 학습과정에서 지도자와 교육생(학생)과의 상호작용은 무엇보다도 중요하며, 가르침의 과정 중 가장 핵심적인 부분이다. 그러므로 지도자의 역할은 그가 원하든 원하지 않든 간에 교육 성립의 전제조건으로서 대단히 중요하다.

첫째, **지도자는 해당분야 사회의 대표자이다.** 교육생(학생)이 배운 후 사회에서 활용해 나가는 과정에서 지도자는 해당분야 사회의 가치와 생활양식을 대표하는 위치에 서게 된다. 교육생(학생)의 여러 가지 행동에 대하여 인정할 것은 인정해 주고 경우에 따라서는 질책도 하며 격려해 주는 과정을 통해 사회가 바라는 방향으로 가도록 해 주어야 한다. 따라서 지도자가 무의식중에 하는 말과 행동 하나하나는 교육생(학생)이 사회에서 활용하는 데 결정적인 역할을 한다는 것을 잊어서는 안 된다.

둘째, **지식자원으로서 지도자이다.** 교육생(학생)들에게 필요한 지식을 가르친다는 것은 지도자의 제일 중요한 임무이다. 따라서 지도자에게는 살아 있는 교과서로서의 역할이 기대된다. 지도자의 지식 이해 정도는 교육생(학생)들의 교육성취도와 밀접한 관련이 있으므로 지식의 공급원으로서 지도자의 역할은 매우 크다.

셋째, **학습조력자로서의 지도자이다.** 지도자의 역할은 단순한 지식의 전달에 그쳐서는 안 된다. 교수, 학습(훈련)과정에서 교육생(학생)들이 스스로 중요한 지식을 이해하고 새로운 지식을 찾아내며 배운 지식을 적용하여 새로운 문제를 해결할 수 있도록 조력자로서의 역할을 해야 한다.

넷째, **심판자로서의 지도자이다.** 교육(훈련)시 학급 또는 조 내에서 교육생(학생)들의 의견이 일치하지 않거나 갈등, 대립하는 상황을 종종 볼 수 있다. 이 때 공정하게 시시비비를 가려낼 수 있는 유일한 권위자는 지도자이다. 이때 지도자의 공정성과 타당성 여하에 따라서 교육생(학생)들에게 비치는 지도자의 권위는 크게 달라진다.

다섯째, **불안제거자로서의 지도자이다.** 훗날 배움의 적용상황에서 교육생(학생)들은 여러 가지 불안을 경험하게 된다. 현실에 대한 이해부족과 자신의 능력부족에서 오는 불안은 자연히 도움을 필요로 하게 된다. 지도자는 현실상황에 대한 적절한 설명, 교육생(학생)들에게 불필요한 불안을 주지 않도록 상황을 잘 이끌어 주는 역할을 담당해야 한다.

4) 비행훈련 지도자의 자질

① 기본자질

- **성의** : 솔직하고 정직한 지도자가 되어야 한다.
- **교육생(학생)에 대한 수용 자세** : 교육생(학생)의 잘못된 습관이나 조작, 문제점을 지적하기 전에 그 교육생(학생)의 특성을 먼저 파악해야 한다.
- **외모 및 습관** : 지도자로서 청결하고 단정한 외모와 침착하고 정상적인 비행 조작을 해야 한다.
- **태도** : 교관은 언제나 일관된 태도로 교육생(학생)을 대하여야 한다.
- **알맞은 언어** : 지도자다운 언어를 사용하여 교육생(학생)들이 믿고 따를 수 있는 지도자가 되도록 노력해야 한다.
- **화술능력** : 지도자로서 학과과목이나 조종훈련을 할 때 적절하고 융통성 있는 화술능력을 구비해야 한다.
- **안전의식** : 지도자는 안전관리에 솔선하여 교육생(학생)이 안전에서 벗어나는 잘못된 행등을 따라하지 않도록 해야 한다.
- **폭넓은 전문지식** : 지도자는 해당 분야에 대한 충분한 이론적인 배경지식과 전문지식을 가지고 있으면서 교육생(학생)들에게 논리적으로 설명할 수 있어야 한다.

② 지도자가 범하기 쉬운 과오

- **과시욕** : 지도자 본인이 가지고 있는 조종(비행) 기술에 대해 남들에게 전수해 주지 않으려 하고, 자기만의 것으로 소유하고 잘난 체 하려는 태도는 버려야 한다.
- **비인격적인 대우** : 지도자라고 해서 교육생(학생)을 비인격적으로 대우해서는 안 된다.
- **과격한 언어 및 욕설** : 일시적 감정에 의해서 표출되는 언어 표현은 지도자가 경계해야 할 요소이다. 지도자가 당황

하거나 화난 어조로 이야기 하면 교육생(학생)은 더 큰 불안을 느끼게 된다.
- **구타** : 구타는 지도자로서의 품위를 버리는 행위이며, 학습(훈련) 의욕도 저하시킨다.
- **비정상적인 수정 조작(비행)** : 교육생(학생)이 잘못된 조작(비행)을 한다고 해서 지도자가 위험할 정도의 과격한 조작을 하면 교육생(학생)은 공포감을 느낄 수 있다.
- **자기감정의 표출** : 지도자가 교육생(학생)의 과오에 대해서 필요 이상의 자기감정을 표출하면 교육생(학생)은 신뢰감을 상실하여 학습(훈련) 의욕이 저하된다.

③ 비행훈련 지도자의 언어표현 기술 향상방법
- **접촉유지** : 지도자가 강의를 하는 동안 교육생(학생)들이 다른 생각을 하지 않고 지도자와 같이 이해하고 학습(훈련)하도록 해야 한다.
- **감정조절** : 누구나 처음으로 대중 앞에 서게 되거나 타인을 가르치게 되면 대중을 의식하기 때문에 신경과민에 걸리기 쉽다. 따라서 지도자는 철저한 과목연구와 긴장감을 완화시킬 수 있는 방법 터득 등으로 이러한 증상이 발생되지 않도록 노력해야 한다.
- **명확한 내용 전달** : 어려운 것도 쉽게, 쉬운 것도 어렵게 설명할 수 있다. 지도자는 간단명료한 문장 사용, 적절한 언어 및 말의 속도, 목소리의 강약 조절 등을 통하여 생각한 바를 정확하게 전달할 수 있도록 노력해야 한다.
- **적절한 유머의 활용** : 유머는 교육(훈련)의 흥미를 유지해 주는 방법 중의 하나라고 할 수 있다. 하지만 어설픈 유머는 교육(훈련)을 더욱 더 어렵게 만들 수 있으므로 상황에 맞는 적절한 유머를 사용하여 효과적인 교육(훈련)이 될 수 있도록 유도해야 한다.

- **바른 교육 태도** : 교육생(학생)은 지도자의 교육(훈련) 내용뿐만 아니라 외모와 교수태도에도 신경을 쓰게 된다. 따라서 지도자는 지도자로서의 품위를 손상시키는 태도나 언행을 해서는 안 된다.

2. 심판

(1) 심판의 중요성

모든 스포츠에 있어서 가장 중요시 여기는 것이 공정하고 깨끗한 게임 즉, 페어플레이 정신이다. 이를 실현하기 위해서는 선수들의 페어플레이도 중요하지만 심판의 페어 플레이적인 경기 진행도 매우 중요하다. 이를 구현하기 위해 가장 객관적이고 이성적인 심판을 배정하여 운영하게 된다.

스포츠 경기란 한 치 앞을 내다볼 수 없는 상황이 많이 연출되는데 결국 심판이 그 결과를 만들어 내게 된다. 이때 객관적인 판단보다 심판의 주관적인 판단이 반영된다면 선수들은 많은 상처를 입을 수 있다. 특히 드론축구는 드론볼끼리 충돌하면서 다양한 상황이 벌어지게 되는데 이때 심판의 역할은 매우 중요하다. 경기의 원활한 진행을 위해 심판의 권한은 불가침의 영역이 될 수 있고 판정에 대한 항의는 별다른 효력이 없을 수 있다. 이런 경우를 최소한으로 하고 공정한 경기운영과 결과를 위해 최초 심판교육과 주기적인 보수교육으로 객관적인 심판의 역할을 다할 수 있도록 해야 한다.

(2) 심판의 자질과 역할

1) 심판의 자질

드론축구 심판의 자질 중 가장 중요한 것은 공정성과 투명한 사명감 그리고 경기 진행능력이라고 할 수 있다. 경기에 참가하는 감독, 코치, 선수 그리고 관중 모두가 공감하는 심판이어야 한다. 따라서 다음과 같은 심판은 다음과 같은 자질이 요구된다.

첫째, **공정성을 지녀야 한다.** 경기에 참가 중인 두 팀의 선수들에게 공정하게 경기를 진행시키고 객관적인 판정을 하여야 한다. 어느 한 팀이라도 불공정하다고 느끼는 순간 그 경기는 흥미를 잃어버리고 관중들 역시 외면하게 된다. 주관적인 것은 버리고 객관적으로 모두가 타당하다고 인정할 수 있는 경기진행의 공정성을 가져야 한다.

둘째, **투명한 사명감이다.** 심판은 심판에게 주어진 권한과 역량을 발휘하여 투명한 경기결과를 보여야 하며 자발적이고 주도적인 사명감을 갖추어야 한다.

셋째, **원활한 경기 진행능력을 갖추어야 한다.** 경기 진행 중에는 부심과 함께 내·외부의 환경에 흔들리지 않고 규정에 입각한 경기 진행능력을 갖추어야 한다.

넷째, **심판은 활발하고 강인한 성격을 갖추어야 한다.** 또, 경기에 참가한 선수들에게 친근하고 신뢰감을 형성하도록 하여야 한다.

다섯째, **도덕적 품성을 지녀야 한다.** 심판의 도덕적 품성은 경기에 참가하는 감독, 코치, 선수들에게 만족도를 높이며 이를 통해 드론축구의 지속적인 발전을 도모할 수 있다.

2) 드론축구 심판의 역할

드론축구에서 심판(주심, 부심)은 원활한 경기의 진행을 위해 경기규칙 시행과 관련된 모든 권한과 위엄을 가지고 주어진 역할을 하게 된다. 심판은 모든 경기를 원활하고 부드러우며 공정하게 이끌어가야 할 책임을 가지고 있으며 분쟁 발생 시 해결해야 한다. 드론축구 심판은 경기 진행 간 다음과 같은 역할을 해야 한다.

첫째, 경기가 시작되기 전에 심판(주심, 부심 등) 모두는 원활한 경기 진행이 가능하도록 여러 가지 여건을 검토하고 조치한다. 특히 대회경기 규칙을 이해하고 심판이 합심하여 경기의 전반적인 관리를 할 수 있도록 한다.

둘째, 경기장, 경기장 주변, 관중석 등이 경기 진행에 영향을 미치거나 안전에 문제가 없는지 전반적인 점검을 한다.

셋째, 선수, 선수가 사용하는 장비, 드론볼 등이 규정에 합당한지 확인한다.

넷째, 경기의 전반적인 운영을 담당한다. 규칙상 위반이 있을 경우 심판의 재량으로 경기를 중단 또는 재개시킬 수 있다.

다섯째, 경기를 진행함에 따른 모든 진행 기록과 특히 사고에 대한 기록을 철저히 한다.

여섯째, 경기 중 외부로부터 방해를 받을 경우 경기를 중단시키고 조치 후 경기를 재개한다.

일곱째, 경기 종료 후 경기결과를 집행부에 통보하고 정보를 공유하며 다음 경기 진행을 위해 협조한다.

3 지도자의 교수기술

1. 교수의 정의

본래 인간은 자연적인 상태 그대로 두어도 어느 정도의 학습은 이루어 질 수 있다. 인간이 일상생활을 통하여 보고, 듣고, 느낀 것을 통해 습득한 지식이나 기능, 태도, 행동양식 등은 학습자에게 다양한 영향을 미칠 수 있기 때문에 학습자가 올바른 행동변화를 가질 수 있도록 효율적인 학습지도가 필요하다.

따라서 교수란 "학습자에게 수업의 결과나 행동양식이 바람직한 방향으로 변화하도록 학습과정을 안내하고 통제하며 발전시켜 가능 행위"라고 할 수 있다. 그래서 지도자(감독, 코치, 방과 후 선생님)와 선수(학생) 그리고 교육내용이 상호 공감대가 형성되어야 그것이 진정한 교수 즉, 가르치는 것이 되는 것이다.

2. 교수 기법

(1) 교수의 올바른 이해

교수敎授란 교육생(학생)에게 수업의 결과나 행동양식이 바람직한 방향으로 변화하도록 안내하고 발전시키는 과정 즉, 지도자가 교육생(학생)들에게 교육 내용을 가르치는 것, 또는 가르치는 과정이라고 말할 수 있다.

지도자가 자신의 지식을 교육생(학생)들에게 제대로 전달하고 이해시키기 위해서는 교수기술이 필요한데 여기에서는 공통적으로 적용되는 교수방법과 교수기술의 기본적인 사항에 대하여 알아보고자 한다.

지도자에 의해서 전개되는 훈련(교육)은 지도자의 자질과 열성에 따라 훈련(학습)효과에 많은 변화를 가져올 수 있다. 지도자의 주 임무는 주어진 훈련(학습)과제에 대하여 교육생들을 잘 이해시키고 능률적인 훈련(학습)이 될 수 있도록 유도하는 것이다. 따라서 지도자는 다음과 같은 사항에 유념하여 학습하여야 한다.

첫째, 교육생(학생)들이 훈련(학습)해야 할 내용과 방법을 알기 쉽게 제시한다.

둘째, 훈련(학습)과제의 구조와 순서에 따라 실시하되 과거, 현재, 차후 훈련(학습)의 연계성 유지해야 한다.

셋째, 교육생(학생)들 개인이 훈련(학습)해야 할 자료를 제시한다.

넷째, 교육생(학생)들의 능력이나 동기부여 등의 특성을 고려하여 훈련을 진행한다.

다섯째, 훈련(학습)의 질적 향상이나 훈련(학습)효과는 교육생(학생) 개인의 기준에서 고찰되어야 하며 지도자는 훈련(학습)개선 및 전반적인 발전을 도모하기 위하여 노력을 경주하여야 한다.훈련현장에서 지도자의 태도는 매우 다양하며, 서로 복합적 상관관계를 유지하면서 교육생(학생)들의 학습의욕을 촉진시키게 된다. 특히 지도자는 훈련내용을 가르치는 것 못지않게 인간적인 면에서도 영향을 미치는 위치에 있기 때문에 지도자의 태도는 매우 중요한 요소이다.

(2) 교수의 단계

1) 준비단계

준비단계란 지도자가 교육생(학생)에게 교육(훈련)을 실시하기 위하여 교육(훈련)에 관한 상황을 판단하고 교재의 선택과 구성, 교안작성, 연습, 최종검토 등의 일련의 절차를 말하며, 비행훈련에 있어서도 훈련과목에 따른 가용 비행기체, 교재, 비행교육장비 및 장구류 등을 사전에 준비하는 것을 말한다.

2) 강의 및 시범

강의 및 시범 단계는 지도자의 지식과 기술에 대한 설명 단계로서 설명(강의)방법의 선택은 과목의 성격과 목적에 의해서 결정되며 과목에 따라 강의 후 시범, 시범 후 강의, 시범식 강의 등으로, 이 중 한 가지 또는 두 가지 이상을 선택하여 실시되는 것으로 비행훈련에 서는 시범식 강의가 바람직할 수 있다.

3) 실습(비행훈련)

실습(비행훈련)은 실제로 교육생(학생)이 훈련을 실시하면서 숙달하는 것을 의미하는 것으로 비행교수법에서는 이를 "응용단계"로 구분할 수 있다. 이는 지도자가 제시한 훈련내용을 교육생(학생)이 그대로 실시하는 단계를 말한다. 특히 비행훈련을 위해서는 초기단계에서 올바른 실습과 조작요령을 훈련하는 것이 중요하다. 그러므로 지도자는 교육생(학생)의 잘못된 조작에 대해 즉각 교정하고 표준조작에 이를 때까지 시범과 실습(훈련)을 병행해야 한다.

4) 시험(평가)

시험(평가)단계는 지도자가 교육생(학생)들에게 실시한 훈련 결과를 점검하는 단계이다. 실습(훈련) 후 훈련내용에 대하여 교육생(학생)의 훈련결과를 평가하여 상대적 우열을 가리고 등급을 결정하는 단계라 할 수 있다.

5) 강평

강평은 훈련의 최종단계로서 시험(평가)이나 훈련 후 훈련내용에 대하여 교육생(학생)의 훈련 결과를 평가하여 교정할 사항을 지적해 주고 다음 훈련단계로의 넘어가거나 교육생(학생)의 능력 상태를 점검하여 보완해야 할 내용을 도출하는 과정이다.

(3) 교수 전개방법

1) 과거에서 현재로

과거에서 현재로의 전개방법은 시간 흐름의 내용을 포함하는 과목에서 역사적인 요소가 고려될 때 적용하는 것이다.

2) 간단한 것에서 복잡한 것으로

훈련과목 구성에서 간단한 원리부터 전개하여 상호 관련성과 줄거리를 이어서 점차 복잡한 이론으로 전개함으로써 교육생(학생)들의 이해를 돕고 훈련의욕을 증진시킬 수 있다.

3) 아는 것에서 모르는 것으로

현재 학습(훈련)하는 내용이 새로운 것이라면 교육생(학생)이 알 수 있는 관련분야부터 전개하여 새로운 것으로 연계시켜서 교육생(학생)으로부터 학습 접근이 용이하도록 유도하는 것이다. 예를 들어, 드론축구의 수비수가 종합 수비훈련을 하기 전에 호버링과 좌·우 이동훈련, 상·하 이동 훈련을 먼저 실시한 후 연계하여 차이점을 교육하면 쉽게 이해할 수 있을 것이다.

4) 사용빈도가 많은 것에서 적은 것으로

두 개 이상의 다수 훈련이 구성된 것이라면 가장 많이 사용되며 공통적인 요소와 기본요소가 많이 내포된 것으로부터 전개하여 사용빈도가 적고 공통 요소가 적은 순으로 학습함으로써 교육생(학생)으로 하여금 자신감과 이해를 증진시킬 수 있는 것이다.

(4) 교수태도의 요소

훈련현장에서 지도자의 태도는 매우 다양하며, 서로 복합적 상관관계를 유지하면서 교육생(학생)들의 학습의욕을 촉진시키게 된다. 특히 지도자는 훈련내용을 가르치는 것 못지않게 인간적인 면에서도 영향을 미치는 위치에 있기 때문에 지도자의 태도는 매우 중요한 요소이다.

1) 외모와 복장

강의 시 강의장에서 지도자의 불량한 외모와 복장은 수업분위기까지 저해하는 요인이 될 수가 있다. 지나칠 정도로 개성 있는 머리스타일이나 덥수룩한 수염, 비뚤어진 넥타이, 더러운 구두, 요란한 액세서리 등은 교육생(학생)로 하여금 불필요한 시선을 빼앗게 되고 잡념을 일으킬 수 있으므로 피하는 것이 좋다. 예를 들면 아래와 같이 하는 것을 권장한다.

- 단정하고 말쑥한 용모(머리, 수염, 구두손질 등)
- 규정된 복장(강의 시는 가능하면 정장에 넥타이, 비행훈련 시는 비행복)
- 교육(훈련)내용에 적절한 복장(반바지, 슬리퍼, 경박한 스타일의 모자 등은 지양)

2) 자세

지도자는 항상 자연스럽고 바른 자세를 유지하여 부수적인 교육(훈련)효과를 얻게 해야 한다. 교육생(학생)들이 지도자를 잘 볼 수 있고 바라볼 수 있는 곳에 위치한다. 자연스러운 자세와 적절한 움직임으로 강의의 단조로움에 변화를 주어야 한다. 강의 시 지도자가 유의해야 할 자세는 다음과 같다.

① **강의 시 기본자세**
- 양발을 어깨넓이 정도로 벌려서 안정감을 유지시킨다.
- 체중을 양발에 균등하게 실어 자연스럽고 바른 자세를 유지한다.

- 상황에 따른 적절한 움직임이 효과적이다.
- 경직된 자세는 지도자의 긴장을 가중시킨다.

② **잘못된 자세**
- 호주머니에 손을 넣는 행위
- 팔꿈치를 교탁에 기댄 자세
- 시종 교안이나 교재를 보면서 강의 진행(자신감 결여)
- 한곳에만 위치하여 강의(지루감)
- 수시로 위치를 바꾸는 행위(주의산만)
- 지시봉이나 레이저 포인터로 교육생(학생)을 가리키는 행위(인격무시)

③ **칠판 또는 보드판 사용 시 기본자세**

교단 중앙에서 한, 두 걸음 앞에 자연스럽게 바른 자세로 서서 설명하고, 판서 시에는 뒤로 두, 세 걸음 물러서되 가급적 등을 보이지 않도록 한다.

④ **지도자가 몸을 움직일 필요가 있을 경우**
- 긴장을 풀고자 할 때
- 교육생(학생)들에게 여유를 주고자 할 때
- 교육생(학생)의 주의를 끌고자 할 때
- 지정된 장소의 교육생(학생)을 보고자 할 때
- 이야기의 내용이 다음 단계로 전환될 때
- 교육 보조재료 조작을 할 경우
- 강의나 교육 시, 기타 필요 시

3) 시선

"눈은 마음의 거울"이라고 하듯이 대화 시에는 교육생(학생)과 마주보면서 하는 것이 교육생(학생)에 대한 예의이며 친근감을 줄 수 있다. 교육생(학생)의 주의를 집중시키고 교육태도를 유지시키며 이해도 등을 감지하면서 교육을 주도해 나가려면 지도자의 시선은 교육생(학생)들에게 골고루 배분되어야 한다.

4) 목소리

음성의 좋고 나쁨은 천성이라고 하지만 이외의 요소는 개인의 노력 여하에 따라 충분히 개선될 수 있다. 목소리는 자신감의 표출로서 신뢰감을 조성할 수 있도록 해야 한다.

① **목소리의 크기와 조절**

강의 시에 지도자의 목소리는 강의장 맨 끝자리에 앉아 있는 교육생(학생)에게도 잘 들리도록 해야 한다. 목소리의 청취도는 주의환경, 날씨, 교육내용 등에 따라서 달라질 수가 있으므로 지도자는 목소리의 크기를 조정할 수 있어야 하며, 의심스러울 경우에는 맨 끝자리의 교육생을 향하여 "제 말이 잘 들립니까?"라고 물어 확인하는 것도 좋은 방법이다.

목소리의 고저, 강약, 장단의 조화도 교육생(학생)들의 집중력에 상당한 부분을 좌우한다. 단조로운 강의는 아무리 좋은 내용이라도 생명력을 잃게 되어 지루함이나 졸음을 유발하기 쉽고 웅변식 강의도 적당하지가 않다. 목소리는 평상시에 대화하듯이 감정이 실려 있어야 하며 강의내용, 강의장 크기, 인원수를 고려하여 조절해야 한다.

② **자신감**

자신감은 지식 정도에 좌우되며 개인의 역량이나 경험에 따라서도 영향을 받게 된다. 자신감을 잃었을 때는 목소리도 작아지고 떨리게 되며 경험이 부족한 신임 지도자일수록 더욱 심하다. 따라서 지도자는 과목에 대한 폭 넓은 지식을 쌓고 자신감을 기르도록 있도록 꾸준히 노력해야 한다.

5) 언어

언어는 그 사람의 인품과 직결되며 신뢰와 존경심, 경외감과 비웃음을 유발할 수 있는 중요한 요소이다. 어구나 언어는 일회성을 지니고 있어 한번 뱉은 말은 다시 주어 담을 수 없으므로 항상 조심하고 책임 있는 말을 해야 한다.

① 언어 사용 시 유의사항
- 강의 목적에 불필요한 내용은 삼가고 표준어를 사용한다.
- 불필요한 수식어를 제외하고 짧고 조리 있는 표현을 사용한다.
- 말의 속도에 적절히 변화를 준다.
- 강조할 부분에 대해서는 억양을 조절하여 강하게 표현한다.
- 명확한 발음으로 쉽게 알아들을 수 있도록 설명한다.
- 비속어나 낮춤말 사용은 지양한다.

6) 제스처

강의 시 제스처는 강의 내용을 강조하거나 보조설명이 될 수 있다. 지도자의 언어 표현을 보조하여 수업에 활력을 넣어 주지만 우리나라 사람들은 이러한 동작에 익숙해 있지 않으므로 평상시에 연습이 필요한 부분이다.

7) 습벽

강의가 전개되고 있는 동안 지도자(교수)의 불필요한 버릇이나 말에 의해서 교육생(학생)에게 나쁜 인상을 주거나 주의를 산만하게 하는 경우가 있다. 예를 들면 계속해서 에…, 또…, 등을 반복한다면 교육생(학생)들은 교육내용보다 지도자의 유별난 행동에 관심을 더 가지게 되어 교육효과를 감소시킨다.

8) 열의와 신념

지도자의 동작과 목소리도 중요하지만 지도자의 열의와 신념은 교육생(학생)들에게 투사되기 때문에 열성적인 태도를 가져야 한다. 그러나 지나친 열정은 오히려 교육생(학생)들로 하여금 좋지 않은 반응을 일으킬 수가 있으며 방관자적 태도나 소극적 자세, 자신이 없는 교수태도는 지도자의 열의가 부족하다는 인상을 주기 때문에 적극적이고 자신감 있는 태도로 교육에 임해야 한다.

(5) 비행훈련 교수기법

1) 비행훈련 요령

① **동기유발** : 지도자는 교육생(학생)의 동기 유발을 통하여 훨씬 용이하게 학습(훈련) 효과를 얻을 수 있으며, 강요당하는 것보다 스스로 원할 때 교육(훈련)효과가 더 높게 나타난다.

② **계속적인 교시** : 교육생(학생)이 달성해야 할 교육(훈련) 단계를 미리 알려주고, 다음 조작은 무엇을 해야 하는지를 계속적으로 지시해야 한다.

③ **교육생(학생)의 개별적 접근** : 비행 교육(훈련)의 특성은 일대일 교육(훈련)이므로 교육생(학생)과 지도자(교수)의 인간관계가 원활할 때 보다 더 효과적인 교육(훈련)이 될 수 있다.

④ **적절한 칭찬** : 그날의 조작 중 잘못한 것에 대해서만 지적을 하고 잘한 것에 대해서는 묵인한다면 교육생(학생)은 점점 자신감을 잃게 되고 자신이 가지고 있는 잠재 능력을 발휘할 수 없을 것이다.

⑤ **건설적인 강평** : 교육생(학생)이 잘못된 조작을 한다고 해서 지도자(교수)가 위험할 정도의 과격한 조작을 하면 교육생(학생)은 공포감을 느낄 수 있다.

⑥ **인내** : 교육생(학생)의 발전도가 때로는 더디게 나타나더라도 지도자(교수)의 눈으로만 바라보지 말고, 인내심을 가지고 교육생(학생)을 지도해 나갈 필요가 있다.

⑦ **비행훈련 교시 과오 인정** : 지도자(교수)는 자칫 잘못하면 권위주의적 경향으로 빠지기 쉽다. 따라서 자신이 시범이나 교시 내용이 틀렸다고 인정될 때에는 과감히 시인하는 결단이 필요하다.

2) 심리지도 기법

① **노련한 심리학자로서의 비행훈련 지도자** : 지도자(교수)는 노련한 심리학자가 되어 교육생(학생)의 근심, 불안, 긴장 등을 해소해 줄 수 있어야 하며, 비정상적인 조작을 하는 교육생(학생)은 세심히 관찰하여 드론축구 조종자로서의 자질을 평가하면서 교육(훈련)을 진행해야 한다.

② **설득 유도** : 교육생(학생)의 문제를 교육생(학생)의 입장에서 인간적으로 접근하여 대화를 통해 해결책을 강구한다.

③ **분발 격려** : 경쟁심리를 자극하여 인간의 잠재적 장점을 표출시킬 수 있도록 노력해야 한다.

④ **질책** : 때로는 잘못에 대한 질책이 필요한데 이때는 단 한 번으로 끝내야 한다.

⑤ **성취 욕구의 자극** : 공명심과 명예심을 자극하여 성취 욕구를 갖도록 유도해야 한다.

3) 비행교육(훈련) 중 장애요인

① **불공평한 대우의 느낌** : 여러 교육생(학생)을 대상으로 교육 시에는 모든 교육생(학생)에게 공평하게 가르치고 관심을 가져야 한다.

② **흥미로운 것을 배우려는 조바심** : 지금 배우고 있는 것을 제대로 소화하지 않은 상태에서 다른 기술을 배우려는데 관심을 더 가지게 되면 그것이 사고로 이어질 수 있다.

③ **흥미의 결핍** : 어떤 훈련 종목에 있어서 다른 교육생(학생)보다 성과에 먼저 도달한 교육생(학생)은 늦은 교육생(학생)과 동일한 교육(훈련)을 하다보면 그 교육생(학생)은 훈련 종목에 대한 흥미를 잃어버릴 것이다.

④ **신체적 불편, 피로** : 피로감은 이론 교육이든 비행훈련이든 교육생(학생)의 훈련 진도를 현저하게 저하시키는 요인이다.

⑤ **무관심과 무계획적인 교육(훈련)에 대한 불만** : 교육생(학생)은 자기에게 무관심 하거나 계획이 없는 상태에서 교육(훈련)에 임하는 지도자에게 불만을 가질 수 있다. 보다 인간적으로 접근하고 철저한 교육(훈련) 준비를 한다.

⑥ **근심, 불안** : 근심과 불안은 교육생(학생)들의 학습(훈련) 능력을 제한하고 시야를 좁게 하는 가장 큰 요인이 된다. 교육생(학생)이 편안하고 자신감을 견지할 수 있도록 배려해야 하며, 사고의 영역을 넓힐 수 있도록 교육생(학생)이 지니고 있는 근심, 불안의 원인을 파악, 이를 제거하려는 노력을 해야 한다.

PART 06

드론축구 조직 및 대회

드론축구 대회에 대하여 함께 알아보자.

I. 드론축구 대회

드론축구 조직 및 대회

(사)대한드론축구협회 주관 대회도 전국대회는 물론 국제대회로 확대해 나갈 계획이며 2025 전주 드론축구월드컵 개최를 위한 기반을 다져가고 있다.

드론축구 대회

1 개요

2025년 초 기준 국내에 등록된 지회는 18개, 지부는 35개, 유소년 지부는 18개이다. 팀은 세미프로 1팀, 마스터즈 18팀, 첼린저스 22팀이다. 국내 동아리 팀은 잠정 약 2,000여팀이 활동 중이다. 해외팀은 31개국 140개 팀이다.

특히 2025년 9월 25일~28일(4일간)까지 전투 드론스포츠 복합센터일원에서 32개국 2,500여명의 선수가 참가하는 드론축구월드컵이 계획되어 많은 관심을 사고 있다.

2 최근 드론축구대회 모습

2024 국토교통부장관기 시상식

새만금항공 드론팀의 훈련 모습

청소년 드론축구대회

대학 드론축구대회

유소년 드론축구 대회

2024 남원 드론제전

2025년 월드컵 대회

드론 월드컵 성공개최 기원 대회

새만금 시니어 드론 축구단

대한드론 축구협회

1 협회 조직도

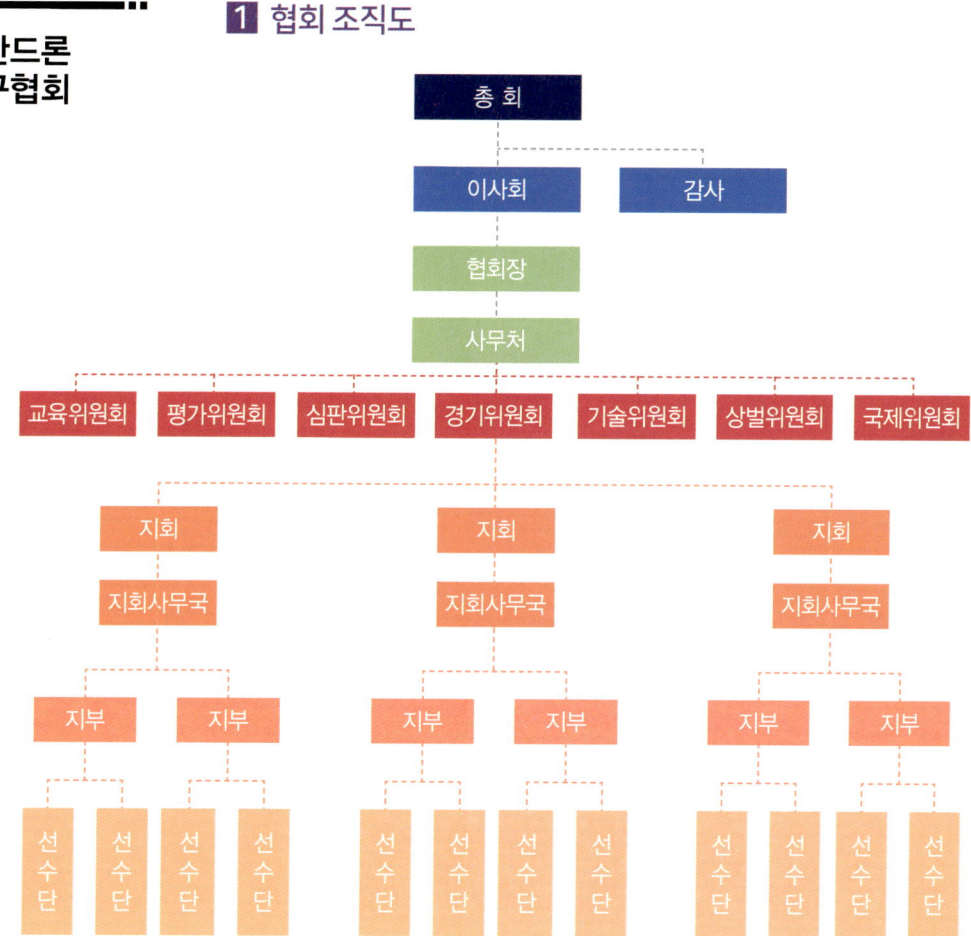

❖ 대한드론축구협회 조직도

2 위원회별 역할

1. 평가위원회

선수단의 실력을 평가하여 1, 2, 3부 리그를 운영하며 경기력 분야 우수선수와 선수단을 발굴하여 포상한다. 또한 드론축구 국가대표선수와 선수단을 선발·운영한다.

2. 심판위원회

심판을 양성하고 심판단을 운영한다. 드론축구대회 시 심판위원장을 선임하며 드론축구 규정의 보급 및 관리감독 한다.

3. 경기위원회

각종 드론축구대회를 운영한다. 지역대회 및 회원 친선대회를 기획하며 선수와 선수단의 이전 및 출전 여부 등을 심의한다.

4. 기술위원회

드론축구 규정을 제정하고 드론축구 기술을 검토한다. 또, 드론축구 관련 기자재의 적합성 등을 검토한다.

5. 상벌위원회

비경기력 분야 우수선수 및 선수단을 선발하여 포상을 건의한다. 또, 제 규정위반사례를 지도 및 징계회부하며, 대한드론축구협회의 명예를 훼손하거나 위해 사례를 적발하여 징계 회부한다.

6. 국제위원회

드론축구의 국제적인 홍보활동을 한다. 국제드론축구연맹 설립을 준비하며 국제대회를 지원한다.

3 위원회 구성

1. 위원장은 이사회 승인으로 협회장이 임명한다. 자격은 이사, 지회장(광역지부장)급 이상인 자가 한다.
2. 위원의 구성은 위원장의 추천으로 협회장이 승인한다. 구성은 회원 중 5인 이상 10인 이내(위원장 포함)이며 지역 분포를 고려하여 구성한다.
3. 위원 구성 시 필요에 따라 외부 전문인력을 영입할 수 있다.

4 지회와 지부의 운영

1. 구성자격(조건)

(1) 지회

지회는 광역자치단체로서 도·특별시·광역시 단위로 구성할 수 있으며, 지회 예하에 3개 이상의 지부가 구성되어야 한다.

(2) 지부

지부는 지방자체단체로서 시·군·구 단위로 구성할 수 있으며, 지부 예하에 3개 이상의 드론축구단이 구성되어야 한다.

2. 역할

첫째, 드론축구 조직의 양적 성장을 위한 홍보 및 마케팅활동의 일환으로 드론축구의 우수성을 홍보하고, 드론축구 보급 및 선수단을 창단한다.

둘째, 해당지역 내 가용한 예산과 인프라를 활용하여 드론축구 사업을 발굴한다. 예를 들어 지역 내 드론축구 활용 가용 시설을 발굴하고, 문화체육, 홍보, 교육, 복지 등 해당 지역의 주도적인 예산사업을 발굴한다.

셋째, 지역 내 드론축구 선수 및 선수단의 친선 및 교류활동을 강화한다.

넷째, 대한드론축구협회와 지회, 지부 그리고 선수단과의 가교역할을 하며 지역 내 협회의 적극적인 활동을 한다.

3. 2020년 6월 지회는 전라북도지회와 강원도지회 등 2개가 있으며, 지부는 대전광역지부, 광주광역지부 등 총 17개 지부가 구성되어 있다. 향후 추가적인 지회 및 지부가 설립·운영될 예정이다.

해외 드론축구 조직

1 개요

해외에서 드론축구팀을 운영하고 있는 국가는 프랑스, 미국, 일본, 태국, 페루, 말레이시아 등 31개 국가이다. 2025년 9월 드론축구 월드컵을 앞두고 많은 나라에서 관심을 가지고 있으며 드론 볼을 구매하고 팀 창단 준비 중에 있다.

❖ 말레이시아   ❖ 독일

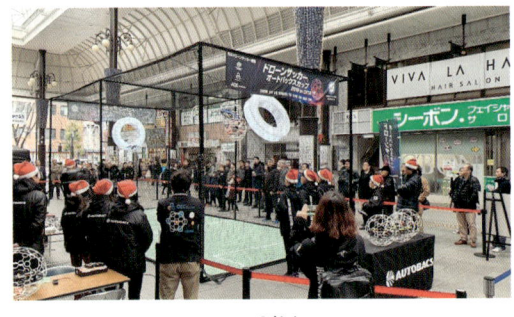 

❖ 일본   ❖ 스페인

❖ 스페인팀과 일본팀 경기 후 기념촬영   ❖ 프랑스

PART 07

드론에 대하여

드론이란 무엇인지, 비행원리, 법규에 대하여 함께 알아보자.

I 드론이란?
드론에 대하여

드론이라는 명칭은 오늘날 무인기 또는 무인항공기(Unmanned Aerial Vehicle, UAV) 전체를 의미하는 것으로 통용되고 있으며, "조종사 없이 무선전파의 유도에 의해서 비행 및 조종이 가능한 비행기나 헬리콥터 모양의 무인비행체의 총칭이다."

드론의 정의

드론Drone이란 단어의 사전적 의미는 "수벌", "낮게 웅웅거리는 소리" 등의 뜻을 갖고 있으나 현재 무인항공기를 드론이라 부르게 된 데에는 여러 가지 설이 있다. 그 중 가장 설득력 있는 내용은 1930년대 영국에서 사격훈련용으로 개발된 퀸비(Queen Bee, 여왕벌)가 드론의 어원이라는 설이다. 여왕을 섬기는 영국에서 표적용 무인기에 퀸비(Queen Bee)라는 명칭을 계속 사용할 수 없어서 후속으로 개발되어진 무인표적기에는 "여왕 벌"이라는 명칭 대신 "수벌"이라는 명칭을 사용했다는 것이다. 당시 붙여진 "드론"이라는 명칭은 오늘날 무인기 또는 무인항공기Unmanned Aerial Vehicle, UAV 전체를 의미하는 것으로 통용되고 있다.

네이버 지식백과사전에서는 "조종사 없이 무선전파의 유도에 의해서 비행 및 조종이 가능한 비행기나 헬리콥터 모양의 군사용 무인항공기의 총칭이다."라고 하고 있다. 또한, 드론은 **무인비행장치**Unmanned Aerial Vehicle, UAV, **무인항공기시스템**Unmanned Aircraft System, UAS, **원격조종항공기시스템**Remotely Piloted Aircraft System, RPAS 등으로도 불린다. 이러한 명칭들은 조종사가 탑승하지 않는다는 공통점을 갖고 있지만 용어의 쓰임에는 약간의 차이가 존재한다.

미국은 유인기 수준의 신뢰성을 지닌 통합된 체계로서 드론을 주로 **UAS**Unmanned Aircraft System라고 하고, **UN산하 국제민간항공기**

구International Civil Aviation Organization, ICAO는 2013년부터 RPASRemotely Piloted Aircraft System라고 공식문서에 사용하기 시작했다.

드론은 무인 비행체를 의미하는 시사적 용어로 현재는 무인항공기와 무인비행장치로 구분하며, 일상생활에서의 정식 명칭은 무인비행장치이다. 우리나라 국토교통부 법령인 항공안전법 2조(정의)에서는 "초경량비행장치"를 항공기와 경량항공기 외에 공기의 반작용으로 뜰 수 있는 장치로서 자체중량, 좌석 수 등 국토교통부령으로 정하는 기준에 해당하는 동력비행장치, 행글라이더, 패러글라이더, 기구류 및 무인비행장치 등으로 정의하고 있다.

또한, 국토교통부 항공안전법 시행규칙 제5조(초경량비행장치의 기준)에는 "무인비행장치"를 연료의 중량을 제외한 자체중량이 150킬로그램 이하인 무인비행기, 무인헬리콥터 또는 무인멀티콥터로 정의하고 있다. 고정익 무인비행장치는 무인비행기라고 하고, 회전날개가 2개 이하인 것은 무인헬리콥터, 3개 이상의 것은 무인멀티콥터라고 한다. 일반인들이 알고 있는 드론의 대다수는 무인멀티콥터를 말한다. 드론축구에 사용하는 드론볼 역시 여기에 속하며 드론볼은 콥터가 4개로 이루어진 Quad Multi-copter이다.

우리나라에서의 드론조종자는 대부분 무인멀티콥터 조종자를 가리키며, 드론 자격증의 정확한 명칭은 초경량 비행장치(무인 동력비행장치〈무인 멀티콥터〉) 조종자로, 줄여서 초경량비행장치(멀티콥터) 조종자라 한다.

다양한 드론

최초의 드론은 군사용으로 개발되어 현재까지도 군사용이 대부분이나 최근에는 민수용 드론이 많이 개발되고 있다. 따라서 이 책에서는 군사용 드론은 제외하고 민수용 드론의 종류에 대하여 기술하였다.

먼저, 외국의 민수용 드론에 대하여 알아보면 다음과 같다.

1 미국

미국의 3D Robotics社는 민수용 시장을 처음 연 기업으로서, 오픈소스 기반의 아두이노Arduino 플랫폼을 바탕으로 한 제품을 개발하여 전 세계에 선보였다. 한때 민수용 드론의 세계 3대 기업으로 손꼽혔으나 지금은 경영악화로 인해 사실상 민수용 완제품 드론분야에서는 철수했고 드론 활용 플랫폼 등 기업을 대상으로 한 소프트웨어 산업에 치중하고 있다.

Google社은 2014년 4월 드론 제조사인 Titan Aerospace社를 인수하여 태양광을 이용해 24시간 인터넷 서비스를 제공하는 프로젝트에 돌입했다. 하지만 경제성 문제로 2017년 동 사업의 포기를 선언했고 지금은 무인항공기 배달 서비스인 프로젝트 "윙Wing"과 통신서비스 제공을 위한 "룬Loon" 프로젝트를 추진 중이다.

Facebook社은 구글과의 Titan Aerospace 인수 경쟁에서 밀려 영국의 Ascenta를 인수했을 만큼 장기체공 드론을 이용한 전 세계 인터넷 연결에 관심이 많았다. "아퀼라Aquila 프로젝트"라 명명된 이 사업은 매우 성공적이어 보였으나 아이러니 하게도 구글이 동 사업을 포기한 이듬해인 2018년 팀의 책임자인 마틴고메즈와 핵심 엔지니어인 엔디콕스가 회사를 떠나면서 승승장구하던 아퀼라 프로젝트는 아쉽게도 중단되었다.

Amazon社는 아마존에서 배송하는 대부분의 배송 품목이 무게가 고작 2.3kg 이하라는 것에 착안하여 "**프라임 에어**Prime Air"라는 드론 택배 서비스를 준비하고 있으며, 400ft(122m) 이하 공역에 대한 드론 길인 슈퍼하이웨이를 제안하고 있다.

❖ 3D Robotics Solo 드론

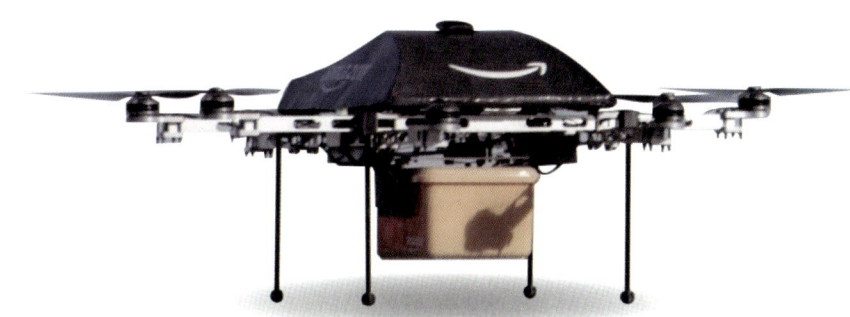

❖ Amazon 프라임 에어 택배드론

❖ 구글(윙드론)의 택배드론

2 프랑스

프랑스는 전통적인 항공산업 강국이며 글로벌시장 세계 2위의 패럿Parrot을 비롯해 레드버드, 에어버스 등을 필두로 많은 스타트업 기업들이 포진해 있다. 이에 걸맞게 프랑스는 미국, 영국에 이어 드론의 실사용이 가장 많은 국가이기도 하다.

Airbus社는 Vahana 프로젝트를 통해 사람이 탑승 가능한 자율비행항공기를 개발 중이다.

Parrot社는 세계 최초로 스마트폰 앱과 연계하여 조종이 가능한 드론을 출시하였다. 패럿은 공륙양용 '롤링 스파이더', 모듈형인 '맘보', 항공촬영용 '비밥', 고정익 형태의 '디스코'와 '스윙'등 다양하고 특색 있는 제품들을 출시해 왔으나 최근에는 '아나피'를 필두로 한 기업 솔루션으로 전환하였다.

❖ 에어버스社 바하나

❖ 패럿社 아나피

3 중국

중국은 DJI, 이항 등 드론기업의 성공으로 세계 최대의 소형 드론 생산기지로 꼽히고 있다. 특히, 완구부터 레저용까지 세계시장의 90% 이상 점유하고 있는 것으로 알려져 있으며, 국가적 중점육성분야로 선정하고 기술 및 제도적 기반을 구축하고 있다.

DJI社는 드론 관련 특허를 가장 많이 보유하고 있고, 특히 촬영용 드론 시장에서는 발군의 시장점유율을 보여주고 있다. 이항社은 2016년 CES에서 세계 최초로 유인 드론 이항184를 선보였다. 샤오미社는 최근 뛰어난 가성비의 MI드론을 출시하였다.

❖ 이항184

❖ 샤오미 FIMI

❖ DJI팬텀 시리즈

4 일본

일본 야마하발동기社는 1987년 농업방제 무인헬기 R-50을 개발하여 1991년부터 농가에 보급하였으며, 소니전자社는 로봇 벤처 ZMP社와 합작하여 Aerosense社를 설립하고 드론 시장에 진출했다.

국내 상용 드론

1 한국항공우주연구원

한국항공우주연구원은 2011년 미국에 이어 세계에서 두 번째로 틸트로터 기술을 개발하였으며, 대한항공은 개발된 틸트로터 기술을 기반으로 실용화 모델을 개발하여 2013년 시험 비행에 성공하였다.

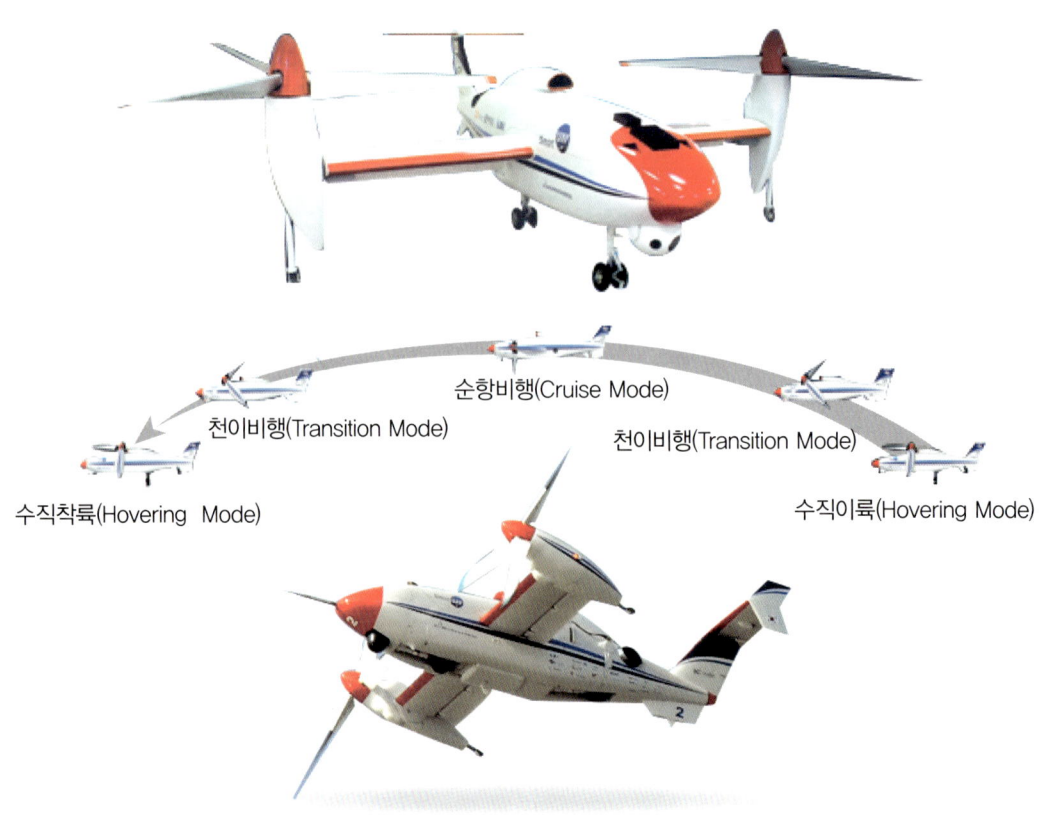

❖ 스마트 무인기
(한국항공우주연구원 홈페이지 홍보자료)

2 성우엔지니어링

성우엔지니어링은 농업용 무인 방제헬기인 REMO-H를 상용화하였다.

❖ 농업용 무인방제헬기 REMO-H
(성우엔지니어링 홈페이지 자료실)

3 바이로봇

국내 교육 및 완구용 드론 대표 기업 바이로봇은 외선 센서를 이용하여 드론 간 대결을 펼칠 수 있는 게임용 **드론 파이터**Drone Fighter를 출시한 이래, 완구 수준의 레이싱 드론과 다양한 드론 교육에 활용되는 **변신형 페트론** 등 여러 독자적인 제품을 출시하고 있다.

❖ 드론 파이터

❖ 변신 가능한 페트론

4 로보링크

로보링크는 로봇과 드론을 결합한 교육용 소프트웨어 제품의 개발 및 보급을 주요 사업영역으로 하고 있다. 코딩 교육용 대표 제품 "코드론"은 소프트웨어 교육에 특화되어 있으며 최근에는 코드론을 활용한 군집비행까지 선보이고 있다.

❖ 코드론 미니와 코드론

5 캠틱종합기술원

1999년 설립된 캠틱종합기술원은 연구개발, 제품개발, 교육훈련 3대 과제를 중심으로 항공우주, 드론, 스마트 팩토리 및 헬스케어 분야에 매진하고 있다. 특히, 드론 분야에서는 산업용으로는 '멀티패스', 레저용으로는 '드론축구'를 양산하고 있으며, 산업용 드론의 임무장비 개발도 진행되고 있다.

 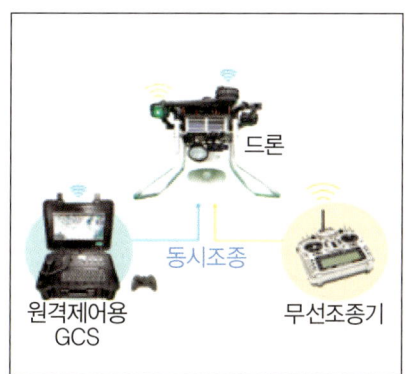 

❖ 산업용 드론 '멀티패스'

또한 수상 및 산악 구조장비 등 인명구조 장비를 개발하여 출시하고 있다. 특히, 수상인명구조 장비의 경우 6개의 자동 팽창식 구조튜브를 장착한 임무장비 전체 무게가 고작 2.3kg 밖에 되지 않는 초경량 수난구조 장비로, 공공시장에 선보이고 있다.

고중량 Payload 드론인 '테라스캔'은 최초 농작업의 효율성을 극대화하기 위해 개발되었으나 저가형 드론이 주를 이루는 방제용 시장에서 출시되지 못하고 현재는 고중량 Payload가 필요한 산업 및 건설현장용으로 변형되어 개발되고 있다.

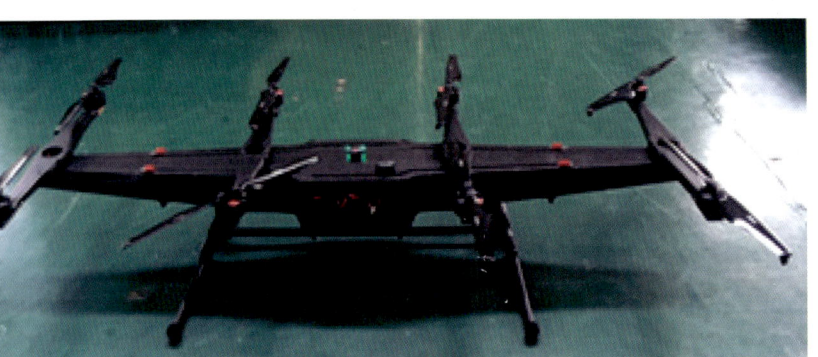 

❖ 고중량 Payload 드론 '테라스캔'

'드론축구'는 일반용 1kg급 드론볼과 유소년용 100g급 드론볼을 양산하고 있으며 드론축구 활성화 및 세계화를 위한 관련 경기장 및 시스템과 더불어 드론볼 자체의 성능개선을 위해 노력하고 있다.

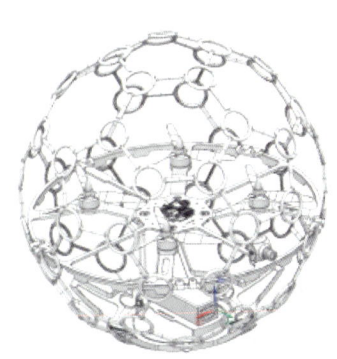 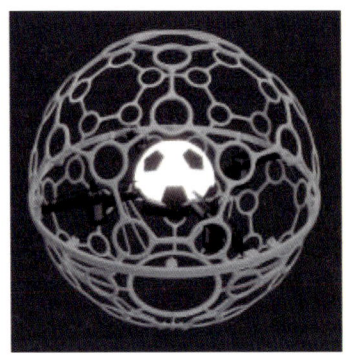 

❖ 일반용과 유소년용 드론볼의 설계이미지 & 유소년 드론축구 경기장

6 (주)유맥에어

유맥에어는 2008년에 설립된 UAV(무인비행장치) 제작 및 운영 전문 기업으로, 고성능 UAV 제조, 판매 및 운영 프로젝트를 수행하고 있다. 항공촬영용, 소방방재용, 감시용, 항공방제용 무인기를 생산하며 마니아들을 위한 고성능 경주용 UAV를 선보이고 있다.

❖ CERES, UM-D16, 레이싱 드론 패스파인더S, Hammer
(임베디드소프트웨어·시스템산업협회, 드론의 기술개발 동향 및 기업의 대응 방안, 2016. 8, p. 19.)

7 (주)유콘시스템

2001년 창립한 유콘시스템은 국내 최초로 군단급 무인항공기를 개발·양산하였다. 2008년 농업용 무인 방제 헬기의 시판을 계기로 상용 무인항공기 시장에 진출하였으며, 또한 방위사업청과 국방과학연구소 주관으로 개발 중인 대형 무인항공기의 핵심 통제장비 개발업체로 선정되기도 했다.

❖ 리모콥터-001

❖ 리모콥터-004

❖ 송전탑/선로 진단용 드론

❖ 티로터
(임베디드소프트웨어·시스템산업협회, 드론의 기술개발 동향 및 기업의 대응 방안, 2016. 8, p. 20.)

8 (주)케바드론

케바드론은 무인기의 설계부터 기체 제작, 그리고 내부 시스템의 통합에 이르기까지 전 과정을 최적화함으로써 무인기 시스템의 안전성과 경제성, 효율성 극대화를 위한 토털 솔루션을 제공하고 있으며, 맞춤형 무인기 개발 능력과 서비스 제공에 초점을 두고 있다.

 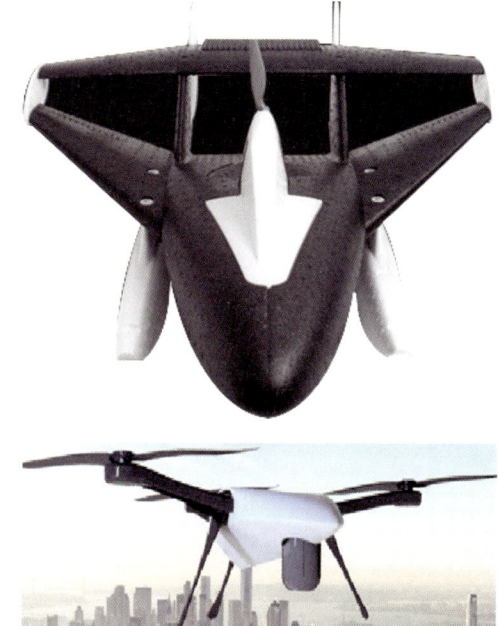

❖ KD1, 나르샤 드론 및 비행체계
(임베디드소프트웨어·시스템산업협회, 드론의 기술개발 동향 및 기업의 대응 방안, 2016. 8, p. 21.)

9 (주)엑스드론

엑스드론은 2010년부터 다목적 소형 무인항공기를 개발하고 있다. 회전익 무인항공기의 단점인 짧은 비행시간을 개선하여 장시간 작전(작업)이 가능하고, 군사작전 및 시설물관리 등 정찰, 수색에 용이하도록 데이터링크(50way point)를 통한 자동비행이 가능한 파워와 설계가 특징이다. 다양한 국책 과제를 수행 중에 있으며, 군사, 공공 및 항공 촬영 분야에 집중하고 있다.

❖ XD-i8 드론 ❖ XD-X8S 드론

❖ XD-X8U 드론 ❖ XD-MAV 드론

(임베디드소프트웨어·시스템산업협회, 드론의 기술개발 동향 및 기업의 대응 방안, 2016. 8, p. 22.)

10 (주)드로젠

드로젠은 2015년 설립한 기업으로, 메인보드, 펌웨어, 모터, 프로펠러, 프레임, 캐노피 등을 자체 개발하였으며, 레이싱 드론에 특화되어 있다.

❖ 로빗300GT과 토이 드론 로빗100C
(임베디드소프트웨어·시스템산업협회, 드론의 기술개발 동향 및 기업의 대응 방안, 2016. 8, p. 23.)

11 (주)휴인스

휴인스는 1992년 설립된 임베디드시스템 전문기업으로, 2013년부터 드론을 개발하기 시작하여 정찰용, 물자수송용, 농업용, 교육용, GCS, 무인기용 EO/IR 카메라 등을 개발하여 생산·판매하고 있다.

❖ 휴인스의 드론들
(임베디드소프트웨어·시스템산업협회, 드론의 기술개발 동향 및 기업의 대응 방안, 2016. 8, p. 24.)

12 (주)주니랩

주니랩은 2014년 설립한 기업으로, 스마트폰으로 조종 가능한 완구용 드론을 개발 및 생산·판매하고 있다. 주니랩이 개발한 엑스트론은 스마트폰 블루투스 기반의 원격조종이 가능하며, 거리 측정 센서로 높이를 조절하고 고정시킬 수 있어 수평비행 상태에서 자유롭게 방향을 제어할 수 있다.

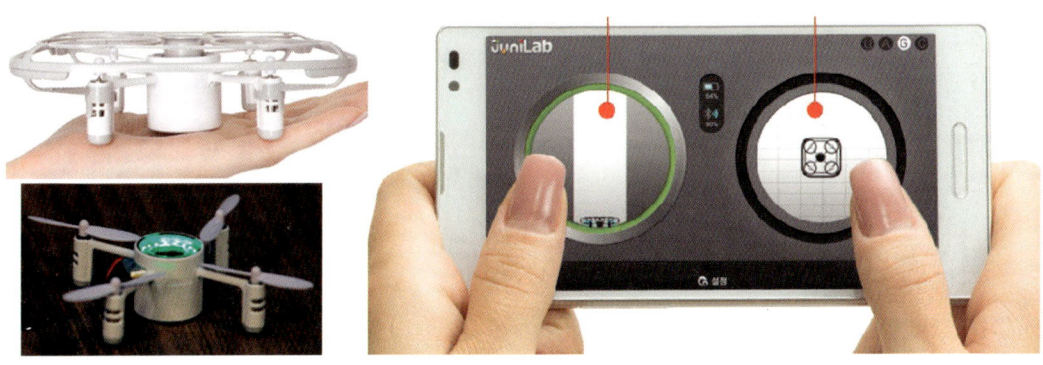

❖ 엑스트론과 스마트폰 조종 앱
(임베디드소프트웨어·시스템산업협회, 드론의 기술개발 동향 및 기업의 대응 방안, 2016. 8, p. 25.)

13 (주)이에스브이

이에스브이는 2011년에 설립한 임베디드 시스템 전문기업으로, 대시보드 카메라 시장에서 주목받고 있다. 레이싱 드론 F3와 토이 드론 F1을 개발·판매하고 있다.

❖ 플라이 드림 F1, 플라이 드림 F3
(임베디드소프트웨어·시스템산업협회, 드론의 기술개발 동향 및 기업의 대응 방안, 2016. 8, p. 25.)

II 비행원리
드론에 대하여

드론축구의 드론볼은 드론이다. 따라서 멀티콥터의 비행원리가 적용된다.
Hovering, 전진비행 등의 원리가 축구경기와 함께 어떻게 비행하는지 알아보자.

회전익기에 작용하는 기초적인 원리

1 제자리비행과 제자리비행 시 나타나는 현상

1. 제자리비행이란?

"Hover"의 사전적 의미는 "'맴돌다', '곤충, 새, 특히 매 종류가 공중에 떠 있는'"이다. 이러한 의미에서 Hovering 즉, 제자리비행은 공중의 한 지점에서 전후좌우 편류 없이 일정한 고도와 방향을 유지하면서 가만히 머무르는 비행을 말한다. 이러한 제자리비행은 헬리콥터 및 회전익의 특성이자 가장 큰 장점이라고 할 수 있다. 회전익은 고정된 날개가 없기 때문에 날개가 형성하는 회전면에 의해 양력이 발생하고 회전면에 경사를 주어 추진력도 얻을 수 있다.

2. 지면효과

지면효과란 지면에 근접하여 운용 시 로터 하강풍이 지면과 충돌하여 양력 발생효율이 증대되는 현상이다. 멀티콥터의 착륙조종 중 지면에 근접하여 운용 시 조종자가 원활하게 착륙시키지 못하고 어려움을 겪는 경우를 흔히 볼 수 있다. 즉, 스로틀을 조금 내렸는데도 충격착륙이 되거나, 내리지 않거나 조금만 위로 올려도 다시 이륙하게 되는 경우가 바로 지면효과로 인한 현상이다. 즉, 지면효과는 양력발생효율이 증대되어 힘이 더 많이 발생되었다는 것을 의미한다. 그럼 지면효과는 어느 정도의 고도에서 발생하는가? 답은 회전면 전체 크기(Quad-Copter는 4개 전체크기)를 1로 볼 때 1부터 시작되어 1/2부터는 현격하게 나타나다가 지면에 근접할수록 더욱 증가된다. 지면효과는 아스팔트나 운동장처럼 평평한 곳은 더 효율이 증대되고, 잔디 등 풀이 있거나 수면상공 등에서는 흡수가 되어 감소된다.

2 토크현상(작용)

'토크'의 사전적인 의미는 '회전하는 힘'이다. 따라서 토크작용은 회전하는 힘에 의한 작용이라고 할 수 있다. 헬리콥터를 뉴턴의 제3법칙 작용과 반작용 법칙에 적용해 보면, 메인 로터는 시계 반대방향으로 회전하고, 이에 대한 반작용으로 헬리콥터 동체는 시계방향으로 회전하려는 성질이 있는데, 이를 토크작용이라고 한다.

다음 그림에서 보는 바와 같이 메인 로터가 시계 반대방향으로 회전할 때 동체는 토크작용에 의해 메인로터 회전방향과 반대방향인 시계방향으로 회전하려고 한다. 그러므로 제자리비행 시 이러한 토크작용을 상쇄하기 위해 조종사는 좌측 페달 압을 이용하여 동체가 시계방향으로 회전하려는 힘을 막고 있는 것이다.

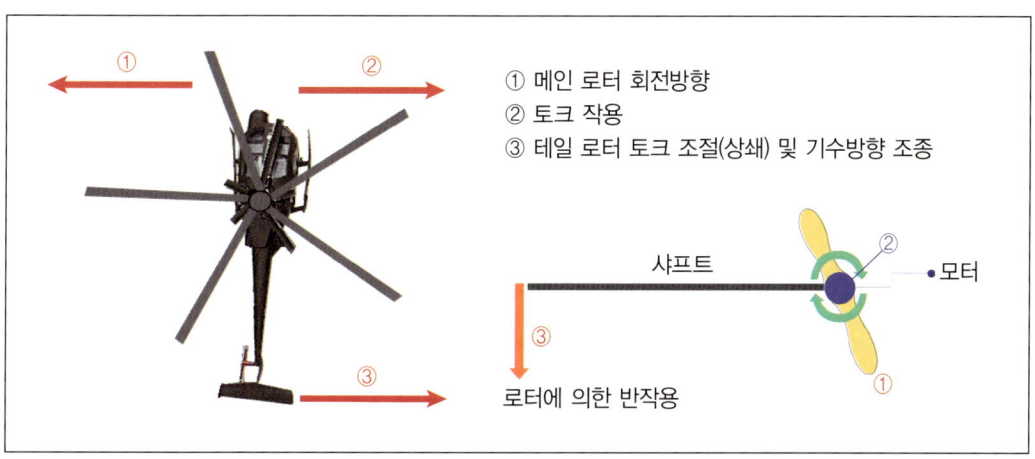

❖ 헬리콥터와 멀티콥터의 현상(작용)

**멀티콥터의
구조적인
비행원리**

1 개요

멀티콥터는 헬리콥터와 마찬가지로 로터(프로펠러)에 의해 양력이 발생한다. 헬리콥터는 로터가 1개 또는 2개 이지만 멀티콥터는 4, 6, 8개로 이것은 비행안정성이나 조종성에 큰 차이를 가져온다.

헬리콥터Single Rotor의 경우 주 로터가 회전하면 그 반작용으로 기체와 로터가 반대방향으로 회전하려고 하는 힘Torque이 발생하고, 이를 상쇄시켜 주기 위하여 꼬리부분에 날개를 장착하여 역방향으로 힘을 가해 기체의 회전을 막아 준다. 참고로 헬리콥터는 주 로터가 아래의 그림처럼 오른 쪽으로 회전하면 토크가 왼쪽으로 작용하고 주 로터가 왼쪽으로 회전하면 토크가 오른쪽으로 작용한다.

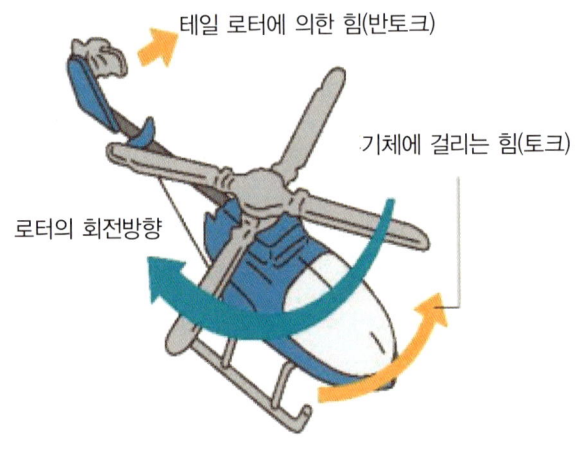

❖ 헬리콥터의 구조적인 비행원리(Torque작용)

2 멀티콥터의 구조적 비행원리

멀티콥터는 헬리콥터와는 달리 인접한 로터(프로펠러)를 역방향으로 회전시킴으로써 토크를 상쇄시킨다. 따라서 꼬리날개(테일 로터)는 필요하지 않고 모든 로터(프로펠러)가 수평상태에서 회전해 양력을 얻는 것이다.

Quad-copter

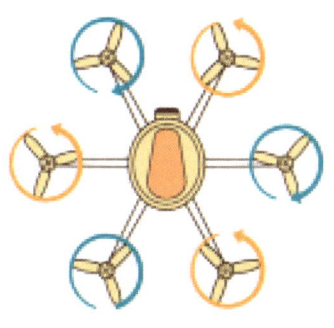

Hexa-copter

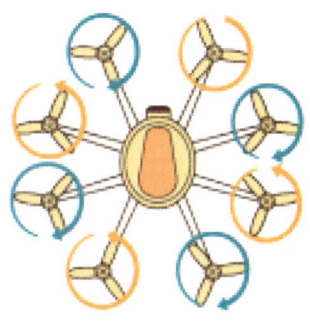

Octo-copter

❖ 멀티콥터의 형태별 로터 회전방향

멀티콥터의 구조적인 비행원리를 세부적으로 알아보자. 멀티콥터도 헬리콥터와 같이 "작용과 반작용의 원리"가 작용한다. 아래 [그림 1]처럼 축에 고정된 모터가 시계방향으로 로터를 회전시킬 경우 이 모터 축에는 반시계방향의 반작용이 작용한다. 이 반작용은 모터를 고정하고 있는 암에 전달되어 모터를 중심으로 반시계방향으로 힘이 발생하게 된다.

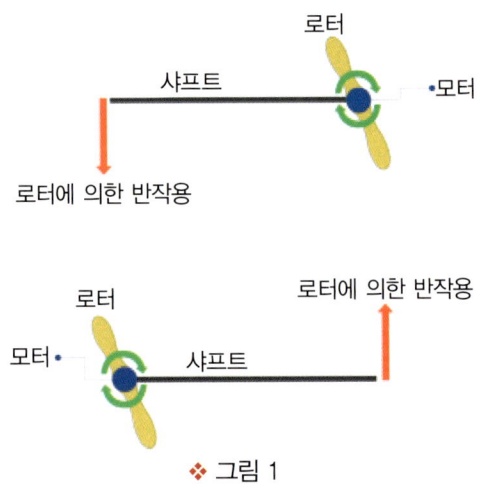

❖ 그림 1

다음 [그림 2]처럼 암의 양 끝에 모터와 로터(프로펠러)를 장착하고 두 모터와 로터(프로펠러)를 똑같이 시계방향으로 회전시키면 로터의 회전에 따른 반작용이 모터 축에 작용하고, 이 반작용에 의한 힘은 두 암이 만나는 중앙에서 서로 반대방향으로 작용하는 힘으로 만나게 되어 상쇄된다. 반대방향으로 회전시키면 역시 같은 원리로 두 반작용에 의한 힘은 암의 가운데에서 만나 상쇄된다.

[그림 2]의 반대방향으로 상쇄되는 모터와 로터(프로펠러) 쌍들을 X자 모양으로 교차시켜서 이어 놓으면, X자 중심에서 역시 반작용들이 상쇄된다. 즉, 로터(프로펠러)들이 양력을 발생시켜도, 동체 전체는 반작용 없이 안정적으로 양력만을 발생시킬 수 있게 된다. 이렇게 해서 전체 동력을 로터가 동일한 속도를 갖게 하면서 증가시키면 상승하게 되고, 줄이면 하강하게 된다.

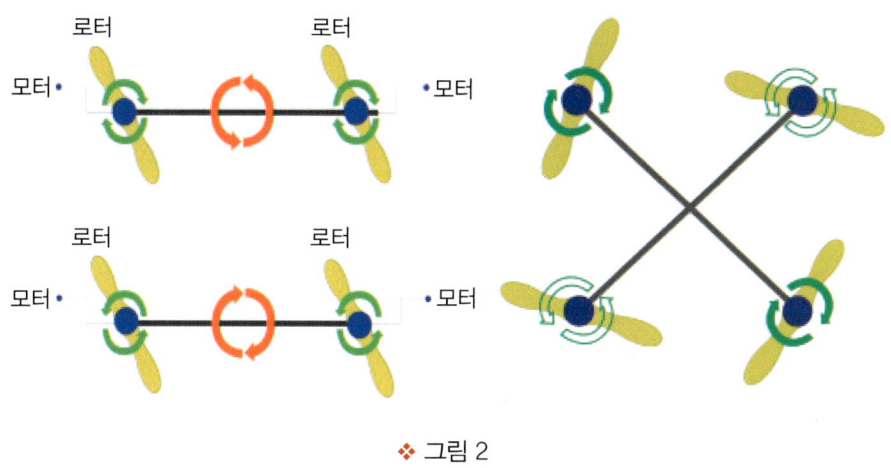

❖ 그림 2

3 멀티콥터의 전·후, 좌·우 이동 및 선회의 원리

멀티콥터의 전·후, 좌·우 이동과 회전의 비행원리에 대하여 알아보자. 멀티콥터도 헬리콥터와 마찬가지로 회전면의 경사 기울기에 의하여 기울어지는 방향으로 비행한다고 할 수 있다. 그러나 기울어지는 방법에는 차이가 있다. 멀티콥터 회전면의 경사는 전·후, 좌·우 모터의 회전수를 상대적으로 빠르게 또는 느리게 회전시켜 회전면의 경사를 이루게 된다(이는 상대적인 것이다). 먼저, 전진 비행은 앞의 모터보다 뒤쪽의 모터를 빠르게 회전시켜 회전면이 앞으로 기울도록 하면 앞으로 전진하게 되고 후진비행은 반대이다.

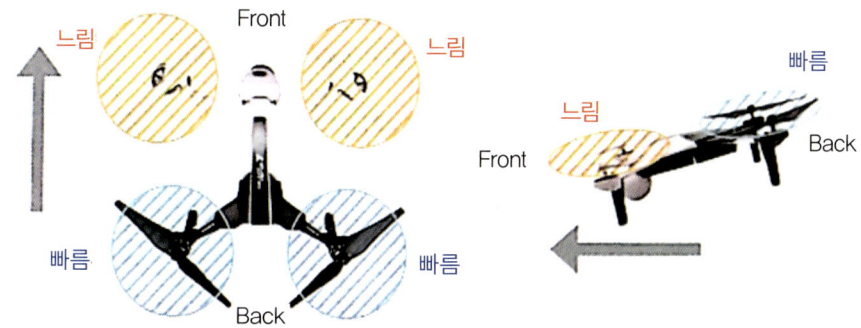

회전속도가 빠른 후방이 올라가고 속도가 낮은 전방이 내려감으로써 기체가 앞으로 기울어지면서 앞으로 나아간다. 전후 회전수를 반대로 하면 후방으로 나아간다.

❖ 전진(피치)의 원리

좌·우 이동의 원리도 전·후진 원리와 같이 좌측으로 이동 시 좌측 두 개의 모터 회전을 느리게 하고 우측 두 개의 모터 회전을 빠르게 하여 회전면이 좌측 또는 우측으로 기울어지면 이동하게 된다.

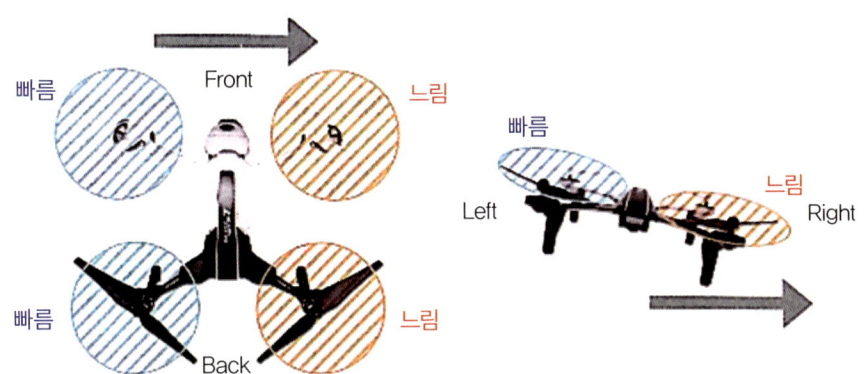

회전속도가 빠른 좌측이 올라가고 속도가 낮은 우측이 내려감으로써 기체가 옆으로 기울어진 상태에서 기체는 평행하게 우측으로 이동한다. 반대도 마찬가지이다.

❖ 좌, 우측 이동(롤)의 원리

좌·우측 선회의 원리로 먼저 좌측 선회를 살펴보면 오른쪽으로 회전하는 모터의 회전속도가 왼쪽으로 회전하는 모터보다 빠르면 기체 전체가 좌측으로 회전하게 된다. 이것이 좌측으로 선회하는 원리이며 우측으로의 선회원리는 반대이다.

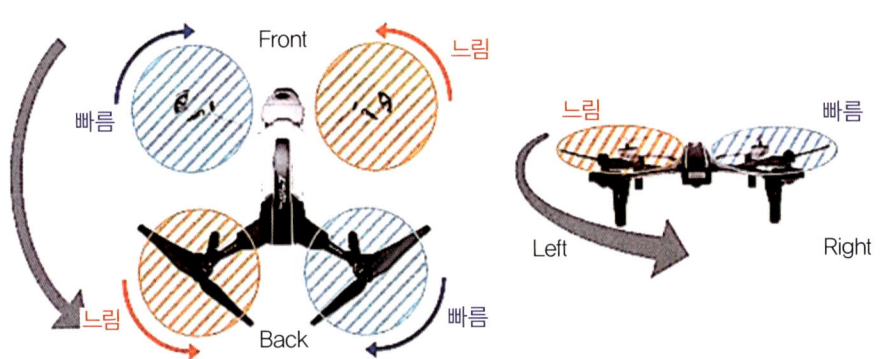

오른쪽으로 도는 로터의 회전속도가 왼쪽으로 도는 로터보다 빠르면 기체 전체가 좌측으로 돌아간다. 반대로 좌회전이 우회전보다 빠르면 우측으로 돌아간다.

❖ 좌측선회(요우)의 원리

4 멀티콥터와 헬리콥터의 양력발생 원리의 차이

헬리콥터와 멀티콥터의 양력발생 원리의 차이를 알아보자. 먼저 헬리콥터는 운용 RPM(분당회전수)에 의해 날개(블레이드)의 피치 Pitch각을 조정하여 양력을 발생시키게 되며, 이를 변동 피치라고 한다. 멀티콥터는 고정된 날개의 피치각에 모터의 회전수에 의한 양력발생 크기를 조절하는데 이를 고정 피치라고 한다. 따라서 헬리콥터와 멀티콥터의 양력발생 원리는 변동 피치와 고정 피치의 차이라고 할 수 있다.

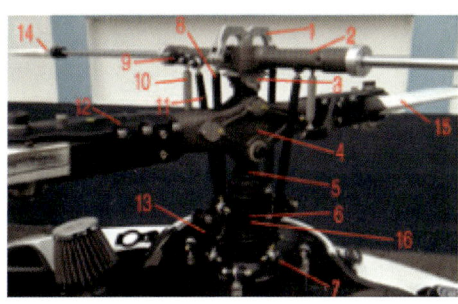
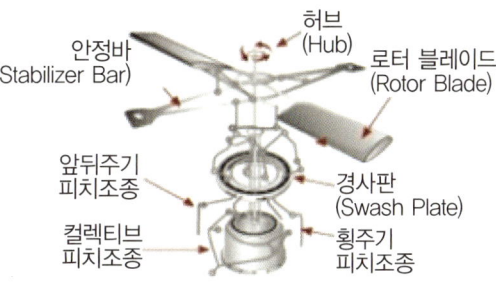

❖ 헬리콥터와 멀티콥터의 양력발생 원리의 차이

III 드론 관련 법령

드론에 대하여

드론축구의 드론볼은 약1.1 kg 정도의 무게이다. 실내 드론축구장에서 경기를 진행시는 조종자 준수사항 이외의 법 적용이 거의없다. 그러나 야외의 금지, 제한구역과 관제권 내에서 운용시는 항공안전법을 적용 받으므로 주의하여 비행해야 한다.

항공안전법

1 개요

드론볼과 드론축구 경기는 항공안전법 등 관련법규 중 어떤 항목의 법을 적용하는지 알아보도록 한다.

Q. 드론을 실내에서 비행할 때에도 비행승인을 받아야 되나요? A. X

사방, 천장이 막혀 있는 실내 공간에서의 비행은 승인을 필요로 하지 않습니다. 적절한 조명장치가 있는 실내 공간이라면 야간에도 가능합니다. 다만 어떠한 경우에도 인명과 재산에 위험을 초래할 우려가 없도록 주의하여 비행하여야 합니다.

☞ 야외에서 그물망이 쳐진 훈련장도 실내로 동일하게 평가 받을 수 있다. 그물망이 드론을 밖으로 나가지 못하게 하므로 실내로 볼 수 있다(사방, 천장이 막혀 있으므로).

[관련 법령]

1. 드론축구는 정규 실내 축구장에서 경기를 진행할 경우 조종자 준수사항 이외의 기타 법규는 적용되지 않는다.
   ※ 관련근거 : 국토교통부 무인비행장치 질문 답변 공시자료(2018.1.22. 홈페이지)

2. 그러나 실내가 아닌 실외에서 드론을 운영할 때에는 다른 드론과 동일하게 적용한다. 예를 들어,
   가. 금지구역, 제한구역, 관제권 등에서 비행 시는 무조건 승인을 받아야 하고, 기타 일반적인 구역에서는 무게를 기준으로 하여 승인이 필요치 않다.
   나. 실외에서는 야간비행도 금지된다.

[관련 법령]

3. 조종자 준수사항, 유의사항, 안전수칙, 통신안전수칙 모두 적용한다. 조종자격(국가자격증, 민간자력 등)을 보유 여부에 관계없이 드론을 조종하는 모든 사람은 조종자 준수사항을 따라야 한다.

아래에 항공안전법규 부분에서 드론축구에 필요한 **항공안전법, 항공안전법시행령, 항공안전법 시행규칙 등** 해당 관련 법규를 발췌하여 기술하였다. 먼저 다음의 드론 비행 절차도를 이해하면 항공안전법의 전체적인 이해가 한층 쉬워진다.

드론 비행절차

구분	완구용 모형비행장치	④종 무인비행장치(250g초과~2kg)	③종 무인비행장치(2kg~7kg)	②종 무인비행장치(7kg~25kg)	①종 무인비행장치(25kg초과)	비고
장치 신고	사업 : 신고 비 사업 : X	사업 : 신고 비 사업 : X	소유자 신고	소유자 신고	소유자 신고	한국교통안전공단 (드론관리자)
사업 등록	사업 시 사업등록	사업 시 사업등록	사업 시 사업등록	사업 시 사업등록	사업 시 사업등록	한국교통안전공단 (드론관리자)
안전성 인증	X	X	X	X	안전성 인증	항공안전 기술원
조종자 격 증명	X	온라인 교육 (교통안전공단 주관)	필기 + 비행경력 (6시간)	필기+비행경력 (10시간)+ 실기시험(약식)	필기+비행경력 (20시간) +실기시험	한국교통 안전공단
비행 승인	비행금지구역, 관제권에서 비행하거나 그 밖의 고도 150m 이상의 고도에서 비행 시 만 승인					지방항공청, 국방부
항공 촬영	항공촬영을 하려는 거우는 국방부의 별도 허가 필요					국방부
조종자 준수 사항	조종자 준수사항에 따라서 비행					

※ 상기 기준은 자체중량 150kg 이하인 무인동력비행장치에 적용.
※ 비행제한구역 및 비행금지구역, 관제권, 고도 150m이상에서 비행 시는 무게와 상관없이 비행 승인.
  최대이륙중량 25kg초과 기체는 상시 승인 필요(단, 초경량비행장치 비행공역에서는 승인없이 가능)
※ 비행금지구역이더라도 초, 중, 고 학교 운동장에서는 지도자의 감독아래 교육목적의 고도 20m이내 비행은 가능함.(7kg이하)
※ 조종자격증명 응시 연령: ④종 무인비행장치는 만 10세 이상, ③ ~ ①종은 만 14세 이상

❖ 드론 비행절차도

우리나라의 초경량비행장치 중 무인동력비행장치는 무게기준으로 법령이 제정되어 있다. 따라서 최대이륙중량이 25kg 이하와 초과로 구분이 되고, 대부분이 사업용으로 운용되는가, 또는 비사업용으로 운용되는가에 따라 그 적용방법 및 범위 등이 달라진다.

드론축구에 사용되는 **드론볼**은 우리나라 법규에서는 **초경량 무인비행장치(무인멀티콥터)**로 분류하고 있다. **드론볼은 무게가 1kg으로 규정하고 있어 최대이륙중량 25kg 이하의 법규가 적용**되며, 드론축구는 사업용으로 운용되는 것이 아니므로 신고 대상도 아니다. 법규가 적용되는 부분은 비행 시 지역에 따른 비행승인부분과 조종자 준수사항 부분에 대한 항목이다 (참고로 2021년 1월 1일 시행 예정으로 입법 예고된 개정되는 법규에는 드론볼이 250g 초과~2kg 사이에 해당되어 기체등록은 하지 않아도 되나 비행을 위해서는 온라인 교육을 수료하여야 한다).

2 비행(항공안전법 제127조, 항공안전법 시행규칙 제308조)

1. 비행승인 및 신청

① 드론볼은 최대 이륙중량 25kg 이하(약 1kg)의 기체로 비행금지구역 및 관제권을 제외한 공역에서 고도 150m 미만에서는 비행승인 없이 비행이 가능하다.

② 드론볼은 비행금지구역 및 관제권에서는 사전 비행승인 없이는 비행이 불가하다. 드론축구 경기장이 설치된 실내에서 비행 시는 승인 없이 가능하다(실내인 경우 야간에도 가능하다). 다만 축구장이 아닌 야외에서 비행 시는 비행금지구역이나 관제권에서는 승인을 얻어야 한다.

③ 드론볼로 초경량비행장치 전용공역(UA)에서는 비행승인 없이 비행이 가능하다.

④ 금지구역이나 관제권에서 비행승인 신청 시 비행계획 제출 양식과 포함내용은 초경량비행장치 승인신청서를 참고한다.

⑤ 비행계획 승인 신청방법은 One-Stop 민원서비스를 이용하는 방법(아래)과 제출양식을 작성하여 팩스로 신청하는 방법이 있다.

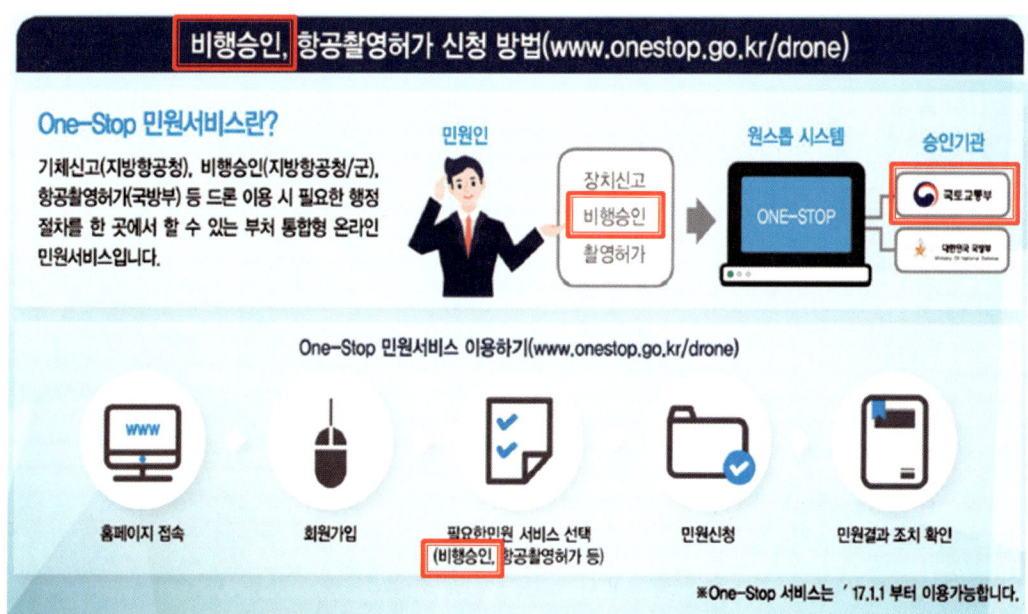

❖ One-Stop 민원서비스로 비행승인 신청방법

2. 비행승인기관

비행승인기관은 금지구역, 제한구역 등 설정된 지역에 따라 승인기관이 다르다. 금지, 제한구역과 관제권의 비행허가와 비행승인기관(관할기관)은 다음과 같다.

(1) 금지구역

❖ 비행금지구역 비행승인기관(관할기관)과 연락처

	구분	관할기관	연락처
1	P73 (서울 도심)	수도방위사령부 (화력과)	전화 : 02-524-3353, 3419, 3359 팩스 : 02-524-2205
2	P518 (휴전선 지역)	합동참모본부 (항공작전과)	전화 : 02-748-3294 팩스 : 02-796-7985
3	P61A (고리원전)	합동참모본부 (공중종심작전과)	전화 : 02-748-3294 팩스 : 02-796-7985
4	P62A (월성원전)	합동참모본부 (공중종심작전과)	전화 : 02-748-3294 팩스 : 02-796-7985
5	P63A (한빛원전)	합동참모본부 (공중종심작전과)	전화 : 02-748-3294 팩스 : 02-796-7985
6	P64A (한울원전)	합동참모본부 (공중종심작전과)	전화 : 02-748-3294 팩스 : 02-796-7985
7	P65A (원자력연구소)	합동참모본부 (공중종심작전과)	전화 : 02-748-3294 팩스 : 02-796-7985
8	P61B (고리원전)	부산지방항공청 (항공운항과)	전화 : 051-974-2154 팩스 : 051-971-1219
9	P62B (월성원전)	부산지방항공청 (항공운항과)	전화 : 051-974-2154 팩스 : 051-971-1219
10	P63B (한빛원전)	부산지방항공청 (항공운항과)	전화 : 051-974-2154 팩스 : 051-971-1219
11	P64B (한울원전)	부산지방항공청 (항공운항과)	전화 : 051-974-2154 팩스 : 051-971-1219
12	P65B (원자력연구소)	서울지방항공청 (항공운항과)	전화 : 032-740-2153 팩스 : 032-740-2159

※ 비행승인 신청은 원스톱 민원처리시스템(www.onestop.go.kr/drone)에 접속하여 회원가입 후 신청 가능합니다.

(2) 관제권

❖ 관제권의 비행승인기관(관할기관)과 연락처

구분		관할기관	연락처
1	인천	서울지방항공청 (항공운항과)	전화 : 032-740-2153 / 팩스 : 032-740-2159
2	김포		
3	양양		
4	울진	부산지방항공청 (항공운항과)	전화 : 051-974-2146 / 팩스 : 051-971-1219
5	울산		
6	여수		
7	정석		
8	무안		
9	제주	제주지방항공청 (안전운항과)	전화 : 064-797-1745 / 팩스 : 064-797-1759
10	광주	광주기지 (계획처)	전화 : 062-940-1110~1 / 팩스 : 062-941-8377
11	사천	사천기지 (계획처)	전화 : 055-850-3111~4 / 팩스 : 055-850-3173
12	김해	김해기지 (작전과)	전화 : 051-979-2300~1 / 팩스 : 051-979-3750
13	원주	원주기지 (작전과)	전화 : 033-730-4221~2 / 팩스 : 033-747-7801
14	수원	수원기지 (계획처)	전화 : 031-220-1014~5 / 팩스 : 031-220-1167
15	대구	대구기지 (작전과)	전화 : 053-989-3210~4 / 팩스 : 054-984-4916
16	서울	서울기지 (작전과)	전화 : 031-720-3230~3 / 팩스 : 031-720-4459
17	예천	예천기지 (계획처)	전화 : 054-650-4517 / 팩스 : 054-650-5757
18	청주	청주기지 (계획처)	전화 : 043-200-2112 / 팩스 : 043-210-3747
19	강릉	강릉기지 (계획처)	전화 : 033-649-2021~2 / 팩스 : 033-649-3790
20	충주	중원기지 (작전과)	전화 : 043-849-3033~4, 3083 / 팩스 : 043-849-5599
21	해미	서산기지 (작전과)	전화 : 041-689-2020~4 / 팩스 : 041-689-4155
22	성무	성무기지 (작전과)	전화 : 043-290-5230 / 팩스 : 043-297-0479
23	포항	포항기지 (작전과)	전화 : 054-290-6322~3 / 팩스 : 054-291-9281
24	목포	목포기지 (작전과)	전화 : 061-263-4330~1 / 팩스 : 061-263-4754
25	진해	진해기지 (군사시설보호과)	전화 : 055-549-4231~2 / 팩스 : 055-549-4785
26	이천	항공작전사령부 (비행정보반)	전화 : 031-634-2202(교환)→3705~6 팩스 : 031-634-1433
27	논산		
28	속초		
29	오산	미공군 오산기지	전화 : 0505-784-4222 문의 후 신청
30	군산	미공군 군산기지	전화 : 053-470-4422 문의 후 신청
31	평택	미공군 평택기지	전화 : 0503-353-7555 / 팩스 : 0503-353-7655

3 조종자 준수사항(항공안전법 제129조, 항공안전법 시행규칙 제310조)

[관련 법령]

드론축구 조종자는 드론볼로 인하여 인명이나 재산에 피해가 발생하지 아니하도록 국토교통부령으로 정하는 준수사항을 준수하여야 한다.

1. 드론축구 조종자는 법 제129조제1항에 따라 다음 각 호의 어느 하나에 해당하는 행위를 하여서는 아니 된다.
   - ㉮ 인명이나 재산에 위험을 초래할 우려가 있는 낙하물을 투하(投下)하는 행위
   - ㉯ 인구가 밀집된 지역이나 그 밖에 사람이 많이 모인 장소의 상공에서 인명 또는 재산에 위험을 초래할 우려가 있는 방법으로 비행하는 행위
   - ㉰ 법 제78조제1항에 따른 관제공역·통제공역·주의공역에서 비행하는 행위. 다만, 다음 각 목의 행위와 지방항공청장의 허가를 받은 경우에는 제외한다(관제권 또는 비행금지구역이 아닌 곳에서 제202조제1호나목에 따른 최저비행고도(150미터) 미만의 고도에서 비행하는 행위).
   - ㉱ 안개 등으로 인하여 지상목표물을 육안으로 식별할 수 없는 상태에서 비행하는 행위
   - ㉲ 비행시정 및 구름으로부터의 거리기준을 위반하여 비행하는 행위
   - ㉳ 일몰 후부터 일출 전까지의 야간에 비행하는 행위
   - ㉴ 「주세법」 제3조제1호에 따른 주류, 「마약류 관리에 관한 법률」 제2조제1호에 따른 마약류 또는 「화학물질관리법」 제22조제1항에 따른 환각물질 등(이하 "주류 등"이라 한다)의 영향으로 조종업무를 정상적으로 수행할 수 없는 상태에서 조종하는 행위 또는 비행 중 주류 등을 섭취하거나 사용하는 행위
   - ㉵ 그 밖에 비정상적인 방법으로 비행하는 행위
2. 드론축구 조종자는 항공기 또는 경량항공기를 육안으로 식별하여 미리 피할 수 있도록 주의하여 비행하여야 한다.
3. 드론축구 조종자는 모든 항공기, 경량항공기 및 동력을 이용하지 아니하는 초경량비행장치에 대하여 진로를 양보하여야 한다.
4. 드론축구 조종자는 해당 드론볼을 육안으로 확인할 수 있는 범위에서 조종하여야 한다.

가시거리 범위 외 비행금지

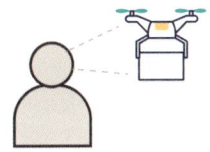

초경량비행장치 조종자는 항공기 또는 경량항공기를 육안으로 식별하여 미리 피할 수 있도록 주의

음주비행금지

조종 업무를 정상적으로 수행할 수 없는 상태에서 조종하는 행위 또는 비행 중 주류 등 섭취하거나 사용금지

비행 중 낙하물 투하 금지

인명이나 재산에 위험을 초래할 우려가 있는 낙하물 투하 금지

유인항공기 접근 시 회피

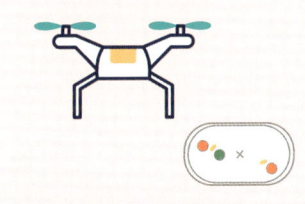

초경량비행장치 조종자는 모든 항공기, 경량항공기 및 동력을 이용하지 않는 초경량비행장치에 대해 진로 양보

인구밀집 상공 위험한 비행금지

인구가 밀집된 지역이나 그 밖의 사람이 많이 모인 장소의 상공에서 위험한 비행금지

장치에 소유자 정보 기재

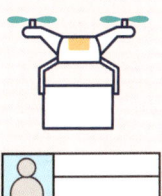

사고나 분실에 대비하여 장치에는 신고번호를 필히 부착하도록 한다.

야간비행금지

일몰 후 부터 일출 전까지 야간시간 비행금지(승인을 받고 비행하기)

고도 150m 이상 비행금지

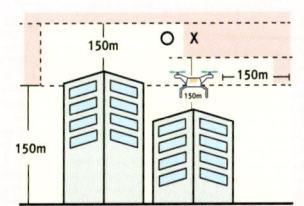

지면, 수면 또는 구조물 최상단(드론기체 반경 150m) 기준, 150m이상 고도에서 비행해야 할 경우 지방 항공청 또는 국방부 허가 필요

비행금지구역, 관제권 비행금지

- 청와대 인근/중심(P73A)으로 부터 3.5km
- 서울 강북 청와대 인근/중심(P73B)으로 부터 8km
- 휴전선 부근(P518)
- 원전 중심으로부터 18.6km(P61, P62, P63, P64, P65)
- 관제권: 비행장, 공항 참조점(ARP)으로 부터 9.3km 이내

❖ 드론축구 조종자 확인사항

4 공역

1. 공역의 종류

(1) 관제공역

항공교통의 안전을 위하여 항공기의 비행 순서·시기 및 방법 등에 관하여 제84조제1항에 따라 국토교통부장관 또는 항공교통업무증명을 받은 자의 지시를 받아야 할 필요가 있는 공역으로서 관제권 및 관제구를 포함하는 공역

① **관제권** : 비행장 또는 공항과 그 주변의 공역으로서 항공교통의 안전을 위하여 국토교통부장관이 지정·공고한 공역

② **관제구** : 지표면 또는 수면으로부터 200미터 이상 높이의 공역으로서 항공교통의 안전을 위하여 국토교통부장관이 지정·공고한 공역

(2) 통제공역

항공교통의 안전을 위하여 항공기의 비행을 금지하거나 제한할 필요가 있는 공역

① **비행금지구역** : 안전, 국방상 그 밖의 이유로 항공기의 비행을 금지하는 공역

② **비행제한구역** : 항공사격, 대공사격 등으로 인한 위험으로부터 항공기의 안전을 보호하거나 그 밖의 이유로 비행허가를 받지 아니한 항공기의 비행을 제한하는 공역

③ **초경량비행장치 비행제한구역** : 초경량 비행장치의 비행안전을 확보하기 위하여 초경량 비행장치의 비행활동에 대한 제한이 필요한 공역

(3) 주의공역

항공기의 조종사가 비행 시 특별한 주의·경계·식별 등이 필요한 공역

① **훈련구역** : 민간항공기의 훈련공역으로서 계기비행항공기로부터 분리를 유지할 필요가 있는 공역

② **군 작전구역** : 군사작전을 위하여 설정된 공역으로서 계기비행항공기로부터 분리를 유지할 필요가 있는 공역

③ **위험구역** : 항공기의 비행 시 항공기 또는 지상시설물에 대한 위험이 예상되는 공역

④ **경계구역** : 대규모 조종사의 훈련이나 비정상 형태의 항공활동이 수행되는 공역

(4) 국내 초경량 비행장치 공역

현재 우리나라에서는 전국적으로 UA-2(구성산), UA-3(약산), UA-4(봉화산), UA-

5(덕두산), UA-6(금산), UA-7(홍산), UA-9(양평), UA-10(고창), UA-14(공주), UA-19(시화), UA-20(성화대), UA-21(방장산), UA-22(고흥), UA-23(담양), UA-24(구좌), UA-25(하동), UA-26(장암산), UA-27(미악산), UA-28(서운산), UA-29(옥천), UA-30(북좌), UA-31(청나), UA-32(토천), UA-33(변천천), UA-34(미호천), UA-35(김해), UA-36(밀량), UA-37(창원) 등 28개의 초경량비행장치 공역을 지정 운영하고 있다. 아울러 서울지역에 4개소(가양비행장 : 가양대교 북단, 신정비행장 : 신정교 아래 공터, 광나루 비행장, 별내IC : 식송마을 일대)도 동일한 개념으로 운영되고 있다.

2. 우리나라 공역 현황(비행금지구역, 제한구역 및 군 훈련구역)

(1) 서울강북지역(P-73A/B)

1) (RK)P-73A

청와대 기점 중심반경 2.0NM(3.7km)까지 지역으로, 적절한 허가 없이 (RK)P-73A 침범 시 격추될 것이고, (RK)P-73A 내의 비행은 7일 전 육군 수도방위사령부의 승인을 받아야 한다.

2) (RK)P-73B

청와대 기점 중심반경 4.5NM(8.33km)까지 지역으로, 적절한 허가 없이 (RK)P-73B 침범 시 경고사격이 있다. (RK)P-73B 내의 비행은 7일 전 육군 수도방위사령부의 승인을 받아야 한다.

❖ 비행금지구역 및 R-75제한구역

> P-73

서울시 중구, 용산구, 성동구, 서대문구, 강북구, 동대문구, 종로구, 성북구

> R-75

서울시 강서구, 양천구, 영등포구, 동작구, 관악구, 서초구, 강남구, 송파구(가락동, 송파동, 방이동, 잠실동)
강동구(천호동, 풍남동, 암사동, 성내동)

P-73A/B 지역의 비행 승인절차는 다음과 같다.

① P-73 비행금지공역 및 R-75 제한공역 해당(인근) 지역에서 비행하고자 하는 경우에는 사전에 수도방위사령부 해당 부서에 비행승인 대상지역인지를 확인해야 한다.

② P-73A/B 비행금지공역 내의 비행을 위해서는 수도방위사령부(화력과)에 사전에 비행계획 승인을 받아야 한다.

③ R-75 비행제한공역 내 비행을 위해서는 수도방위 사령부(방공작전통제소)에 사전(항공기 2시간 전 및 초경량비행장치/경량항공기 4일 전)에 비행계획 승인을 받아야 한다.

(2) 휴전선지역(P-518)

군사분계선으로부터 다음 지점을 연결한 지역으로 3739N 12610E-3743N 12641E-3738N 12653E-3758N 12740E-3804N 12831E-3808N 12832E-3812N 12836E이다. 이 지역에서의 비행 승인권자는 합동참모본부장(항공과장)이다.

(3) 원자력 지역(P-61~P-65)

고리(P-61), 월성(P-62), 영광(P-63), 울진(P-64), 대전(P-65) 지역으로, 중심으로부터 A지역은 2NM(약 3.7km)(대전 원자력 연구소 P-65의 A구역은 1NM〈1.86km〉)까지, B지역은 10NM(18.6km)까지이다. 이 지역에서 비행하기 위해서는 A지역은 합동참

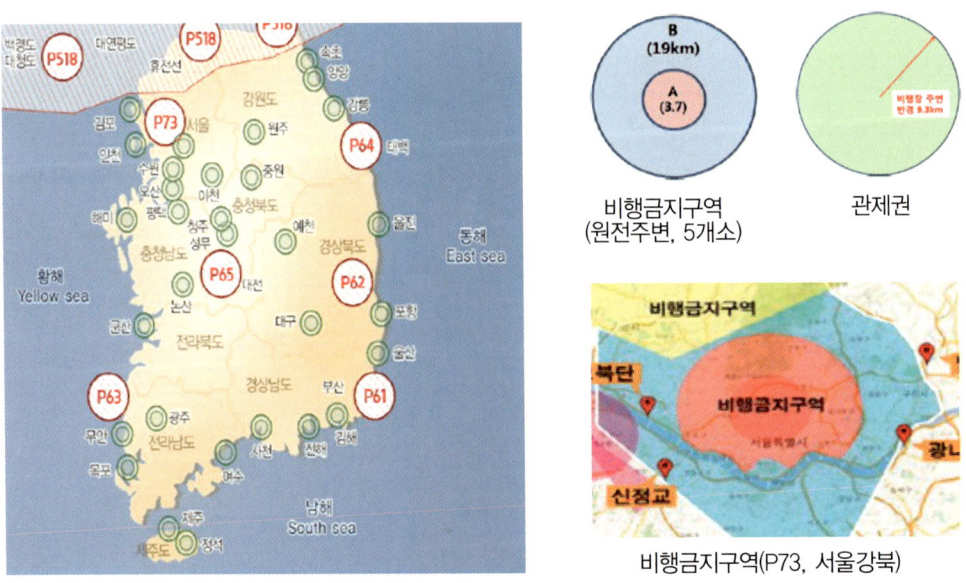

❖ 비행금지구역(서울강북, 휴전선, 원자력지역) 및 관제권현황

모본부장(공중종심작전과)의 승인을 받아야 하고, B지역은 지방항공청장의 승인을 받아야 한다.

(4) 제한구역

1) R-75

수도권 외곽 비행제한구역으로서 수도권 일대 비행을 제한하는 구역이다. 지역은 항공기의 VFR Route와 비슷한 선으로 연결되며 북단은 동일 선상이나 남단은 더 하단으로 설정되어 있다. 이 지역에서의 비행하기 위해서는 사전에 수도방위사령관(방공작전통제소)의 승인을 받아야 한다.

2) 기타 제한구역

군 사격장, 군 훈련장, 공수 낙하훈련장 등 지역으로, 기타제한구역에서 비행하기 위해서는 해당 관할부대장의 승인을 받아야 한다.

(5) 관제권

비행장 또는 공항과 그 주변의 공역으로서 항공교통의 안전을 위하여 국토교통부장관이 지정·공고한 공역이다. 비행장 중심 5NM(9.3km)까지 지역으로, 관제권내에서 비행시 공항은 지방항공청의 승인, 군비행장은 관할 비행장 관제탑의 승인을 받아야 한다.

5 준용규정(항공안전법 제131조, 항공안전법 57조)

초경량비행장치소유자 등 또는 초경량비행장치를 사용하여 비행하려는 사람(드론축구 조종자)에 대한 주류 등의 섭취·사용 제한에 관해서는 항공안전법 제57조를 준용한다.

① 주류 등의 영향으로 항공업무 또는 객실승무원의 업무를 정상적으로 수행할 수 없는 상태의 기준은 다음 각 호와 같다.
- 주정성분이 있는 음료의 섭취로 혈중 알코올농도가 0.02퍼센트 이상인 경우
- 「마약류 관리에 관한 법률」제2조제1호에 따른 마약류를 사용한 경우
- 「화학물질관리법」제22조제1항에 따른 환각물질을 사용한 경우

6 벌칙(드론축구 조종자가 위반할 가능성이 있는 경우)

1. 위반내용 및 과태료

(1) 음주, 약물 등을 하고 비행한 자는 3년 이하의 징역 또는 3,000만원 이하의 벌금
(2) 조종자 준수사항을 따르지 않고 비행한 경우 1차(150만원), 2차(225만원), 3차(300만원)
(3) 사고에 관한 보고를 하지 않거나 허위 보고한 경우 1차(15만원), 2차(22.5만원), 3차(30만원)
(4) 승인받지 않고 야간 비행한 경우 1차(150만원), 2차(225만원), 3차(300만원)
(5) 고도, 관제권, 통제구역, 주의공역에서 비행 위반한 경우 500만원 벌금
(6) 안전한 비행, 사고대비 장비장착 위반한 경우 1차(50만원), 2차(75만원), 3차(100만원)
(7) 안전운항을 위한 시정조치 등의 명령에 따르지 않은 경우 1차(250만원), 2차(375만원), 3차(500만원 이하)

전파법

1 개요

모든 무인항공기는 비행명령, 비행상태 자료, 영상 등 탑재 임무장비로부터 취득한 자료들을 무선전파를 이용하여 비행체와 지상통제소 상호간 실시간으로 송수신함으로써 원활한 비행을 수행하게 된다. 무선주파수를 잘못 사용할 경우, 혼선으로 인해 단순한 지장을 초래하는 것은 물론이고 추락으로까지 이어질 수 있다. 또한, 타 용도로 분배되어 사용되고 있는 대역의 주파수나 비인가된 높은 출력의 불법적인 전파사용은 타 사용자들에게 심각한 문제를 유발시킬 수 있으므로 유의해야 할 중요한 사안이다.

따라서, 무선전파의 주파수, 송수신기, 탑재된 장비, 출력 등 제반사용에 관련한 전파 관련 규정을 정확히 인지하고, 반드시 규정에 적합한 장비 및 출력을 사용해야 한다.

2 전파인증

전파인증이란 원래 스마트폰이나 태블릿PC 등 이동통신망을 이용하는 모든 휴대기기가 시판되기 전에 정부로부터 거쳐야 하는 인증제도를 말하며, 방송통신기기 인증제도라고도 한다. 전파인증은 방송통신위원회 산하 전파연구소가 담당하며, 단말기업체나 기기 수입업체가 인증을 의뢰하면 1주일 안에 인증이 완료된다. 이러한 인증절차를 밟기에 앞서 해당 업체는 40여 개의 민간시험기관으로부터 사전 테스트를 받아 그 결과를 첨부해야 한다.

해외에서 구입한 무선기기를 국내에서 사용하기 위해 등록해야 하는 절차를 전파인증이라 한다. 전파인증을 하는 이유는 **①기간통신망을 외부의 전기 및 기계적 위해로부터 보호하여 사용자의 안전 및 권익을 보호하고, ②국내의 전파질서를 유지하고 보호하며, ③불요 전자파 및 다른 기기나 외부 전파에 의한 통신장애 및 오작동으로부터 보호하기 위해서이다.** 전파인증의 면제 대상도 있지만 대부분의 정보, 무선기기 등은 전파인증을 받아야 한다.

몇 년 전부터 급부상하며 등장한 드론 역시 통신 즉, 주파수로 통제되므로 전파인증을 받아야만 한다. 일부 자작 드론이나 해외에서 들어와서 전파인증 없이 판매하거나 사용할 경우 전파법 위반으로 벌금 또는 기소되는 경우가 종종 있다. 따라서 전파인증에 대하여 정확히 이해하고 사전 인증을 받아야 한다.

1. 무인항공기용 주파수 현황

우리나라의 무인기의 주파수 공급은 244.5 → 2,923.5이다. 전체적인 현황은 아래의 표와 같다.

❖ 무인항공기 주파수 공급 현황

구 분	분배 현황	추가 공급	최대출력	합계
제어용	2400~2483.5 MHz	–	10mW/MHz	총 2,923.5 MHz폭
	5030~5091 MHz	–	10 W	
	–	11/12/14/19/29 GHz (2,520 MHz 폭)	52 W	
임무용	–	5091~5150 MHz	1 W	
	–	5650~5725 MHz	10mW/MHz	
	5725~5825 MHz	–	10mW/MHz	
	–	5825~5850 MHz	10mW/MHz	
계	244.5 MHz 폭	2,679 MHz 폭		

2. 무인항공기 주파수 이용 안내

최근 출시되는 대부분의 드론들은 주로 2.4GHz 및 5.8GHz ISM 대역으로 이용이 집중되는 추세이다. 그런데 ISM 대역을 이용하는 비면허 무선기기는 타 무선국에 유해한 간섭을 야기하지 않고, 다른 무선기기로부터의 유해한 간섭을 용인하는 조건으로 사용할 수 있어 법적으로 드론의 안전한 운용을 위한 전파환경 보호를 요청할 수 없다.

또한, 2.4GHz 및 5.8GHz 대역은 국민 대다수가 사용하는 WiFi로도 널리 사용되고 있어, 도심지역에서 드론 운용 또는 다수의 드론을 동시 운용하는 등의 경우에는 드론-WiFi, 드론-드론 간의 전파 혼간섭으로 드론의 추락 등 안전사고가 발생할 우려가 있다.

이에 따라 무인항공기에 비면허 무선기기를 탑재하는 경우 전파 간섭에 의한 안전사고 발생 가능성을 최소화하기 위하여,

· 2.4GHz 대역은 제어용,
· 5.8GHz 대역은 영상전송용으로 사용할 것을 권장한다.

아울러 433.05~434.79MHz 대역은 유럽의 ISM 대역, 902~928MHz 대역은 미주 지역의 ISM 대역으로 국내에서는 ISM 대역에 해당되지 않아 이 주파수 대역을 이용한 무인항공기는 국내에서 운용될 수 없다.

433.05~434.79MHz 대역은 아마추어무선, 타이어 공기압 측정, 902~928MHz 대역은 이동통신(904~915MHz), IoT(917~923.5MHz) 등의 용도로 이용되고 있다.

다만, 기술연구·제품개발·시범사업 등을 위하여 한정된 공간에서 실험용으로 임시 주파수 사용을 희망하는 경우에는 정부의 허가를 받은 후 실험국을 개설, 운용 가능하다.

3 벌칙

전파법 제84조 1항의 허가를 받지 아니하거나 신고를 하지 아니하고 무선국을 개설 운용한자는 3년 이하 징역 또는 3천만의 이하의 벌금에 처한다.

사생활침해죄

1 개요

세계 인권선언 제12조에서는 사생활 침해와 관련해 "어느 누구도 자신의 사생활, 가정, 주거, 통신에 대하여 자의적인 간섭을 받지 않으며, 자신의 명예와 신용에 대하여 공격을 받지 아니한다. 모든 사람은 그러한 간섭과 공격에 대하여 법률의 보호를 받을 권리를 가진다."라고 명시하고 있다.

최근 드론(멀티콥터)에 장착된 카메라를 이용하여 다른 사람을 촬영하여 사생활침해로 고발당하거나 또는 의도와 관계없이 촬영된 경우도 초상권 침해로 고발당하는 경우가 있다. 따라서 촬영용 드론을 운용하는 사람은 모든 경우의 상황이 발생하지 않도록 주의해야 한다.

사생활 침해의 처벌조항은 형법 제35장 제316조의 비밀침해죄로 규정되어 있다. 비밀침해죄는 타인이 공개를 원하지 않는 비밀을 일정한 수단을 이용하여 알아내는 행위로, 개인의 사생활을 침해하는 범죄를 말한다. 보통 단독으로 문제되는 경우는 흔하지 않고 다른 죄목들과 묶어 가중 처벌을 받는 용도로 쓰이는 경우가 많다.

2 비밀침해죄

[관련 법령]

1. 형법 제35장 제316조

    제316조(비밀침해)

    ① 봉함, 기타 비밀장치한 사람의 편지, 문서 또는 도화를 개봉한 자는 3년 이하의 징역이나 금고 또는 500만원 이하의 벌금에 처한다. 〈개정 1995. 12. 29.〉

    ② 봉함, 기타 비밀장치한 사람의 편지, 문서, 도화 또는 전자기록 등 특수매체기록을 기술적 수단을 이용하여 그 내용을 알아낸 자도 제1항의 형과 같다. 〈신설 1995. 12. 29.〉

비밀침해죄는 타인이 공개를 원하지 않는 비밀을 일정한 수단을 이용하여 알아내는 행위로 개인의 사생활을 침해하는 범죄를 말한다.

> [관련 법령]

2. 성립요건

　봉함처리 되거나(외부인이 확인하지 못하도록 봉인된 것을 의미) 비밀장치로 처리된 문서나 전자기록 등을 개봉하거나 기술적 수단을 이용하여 탐지하는 경우 그 비밀침해에 '고의'가 있는 경우라면 비밀침해죄가 성립된다. 여기에는 기술적 수단 즉, 촬영용 드론을 이용하여 탐지하는 경우도 포함될 수 있다.

3. 사생활침해죄의 처벌

　사생활침해죄가 성립할 경우 3년 이하의 징역이나 금고 또는 500만 원이하의 벌금에 처해지게 된다.

3 정보통신망법

　드론의 사용과 정보통신망 이용 촉진 및 정보보호 등에 관한 법률은 직접적인 관계가 없지만 드론 카메라로 불특정 다수를 대상으로 사생활을 침해할 수 있는 영상 및 사진 등을 촬영하고 이를 인터넷 웹 사이트나 SNS에 유포하는 경우에는 정보통신법을 위반할 수가 있다.

※ 정보통신망법 제44조(정보통신망에서의 권리보호)에서는 "① 이용자는 사생활 침해 또는 명예훼손 등 타인의 권리를 침해하는 정보를 정보통신망에 유통시켜서는 아니 된다."고 명시하고 있다.

4 성폭력범죄의 처벌 등에 관한 특례법 제14조(카메라 등을 이용한 촬영)

　드론으로 촬영한 영상 중 타인의 신체를 동의 없이 촬영한 경우와 그 촬영한 결과물을 유포하는 경우에 성폭력범죄의 처벌 등에 관한 특례법을 위반할 가능성이 있다.

※ 성폭력범죄의 처벌 등에 관한 특례법 제14조(카메라 등을 이용한 촬영)에서는, "① 카메라나 그 밖에 이와 유사한 기능을 갖춘 기계장치를 이용하여 성적 욕망 또는 수치심을 유발할 수 있는 사람의 신체를 촬영대상자의 의사에 반하여 촬영한 자는 5년 이하의 징역 또는 3천만원 이하의 벌금에 처한다. ② 제1항에 따른 촬영물 또는 복제물(복제물의 복제물을 포함한다)을 반포, 판매, 임대, 제공 또는 공공연하게 전시, 상영한 자 또는 제1항의 촬영이 당시에는 촬영대상자의 의사에 반하지 아니한 경우에도 사후에 그 촬영물 또는 복제물을 촬영대상자의 의사에 반하여 반포 등을 한 자는 5년 이하의 징역 또는 3천만원 이하의 벌금에 처한다."라고 명시하고 있다.

부록

1 지도자과정 교육 및 자격 신청절차

1. 교육 및 평가방법

(1) 이론교육

이론교육은 온라인강의로 진행되며, 교재는 드론축구 교재를 활용한다. 교육에 대한 제반 사항은 대한드론축구협회에서 관리하고 통제한다. 강의를 수료한 후 평가에 합격하면 이론교육이 완료된 것으로 간주한다.

(2) 실기교육

실기교육은 각 지부에서 통제하고 관리한다. 교육내용은 대한드론축구협회에서 정한 비행훈련으로 구성되며 비행훈련이 종료된 후에는 반드시 지부의 교관이 평가하고(지부에 교관 부재 시 타 지회 교관), 평가에 합격하면 실기교육이 완료된 것으로 간주한다. 비행훈련 종목은 협회에서 정하며 세부 내용은 드론축구 교재를 참조하기 바란다.

구분	이론 교육	실기 교육
교육 및 평가 방법	· 통제 : 협회 · 온라인 인터넷 강의 및 평가 후 수료 * 교재 : 드론축구	· 통제 : 지부(협회 : 할당) · 협회에서 정한 실기교육 및 평가/수료 * 비행코스 : 협회에서 정함 (드론축구 교재참조)
교육 및 자격증 신청절차	· 개인 → 협회 신청 · 검토 후 인터넷 강의 승인 · 인터넷 강의 및 평가 합격 후 수료증 협회로 제출	· 개인 → 협회 · 검토 후 지부, 지회로 할당 · 지회에서 교육 후 평가/합격 · 협회에서 이론+실기 합격자 수료증 발급

❖ 지도자 과정의 교육 및 자격 신청절차 (감독, 코치, 방과후 교사 등)

2. 교육 및 자격증 신청절차

(1) 이론교육

이론교육을 희망하는 자는 협회에 교육신청을 한다. 협회에서는 검토 후 인터넷 강의를 승인한다. 개인은 개설된 강좌를 수강하고 평가에 합격한 후 협회로 수료증을 제출하면 완료된다.

(2) 실기교육

이론교육을 완료한 후 또는 진행 도중 개인이 협회에 실기교육을 신청하면 협회는 신청인 거주지에서 가깝거나 희망하는 지회, 지부에 비행훈련을 할당한다. 지부에서는 할당받은 신청인에게 협회가 제시하는 비행훈련을 실시하고 지회의 교관에 의하여 평가를 실시하여 합격하면 실기교육 수료증을 발행한다. 개인은 지회, 지부의 수료증을 협회에 제출하고 협회에서는 최종적으로 이론교육 수료증과 실기교육(비행훈련) 수료증을 확인 후 해당 자격을 부여한다.

부록

2 방과 후 지도자과정의 교육과정 편성(예)

방과 후 드론축구 교육을 위한 15주(1일 3시간)의 교육과정 편성(예)으로서 학교 또는 교육기관별로 가감하여 차별화할 수 있다.

구분	교시		교육 내용	비고
1	1~3	이론	드론의 개요(이해, 비행원리, 관련 법규, 드론축구란? 드론축구 규정)	PART 1,2,7
2	4~6		드론볼 조립I - 프레임, 변속기, 보드	PART 1
3	7~9		드론볼 조립II - 모터, 소프트웨어 세팅, 펜타가드	PART 1
4	10~12	실기	기초비행훈련(배터리 체결, 아밍, 시동, 프로펠러 체결, 스로틀 상승·하강 및 안전교육)	PART 3
5	13~15		기초비행훈련[바닥 쓸기, 상하기동(토끼뜀)]	PART 3
6	16~18		기초비행훈련[호버링 기초(후면) / 4각 비행 후면 호버링 상태로 3미터 링 안에서 전·후진 비행]	PART 3
7	19~21		기초비행훈련[호버링 2~3단계(측면, 대면) / 4각 비행 / 기체의 방향을 바꾼 측면 및 대면 비행을 통해 3미터 링 안에서 전·후진 비행)	PART 3
8	22~24		기초비행훈련[정립피루엣 4면 호버링, 전후 측면 직진비행 (5미터 4각)]	PART 3
9	25~27		드론축구 기초[S자 드리블 슛 : 드론볼을 조작해 장애물을 피해 골인한다.(후면, 대변, 측면, 4면, 피루엣 등)]	PART 3
10	28~30		드론축구 기초[10자 비행 슛 : 드론볼을 조작해 장애물을 피해 골인한 후 상하 원, 좌우 원 10자 비행을 한다. 임의추락 후 제자리 복귀 훈련]	PART 3
11	31~33		드론축구 실전 1차(팀 훈련) •자리 지키기 : 2인 1조로 특정 영역을 지키는 볼을 상대편이 쳐 낸다. •1:1 공격수비 : 골대를 수비하는 골을 공격조가 골을 넣는다.	PART 3
12	34~36		드론축구 실전 2차(팀 훈련) 3인 1조 : 수비포지션 골대 앞 3대, 스트라이커 1대 공격으로 수비 연습을 한다. 수비포지션은 일렬대형, 종렬대형, 로테이션 등을 학습한다.	PART 3
13	37~39		드론축구 실전 3차 3:2(팀 훈련) : 스트라이커, 길잡이, 수비수 역할에 대한 이해와 각자의 포지션으로 반코트 사용 공격과 수비를 진행한다.	PART 3
14	40~42		드론축구 실전 3차 실제경기 : 5;5 또는 3:2의 풀 포지션으로 미니경기를 진행한다.	PART 3
15	43~45	평가	드론축구대회 경기평가 / 드리블, 십자 비행 평가 드론경기력 평가로 종합 평가를 진행한다.	PART 3

인덱스

1 ㄱ

가이드 운용법	137
개인 기량 향상	171
경고	199
경기운영 능력향상 교육	229
경기 운영 방법	232
경기의 포기	166
경기장의 크기	105
경기 중 정비 및 중단	122
경기장 표시	104
경기 패	200
고속직선 슛	162
골의 광고	179
골의 규격	178
골의 재질과 구성	179
골막이(Keeper, 키퍼)	161
골잡이(Strike, 스트라이커)	158
골잡이 이외의 선수 득점	230
공격이 강한 경우	168
공역의 종류	306
공인구	109
교수의 단계	252
교수 전개방법	254
교수 태도의 요소	255
그라프너(Graupner)	46
그라프너 조종기[MZ12, MZ18, MZ24, MZ32]	66
기체 트러블	169
길잡이(Guide, 가이드)	159

2 ㄴ

나자M & 스트라이커FC	30
납땜인두기	59
니퍼	59

3 ㄷ

다득점자 승자 결정	234
다음 세트의 시작	123
대면 호버링	144
대한드론축구협회	267
드론볼	109
드론볼 광고	109
드론볼 사용 주파수	111
드론볼 품질과 규격	180
드론의 정의	272
드론축구	8
드론축구 규정	104
드론축구 규정의 발전사	101
드론축구 규정의 발전방향	102
드론축구 규정의 방향	99
드론축구 마크와 마스코트	9
드론축구 대회	264
드리블 기동 슛	163
득점	194

4 ㄹ

러더(Rudder)/요(Yaw)	44
루키 레벨 인증	220
리그 경기의 순위 결정방법	234
리그 방식	233
리그와 토너먼트의 혼합	234

5 ㅁ

모드 1	41
모드 2	41
모드 메뉴	90
모터(Motor)	37
모터 메뉴	92
무승부	128

6 ㅂ

바닥쓸기	140
바인딩 및 S/W 세팅(아밍, 모터 방향)	64
반코드 공격 및 방어	157
배터리	169
벌칙	310
베타플라이트 설정방법	81
벡터 카본 프레임	28
볼에 표식	109
부심의 구분과 역할	119
부심의 권한과 임무	119

부심의 신호	120
부심의 자격	120
비밀침해죄	313
비행승인기관	302
비행승인 및 신청	301
비행원리	290
비행훈련 교수기법	259

7 ㅅ

사생활침해죄	313
상하기동	141
선수의 기본장비	183
선수의 금지장비	183
선수의 부가장비	183
선수의 수	181
선취골 훈련	152
세트 패	200
센터 프레임	26
소프트웨어 세팅	78
소켓렌치 5.5mm와 프롭너트 라켓렌치 8mm	58
솔더링 페이스트	60
수비가 강한 경우	169
수신기(RX Module)	39
순간접착제	60
스로틀(Throttle)	43
스웰링(Swelling) 현상	50
스카이킥 드론볼	202
스트라이커 운용법	162
스펙트럼(SPEKTRUM)	46
스펙트럼 조종기[DX6, DX9, DX12]	65
승리팀	198
승리팀 결정방법	235
승부차기	198
승자 결정 방법	234
신형 펜타가드 2 조립	76
실납	60
심판 실기비행훈련 및 코스	228
심판 자격	214
심판 자격별 취득 방법	215
심판의 일반적인 조건	239
심판의 자질과 역할	248
심판의 중요성	248

8 ㅇ

아마 레벨 인증	221
안전 및 주의사항	139
양면 테이프	61
에일러론(Aileron) / 롤(Roll)	44
엑스비 엘린 사커 풀 카본 프레임(V1/V2/Tank one)	28
엘리베이터(Elevator) / 피치(Pitch)	43
오프사이드	194
완제품 D-Soccer의 조립	67
우리나라 공역현황	307
위반과 처벌	113
유소년 드론축구	174
유소년 드론축구와 일반부의 차이점	175
유소년 드론축구 볼의 품질과 규격	180
유소년 드론축구 선수의 수	181
육각렌치 2.0mm / 2.5mm	58
임의 추락 후 제자리 복귀	151

9 ㅈ

자격제도	212
자리 지키기	154
자이로 이상	171
제자리비행이란	290
전방길막이(Libero, 리베로)	160
전파법	310
절연 테이프	61
정립 피루엣	145
조종기	41
조종기 채널	42
조종기 키와 비행명칭	43
조종 레벨 인증	217
조종 레벨 인증 자격 및 취득방법	213
조종자 준수사항	304
주심의 결정	116
주심의 권위	185
주심의 권한과 임무	185
주심의 신호	188
주심의 위치	186
주심의 자격	188
주심의 책임	187
준용규정	309
지도자 1, 2급 기타	214
지도자 3급	213

인덱스

지도자 드론축구 정비 및 세팅 평가	227
지도자 및 심판의 자질함양	236
지도자 실기비행훈련 및 평가	224
지도자 자격	212
지도자 자격별 취득 방법	212
지도자의 교수기법	251
지도자의 교수기술	251
지도자의 비행훈련 자질	246
지도자의 일반적인 조건	236
지도자의 자질과 역할	240
지도자의 중요성	240
지면효과	290

10 ㅊ

취미용 RC	10
측면 직진비행	146
측면 호버링	143

11 ㅋ

카본 센터 프레임 V2	27
캠틱종합기술원	281
커터	59
케이블 타이	60
코팅가위	59
클라이밍 슛	164

12 ㅌ

터지니 Flysky	47
토너먼트 방식	232
토크현상(작용)	291

12 ㅍ

패널티킥 방법	127
패널티킥 절차	127
펜타가드 및 외장 조립	66
프로 레벨 인증	222
프로펠러	53
프로펠러 기능	53
필라멘트 테이프	61

14 ㅎ

항공안전법	298
해외드론축구 조직	270
후면 호버링	142
후방길막이(Sweeper, 스위퍼)	160
후타바(FUTABA)	44
후타바 조종기[T14SG, T16SZ T18SZ]	65
훈련장	138

15 알파벳·숫자

DRONE SOCCER	9
ESC(Electronic Speed Controller, 변속기)	34
F3, F4, F7	30
FC(Flight Controller)	29
FC 펌웨어 업데이트	95
LED(LED Strip)	54
OpneTX(Frysky/JUMper)	45
OPEN TX(타라니스/점퍼) 조종기 [타라니스X9D, X7, 점퍼T16, T12]	65
PDB(Power Distribution Board, 전원분배보드)	32
S자 비행	148
1:1 공격 수비	155
1vs2	156
1vs4	156
2vs3	156
3Back 수비	165
4Back 수비	167
8자 비행	149
10(+) 비행	150

하늘의 스트라이커
드론축구 가이드북

| 초 판 인 쇄 | 2025년 3월 25일
| 초 판 발 행 | 2025년 4월 4일

| 저　　자 | 이범수 · 이지수 · 안흥진 · 류영기
| 발 행 인 | 김길현
| 발 행 처 | (주) 골든벨
| 등　　록 | 제 1987-000018호　ⓒ 2020 GoldenBell Corp.
| I S B N | 979-11-5806-775-5
| 가　　격 | 28,000원

이 책을 만든 사람들

표지 및 편집 디자인 | 조경미 · 박은경 · 권정숙　　**제작진행** | 최병석
웹매니지먼트 | 안재명 · 양대모 · 김경희　　**오프 마케팅** | 우병춘 · 오민석 · 이강연
공급관리 | 정복순 · 김봉식　　**회계관리** | 김경아

(우)04316 서울특별시 용산구 원효로 245(원효로 1가 53-1) 골든벨 빌딩 6F
• TEL : 도서 주문 및 발송 02-713-4135 / 회계 경리 02-713-4137
　　　내용 관련 문의 02-713-7452 / 해외 오퍼 및 광고 02-713-7453
• FAX : 02-718-5510　　• http : //www.gbbook.co.kr　　• E-mail : 7134135@naver.com

이 책에서 내용의 일부 또는 도해를 다음과 같은 행위자들이 사전 승인 없이 인용할 경우에는 저작권법 제93조
「손해배상청구권」에 적용 받습니다.
① 단순히 공부할 목적으로 부분 또는 전체를 복제하여 사용하는 학생 또는 복사업자
② 공공기관 및 사설교육기관(학원, 인정직업학교), 단체 등에서 영리를 목적으로 복제 · 배포하는 대표, 또는 당해 교육자
③ 디스크 복사 및 기타 정보 재생 시스템을 이용하여 사용하는 자

※ 파본은 구입하신 서점에서 교환해 드립니다.